Anthony Martin

Puces photoniques pour la communication quantique longue distance

Anthony Martin

Puces photoniques pour la communication quantique longue distance

Réalisations expérimentales d'éléments clef pour la communication quantique

Presses Académiques Francophones

Mentions légales / Imprint (applicable pour l'Allemagne seulement / only for Germany)
Information bibliographique publiée par la Deutsche Nationalbibliothek: La Deutsche Nationalbibliothek inscrit cette publication à la Deutsche Nationalbibliografie; des données bibliographiques détaillées sont disponibles sur internet à l'adresse http://dnb.d-nb.de.
Toutes marques et noms de produits mentionnés dans ce livre demeurent sous la protection des marques, des marques déposées et des brevets, et sont des marques ou des marques déposées de leurs détenteurs respectifs. L'utilisation des marques, noms de produits, noms communs, noms commerciaux, descriptions de produits, etc, même sans qu'ils soient mentionnés de façon particulière dans ce livre ne signifie en aucune façon que ces noms peuvent être utilisés sans restriction à l'égard de la législation pour la protection des marques et des marques déposées et pourraient donc être utilisés par quiconque.

Photo de la couverture: www.ingimage.com

Editeur: Presses Académiques Francophones est une marque déposée de
Südwestdeutscher Verlag für Hochschulschriften GmbH & Co. KG
Heinrich-Böcking-Str. 6-8, 66121 Sarrebruck, Allemagne
Téléphone +49 681 37 20 271-1, Fax +49 681 37 20 271-0
Email: info@presses-academiques.com

Produit en Allemagne:
Schaltungsdienst Lange o.H.G., Berlin
Books on Demand GmbH, Norderstedt
Reha GmbH, Saarbrücken
Amazon Distribution GmbH, Leipzig
ISBN: 978-3-8381-7027-5

Imprint (only for USA, GB)
Bibliographic information published by the Deutsche Nationalbibliothek: The Deutsche Nationalbibliothek lists this publication in the Deutsche Nationalbibliografie; detailed bibliographic data are available in the Internet at http://dnb.d-nb.de.
Any brand names and product names mentioned in this book are subject to trademark, brand or patent protection and are trademarks or registered trademarks of their respective holders. The use of brand names, product names, common names, trade names, product descriptions etc. even without a particular marking in this works is in no way to be construed to mean that such names may be regarded as unrestricted in respect of trademark and brand protection legislation and could thus be used by anyone.

Cover image: www.ingimage.com

Publisher: Presses Académiques Francophones is an imprint of the publishing house
Südwestdeutscher Verlag für Hochschulschriften GmbH & Co. KG
Heinrich-Böcking-Str. 6-8, 66121 Saarbrücken, Germany
Phone +49 681 37 20 271-1, Fax +49 681 37 20 271-0
Email: info@presses-academiques.com

Printed in the U.S.A.
Printed in the U.K. by (see last page)
ISBN: 978-3-8381-7027-5

"Chercher n'est pas une chose et trouver une autre, mais le gain de la recherche, c'est la recherche même."
de Saint Grégoire de Nysse
Extrait du Homélies sur l'Ecclésiaste

Table des matières

Introduction générale

Depuis le siècle dernier, la science de l'information s'est considérablement développée avec l'apparition du numérique et du codage en langage binaire. De nouveaux réseaux de communication et des ordinateurs toujours plus puissants, basés sur l'échanges et le traitement de chaînes de 0 et 1 inintelligibles pour le commun des mortels, ont vu le jour. Ceux-ci ont permis d'accroître de façon significative l'efficacité des taches relatives au traitement et à la communication de l'information. Ces avancées se sont accompagnées d'un essor technologique dans les domaines de la micro-électronique et de l'optique guidée, qui ne cessent de chercher des solutions pour miniaturiser les composants tout en augmentant le flux d'information qu'ils peuvent traiter. Ces évolutions ont directement impacté notre façon de vivre en produisant, au-delà des ordinateurs, "les outils nouveau du quotidien", que sont les téléphones portables, le réseau internet, les GPS *etc.* À l'heure actuelle, tous ces composants sont encore régis par les lois de la physique classique, mais la course à la miniaturisation va conduire inéluctablement au passage de la barrière du monde quantique.

Depuis les années 80, la physique quantique n'est plus seulement vue comme science fondamentale, mais comme un champ d'investigation dans le domaine de l'information. Les propriétés intrinsèques de la physique quantique, telles que la superposition d'états et l'intrication se sont révélé être des ressources très riches pour l'échange et le traitement de l'information. Ainsi la théorie de l'information quantique a vu le jour, non pas basée sur des bits d'information classiques mais sur des bits d'information quantique (qbits pour quantum bits) qui peuvent se trouer dans toutes les superpositions possibles des états 0 et 1. Comme pour l'information classique deux champs d'investigation se sont naturellement développés formés : le calcul quantique et la communication quantique.

L'objectif du calcul quantique est de tirer profit de la superposition d'états et de l'intrication pour élaborer de nouveaux algorithmes plus efficaces en terme de temps de calcul que leurs homologues classiques. Les recherches théoriques ont déjà permis d'élaborer de nombreux algorithmes, tels que la transformée de Fourier ou la recherche inversée dans une base de données non hiérarchisée. D'un point de vue expérimental, la génération et la manipulation du grand nombre de qbits nécessaire à ces algorithmes est très délicate. Cependant, quelques expériences ont déjà permis de tester certains algorithmes. Un bon exemple est la mise en œuvre de l'algorithme de Shor pour la factorisation des nombres en produits de facteurs à l'aide de 3 qbits. Si aujourd'hui la réalisation d'un ordinateur quantique efficace semble encore illusoire, la simulation de systèmes quantiques complexes à l'aide de qbits semble toutefois accessible.

Dans le domaine de la communication quantique, le but est de distribuer des qbits entre deux partenaires distants. L'un des principaux enjeux est la distribution quantique de clefs secrètes utiles à la cryptographie. Contrairement aux systèmes de cryptage utilisés à l'heure actuelle, dont la sécurité repose essentiellement sur le long temps de calcul nécessaire pour casser les clefs, la cryptographie quantique repose sur les principes mêmes de la physique quantique. La sécurité vient du fait que toute interception d'une partie de la clef par un espion va altérer l'information quantique échangée entre les utilisateurs autorisés. Il est alors facile de remonter à la présence d'une tiers personne sur le canal de communication. D'autres protocoles viennent s'ajouter à celui de la distribution de clef quantique, tels que la téléportation d'états, la permutation d'intrication, et les répéteurs quantiques, permettant en les combinant, d'augmenter à la fois la portée et l'efficacité des réseaux quantiques considérés. Notamment, la réalisation de répéteurs quantiques nécessite la mise en œuvre de véritables mémoire quantique. Ces dernières années, de nombreuses solutions ont été proposées et réalisées dans différents systèmes avancées maniant à la fois fondamentales (interaction lumière-matière) et savoir-faire technologique. Sans être exhaustif, on sait aujourd'hui générer des qbits photoniques via des boites quantiques, des nano-cristaux de diamant, le processus optique non-linéaire de conversion paramétrique, *etc.* On sait également encoder ces qbits photoniques sur de nombreuses observables, telles que la polarisation, la fréquence, ou le temps d'émission, et les distribuer sur des distances de quelques centaines de kilomètres. On sait même stocker ces qbits dans divers support matériels tels que des cristaux dopés, de ensembles atomiques froids ou chauds, *etc.* On sait par ailleurs traiter les qbits via des atomes ou des ions uniques piégés afin de les protéger de la décohérence, ou encore réaliser des portes logiques quantiques à photons. Enfin, de nouvelles techniques expérimentales ont vu le jour au cours des dernières années grace au développement de la génération et de la manipulation des qbits via des jonctions supraconductrices de type Jospehson.

Comme nous pouvons le voir, tous les domaines de l'information classique ont été transposés dans le monde quantique afin de pourvoir générer, manipuler, distribuer et stocker des qbits, qui sont les briques élémentaires pour la réalisation d'un réseau de communication quantique. Toutefois, les réalisations quantiques sont encore loin des prouesses proposées par les systèmes d'information classique, que ce soit en termes de débits et distance de communication, ou encore de puissance de calcul. L'avenir du domaine passera certainement par le mariage entre diverses technologies de pointe.

Dans ce manuscrit, nous allons essentiellement nous intéresser au domaine de la communication quantique à base de qbits encodés sur des photons. Nous en proposons dans ce manuscrit de nombreuses réalisations expérimentales basées sur l'optique guidée au longueurs d'onde des télécommunications et l'optique intégré mariant optique non-linéaire et effets électro-optiques.

Plan du manuscrit :

Première partie : Information et communication quantique

J'introduirai les principes de base de la théorie de l'information initiée par C. Shannon dans les années 40. Dans un second temps, je présenterai quelques rappels sur les fondements de la physique quantique utilisés en information et communication quantiques. Afin d'illustrer les enjeux de l'information quantique, je décrirai quelques exemples d'applications bien connus que sont la distribution quantique de clefs et le calcul quantique. Par la suite, afin de recentrer sur mon sujet principal, je discuterai plus particulièrement de la communication quantique utilisant le photon comme support des qbits en présentant les observables quantiques les plus employées à l'heure actuelle. Pour finir, je discuterai des problèmes rencontrés dans la communication quantique sur longue distance.

Deuxième partie : Sources de paires de photons intriqués en polarisation et en time-bin

Après un bref état de l'art, je présenterai trois sources de paires de photons intriqués basées sur la conversion paramétrique dans des guides intégrés sur des substrats de niobate de lithium périodiquement polarisés. Nous avons tiré profit de cette technologie dans le but de réaliser des sources compactes, stables et efficaces, pour tenter de répondre aux demandes actuelles. Je commencerai par présenter deux sources de paires de photons intriqués en polarisation. La première présente l'avantage d'être simple et facile à intégrer dans des réseaux de communication standard. Par ailleurs, la seconde source émet des paires de photons avec un spectre très étroit afin d'être compatible avec les acceptances spectrales des mémoires quantiques développées actuellement. Pour finir, je décrirai une source de paires de photons intriqués en time-bin qui permet d'émettre l'état de Bell $|\Psi^-\rangle$. Cet état présente la particularité de n'avoir jamais était observé auparavant avec cette observable. Les qualités d'intrication et les brillances obtenues seront discutées et comparées aux réalisations concurrentes.

Troisième partie : Relais quantique intégré

Je répondrai dans cette partie à la problématique de la distance en communication quantique, via la présentation d'un relais quantique intégré à la surface d'un substrat de niobate de lithium. Après avoir introduit le phénomène d'interférence à deux photons (ou interférence à la Hong, Ou, et Mandel), essentiel pour le fonctionnement du relais, je décrirai l'intégration des différents éléments qui le constituent. Je présenterai la caractérisation classique des différents éléments, et enfin la caractérisation quantique de la fonction relais en régime d'interférence à deux photons au sein de la puce.

Première partie

Information et communication quantiques

Dans cette partie je vais introduire dans un premier temps les bases de la théorie de l'information classique. Puis, nous verrons ce que peut apporter la physique quantique dans le domaine du traitement et de la communication de l'information. Pour cela, je propose de traiter deux exemples bien connus dans le domaine de l'information quantique que sont la distribution quantique de clefs et le calcul quantique. Après cette introduction très générale, je traiterai plus en détails la communication quantique, en présentant les observables d'encodage les plus couramment employées dans ce domaine. Enfin, je terminerai par la problématique de la communication quantique sur longue distance.

Table des matières

CHAPITRE 1

Pourquoi la quantique ?

La rencontre de la physique quantique et de la théorie de l'information a permis le développement de la théorie de l'information quantique. Je rappellerai dans un premier temps les bases de la théorie de l'information classique puis les ressources utiles à l'information quantique que sont les superpositions cohérentes d'états à une ou n particules. Pour finir, j'aborderai les deux exemples d'application les plus pertinents que sont la distribution quantique de clefs et le calcul quantique.

1.1 Quelques notions de la théorie de l'information

Dans cette partie nous allons présenter quelques notions de base de la théorie de l'information qui fût élaborée par C. E. Shannon dans les années 40 [Shannon 1948, Nielsen & Chuang 2000]. Cette théorie a pour but de définir, quantifier et qualifier la quantité d'information contenue dans un message, sans pour autant se préoccuper du contenu du message, ce qui peut sembler contradictoire. Ces notions sont utilisées dans le domaine de l'information pour la compression des données car elles permettent de définir la méthode de codage optimale[1], comme nous le verrons par la suite. De plus, cette théorie de l'information est employée dans le domaine de la cryptographie car elle permet d'étudier les redondances présentes au sein d'un message.

1.1.1 Les bits classiques d'information

À l'heure actuelle, la plupart des systèmes de communication ou de traitement de l'information sont basés sur une entité fondamentale que nous appelons le bit[2]. Ce bit est un chiffre binaire qui peut prendre la valeur "0" ou "1" qui peut être encodé par exemple à l'aide de deux niveaux distincts d'intensité lumineuse (communications optiques par fibres optiques), de deux niveaux de tension ou de courant (circuits électriques), ou de deux directions de la magnétisation d'un support (disques durs). Il existe beaucoup d'autres méthodes pour encoder des bits mais nous ne rentrerons pas dans plus de détails. Le traitement de l'information se fait alors à l'aide de portes logiques, qui sont décrites mathématiquement par l'algèbre de Boole, ou le calcul Booléen [Givant & Halmos 2009].

---

1. Nous employons ici le terme de "codage" dans le sens "transcrire" dans un autre langage, comme par exemple coder un message en base 2 (binaire). Ici, il n'y a pas de notion de chiffrement.
2. Ce nom vient de la contraction de l'expression anglaise "binary digit", à ne pas confondre avec "byte" qui correspond à l'unité d'allocation la plus petite qu'on puisse adresser sur une architecture définie. La taille d'un byte n'est pas fixe mais elle correspond le plus souvent à 8 bits d'information d'où l'emploi du terme octet qui lui est fixe.

1.1.2 Entropie de Shannon

Une notion importante de la théorie de l'information réside dans le fait qu'il est inutile de transmettre un message dont le contenu est connu à l'avance par le destinataire. En clair, nous devons considérer les messages comme des événements aléatoires régis par une statistique, et la quantité d'information va représenter la mesure de l'imprévisibilité du message. Nous allons maintenant transcrire cela mathématiquement.

Pour cela, nous définissons une variable aléatoire X appartenant à l'ensemble $(x_1, \ldots, x_n)$ avec pour probabilité d'apparition $(p(x_1), \ldots, p(x_n))$, tout en respectant la relation de clôture

$$\sum_{i=0}^{n} p_i = 1.$$

La quantité d'information individuelle h de chaque événement x_i est une fonction croissante de l'improbabilité de cet événement $\frac{1}{p(x_i)}$, donnée par :

$$h(x_i) = \log_m \left(\frac{1}{p(x_i)} \right) = -\log_m(p(x_i)). \tag{1.1}$$

Notons que la base du logarithme dépend de la taille du système qui code l'information. Ainsi pour des bits d'information (base 2), nous avons $m = 2$ tandis que pour l'alphabet nous avons $n = 26$ en ne tenant compte que des lettres. La valeur de m peut être égale ou différente de n. En effet, il est bien connu que nous pouvons coder l'alphabet à l'aide de bits.

La quantité d'information moyenne est alors donnée par l'espérance mathématique de l'information individuelle :

$$H(X) = E(h(X)) = -\sum_{i=1}^{n} p(x_i) \log_m(p(x_i)). \tag{1.2}$$

Cette grandeur représente l'entropie de la source, communément appelée "Entropie de Shannon". $H(X)$ est toujours supérieure ou égale à zéro, plus précisément :

- $H(X) = 0$ si la probabilité d'un des symboles est égale à 1 ;
- $H(X)$ prend pour valeur maximum $\log_m(n)$, lorsque $p_i = \frac{1}{n}$ avec $\forall i \in [0, n]$.

Prenons un petit exemple afin de mieux comprendre l'utilité d'une telle fonction. Considérons une source qui peut émettre quatre symboles (1,2,3,4) de façon équiprobable. Nous obtenons donc

$$H(X) = \log_m(4).$$

Si nous désirons coder cette information à l'aide de bits, nous pouvons déterminer, grâce à l'entropie de Shannon, le nombre minimum de bits nécessaires pour coder le message généré par la source. En effet, si nous prenons $m = 2$ nous obtenons

$$H(X) = \log_2(4) = 2.$$

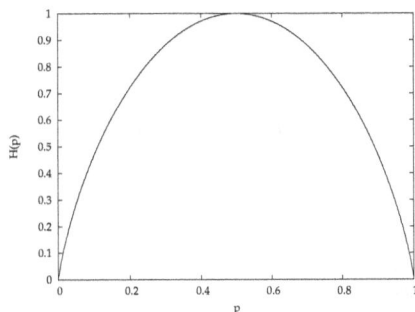

FIG. 1.1 : Représentation de l'entropie binaire définie par l'Eq. (1.3).

Il faut donc deux bits pour coder les quatre caractères, nous pouvons prendre par exemple (00, 01, 10, 11).

Si maintenant nous modifions la statistique d'apparition des symboles, et prenons par exemple la probabilité d'apparition suivante (1/2, 1/4, 1/8, 1/8), alors l'entropie de Shannon associée à cette nouvelle source est donnée par

$$H(X) = \frac{1}{2}\log_2(2) + \frac{1}{4}\log_2(4) + \frac{2}{8}\log_2(8) = 1.75.$$

Dans cette situation, il est nécessaire d'employer 1,75 bits en moyenne pour coder un symbole. Nous pouvons prendre par exemple le schéma suivant (0, 10, 110, 111) pour coder les quatre symboles et si nous calculons le nombre moyen de bits nécessaires pour envoyer un message, nous obtenons

$$1 \cdot \frac{1}{2} + 2 \cdot \frac{1}{4} + 3 \cdot \frac{1}{8} + 3 \cdot \frac{1}{8} = 1,75.$$

Nous retrouvons bien la valeur de l'entropie de Shannon qui montre que notre schéma d'encodage est optimal. Si nous appliquons le premier schéma de codage, donné pour une source où toutes les probabilités d'apparition sont équiprobables, nous obtenons un nombre moyen de bits de

$$\frac{1+2+3+3}{4} = 2.25,$$

ce qui n'est pas optimal.

Le lecteur sceptique peut lui même vérifier, en essayant différents schémas de codage, que cette compression s'avère optimale et qu'une compression plus grande entraînerait une perte de données, donc d'information.

Dans ce qui suit, nous allons nous intéresser à des systèmes de variables aléatoires binaires. Nous pouvons donc définir une forme simplifiée de l'entropie de Shannon qui s'écrit :

$$\boxed{H(p) = -p\log_2(p) - (1-p)\log_2(1-p)}, \tag{1.3}$$

avec p et $1-p$ représentant respectivement les probabilités associées aux deux symboles conventionnels "0" et "1" d'un signal binaire. Nous parlons alors d'entropie binaire. La FIG. 1.1 représente la fonction $H(p)$.

1.1.3 Entropie de Shannon pour deux événements

Il existe d'autres notions liées à la théorie de l'information. Pour les introduire, nous devons considérer deux variables aléatoires, $X \in (x_1, \ldots, x_n)$ et $Y \in (y_1, \ldots, y_m)$, et nous cherchons à définir :

- **L'entropie conjointe** qui sert à mesurer la quantité d'information contenue dans un système de deux variables aléatoires ;
- **L'entropie conditionnelle** qui représente l'entropie restante sur une variable si nous connaissons parfaitement l'autre ;
- **L'information mutuelle** qui représente la réduction d'entropie qu'apporte la connaissance de l'une des variables sur l'autre.

Ces trois notions sont forts utiles lorsqu'il s'agit de déterminer la bonne marche d'un lien de cryptographie composé de deux utilisateurs (Alice et Bob) et d'un espion potentiel (Ève).

L'entropie conjointe pour les deux variables aléatoires est donnée par

$$H(X,Y) = E(h(X,Y)) = -\sum_{i=1}^{n}\sum_{j=1}^{m} p(x_i, y_j) log(p(x_i, y_j)), \qquad (1.4)$$

où $p(x,y)$ représente la probabilité conjointe des deux événements. L'entropie conditionnelle est donnée par :

$$H(X|Y) = E(h(X|Y)) = -\sum_{i=1}^{n}\sum_{j=1}^{m} p(x_i, y_j) log(p(x_i|y_j)), \qquad (1.5)$$

où $p(x|y)$ représente la probabilité d'obtenir x connaissant y.

La définition des probabilités conditionnelles et le théorème de Bayes nous donnent les relations suivantes :

$$p(x,y) = p(x|y) \cdot p(y) = p(y|x) \cdot p(x), \qquad (1.6)$$

ce qui permet relier l'entropie conjointe et conditionnelle par la relation suivante :

$$H(X,Y) = H(X|Y) + H(Y) = H(Y|X) + H(X). \qquad (1.7)$$

Nous pouvons maintenant définir l'information mutuelle qui représente la quantité d'information commune aux deux variables. Elle peut être obtenue en retranchant à l'information propre d'une variable son information conditionnelle :

$$H(X:Y) = H(X) - H(X|Y) = H(Y) - H(Y|X). \qquad (1.8)$$

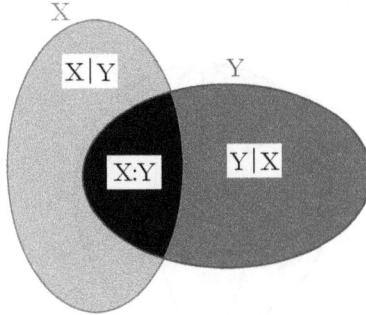

FIG. 1.2 : Représentation sous la forme d'un diagramme de Venn des différentes entropies.

À l'aide de l'EQ. (1.7), nous pouvons également définir l'information mutuelle par la relation suivante :

$$H(X : Y) = H(X) + H(Y) - H(Y, X). \tag{1.9}$$

De plus, à l'aide des EQ. (1.5) et (1.1), nous obtenons :

$$H(X : Y) = \sum_{i,j} p(x_i, y_j) \log \left(\frac{p(x_i, y_j)}{p(x_i)p(y_j)} \right). \tag{1.10}$$

Nous pouvons représenter toutes ces quantités sous la forme d'un diagramme de Venn comme le montre la FIG. 1.2.

1.2 Les bits vs les qbits

1.2.1 Les Qbits

En information quantique, l'encodage "binaire" de l'information se fait sur un système quantique à deux niveaux, appelé qbit, qui correspond à la contraction des mots "quantum bit" [Schumacher 1995]. Cette entité peut prendre la valeur "0" ou "1" qui sont les deux niveaux distincts du système quantique. Mais grâce à l'une des propriétés remarquables de la physique quantique qui est le principe de superposition cohérente, le qbit peut être dans les deux états à la fois. En utilisant la notation introduite par Dirac, nous pouvons écrire un qbit sous la forme :

$$|\psi\rangle = \alpha|0\rangle + \beta|1\rangle, \tag{1.11}$$

avec α, $\beta \in \mathbb{C}$ et respectant la relation de normalisation $|\alpha|^2 + |\beta|^2 = 1$ [3]. Il est par ailleurs plus commode d'employer la notation suivante :

$$|\psi\rangle = \cos\theta|0\rangle + e^{i\varphi}\sin\theta|1\rangle, \tag{1.12}$$

---

3. Notons dans ce cas que le qbit est défini dans un espace de Hilbert de dimension 2 ayant pour vecteurs de base les kets $|0\rangle$ et $|1\rangle$

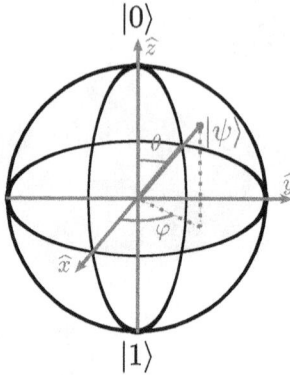

FIG. 1.3 : Représentation d'un qbit sur une sphère de Bloch-Poincaré.

avec $\theta \in [0 : \pi/2]$ et $\phi \in [0 : 2\pi]$. Ainsi nous pouvons définir les qbits à l'aide de ces deux paramètres, et les représenter sur une sphère, dite sphère de Bloch-Poincaré, comme le montre la FIG. 1.3.

Nous pouvons aussi définir un qbit à l'aide de sa matrice densité d'états, qui s'écrit :

$$\rho = \frac{1}{4} \left(\mathbb{I} + \vec{r} \cdot \vec{\sigma} \right), \tag{1.13}$$

avec

$$\vec{r} = \begin{pmatrix} r_x \\ r_y \\ r_z \end{pmatrix} = \begin{pmatrix} \sin 2\theta \cos \varphi \\ \sin 2\theta \sin \varphi \\ \cos 2\theta \end{pmatrix}, \tag{1.14}$$

et $\vec{\sigma}$ les matrices de Pauli définies comme suit :

$$\sigma_x = \begin{pmatrix} 0 & 1 \\ 1 & 0 \end{pmatrix}; \quad \sigma_y = \begin{pmatrix} 0 & i \\ -i & 0 \end{pmatrix}; \quad \sigma_z = \begin{pmatrix} 1 & 0 \\ 0 & -1 \end{pmatrix}. \tag{1.15}$$

Ces trois matrices ne commutent pas, nous pouvons alors définir trois bases conjuguées à partir de leurs vecteurs propres. Les bases sont alors définies par les vecteurs :

$$\left\{ \begin{array}{rcl} |0_z\rangle &=& \begin{pmatrix} 1 \\ 0 \end{pmatrix} \\ |1_z\rangle &=& \begin{pmatrix} 0 \\ 1 \end{pmatrix} \end{array} \right., \tag{1.16}$$

qui est la base usuelle pour décrire les qbits,

$$\left\{ \begin{array}{rcl} |0_y\rangle &=& \dfrac{1}{\sqrt{2}} \begin{pmatrix} 1 \\ 1 \end{pmatrix} = \dfrac{|0_z\rangle + |1_z\rangle}{\sqrt{2}} \\ |1_y\rangle &=& \dfrac{1}{\sqrt{2}} \begin{pmatrix} 1 \\ -1 \end{pmatrix} = \dfrac{|0_z\rangle - |1_z\rangle}{\sqrt{2}} \end{array} \right. \tag{1.17}$$

et

$$\begin{cases} |0_x\rangle = \dfrac{1}{\sqrt{2}} \begin{pmatrix} 1 \\ i \end{pmatrix} = \dfrac{|0_z\rangle + i|1_z\rangle}{\sqrt{2}} \\[4mm] |1_x\rangle = \dfrac{1}{\sqrt{2}} \begin{pmatrix} 1 \\ -i \end{pmatrix} = \dfrac{|0_z\rangle - i|1_z\rangle}{\sqrt{2}} \end{cases} \tag{1.18}$$

Nous présenterons par la suite l'intérêt de ces trois bases conjuguées.

Comme pour les bits classiques, les qbits peuvent être encodés sur différents supports et différentes observables quantiques. Le choix du support va alors dépendre de l'application que l'on veut réaliser. Par exemple, pour communiquer des qbits sur de grandes distances, il est préférable d'employer des photons en encodant l'information sur les observables polarisation, temps ou fréquence (voir CHAP. I.2), tandis que les ions ou les atomes piégés semblent plus propices à l'implémentation de calculs quantiques. Dans ces systèmes les qbits peuvent être encodés à l'aide deux niveaux d'énergie. Il existe d'autres supports comme par exemple les spins d'électrons, les états des jonctions de Josephson [Makhlin *et al.* 1999], ou encore les quadratures des états cohérents de la lumière [Cerf *et al.* 2007], *etc.*

1.2.2   Généralisation à n dimensions

Nous venons de traiter la superposition d'état pour des systèmes à deux dimensions, mais nous pouvons généraliser ce principe pour des systèmes avec des espaces de plus grandes dimensions. Dans ce cas, nous parlons de "qdit", avec d la dimension de l'espace de Hilbert dans lequel le qdit est défini. Pour un système de n dimensions l'état est définit par :

$$|\phi^n\rangle = \sum_{i=0}^{n} c_i |i\rangle, \tag{1.19}$$

où c_i représente les amplitudes de probabilité de chacun des vecteurs de base $|i\rangle$. Nous emploierons plus tard les termes "qtrit" et "qquart" pour désigner respectivement des superpositions d'état à 3 et 4 dimensions (voir CHAP. I.2).

1.2.3   Les paires de qbits

Si nous considérons un système à deux bits d'information, chaque bit pouvant prendre deux valeurs, nous pouvons alors réaliser 2^2 combinaisons données par 00, 01, 10 et 11. Nous pouvons faire de même avec deux qbits labellisés a et b, les quatre états possibles, dans la base naturelle, étant alors : $|0\rangle_a|0\rangle_b$, $|1\rangle_a|0\rangle_b$, $|0\rangle_a|1\rangle_b$ et $|1\rangle_a|1\rangle_b$ [4]. Grâce au principe de superposition ces états peuvent être combinés de façon linéaire, ce qui donne :

$$|\psi\rangle_{ab} = \alpha_{ab}|0\rangle_a|0\rangle_b + \beta_{ab}|1\rangle_a|0\rangle_b + \gamma_{ab}|0\rangle_a|1\rangle_b + \delta_{ab}|1\rangle_a|1\rangle_b, \tag{1.20}$$

en respectant la règle de normalisation $|\alpha_{ab}|^2 + |\beta_{ab}|^2 + |\gamma_{ab}|^2 + |\delta_{ab}|^2 = 1$.

---

4. Le produit $|0\rangle_a|0\rangle_b$ est tensoriel, et devrait rigoureusement se noter $|0\rangle_a \otimes |0\rangle_b$. Toutefois, nous omettrons le symbole $\otimes$ pour plus de commodité.

Une autre méthode pour décrire l'état de la paire de qbits est de considérer l'état de chaque qbit et de calculer le produit tensoriel associé aux deux qbits :

$$|\psi\rangle_{ab} = |\psi\rangle_a |\psi\rangle_b = \alpha_a\alpha_b|0\rangle_a|0\rangle_b + \beta_a\alpha_b|1\rangle_a|0\rangle_b + \alpha_a\beta_b|0\rangle_a|1\rangle_b + \beta_a\beta_b|1\rangle_a|1\rangle_b. \quad (1.21)$$

Ainsi nous pouvons définir les relations suivantes :

$$\begin{cases} \alpha_{ab} &= \alpha_a\alpha_b \\ \beta_{ab} &= \beta_a\alpha_b \\ \gamma_{ab} &= \alpha_a\beta_b \\ \delta_{ab} &= \beta_a\beta_b, \end{cases} \quad (1.22)$$

qui nous permettent de passer d'une notation à l'autre.

Il n'est pas toujours possible de décrire l'état de deux qbits par un produit tensoriel. Pour s'en convaincre, traitons l'exemple suivant en considérant l'état

$$|\psi\rangle_{ab} = \frac{1}{\sqrt{2}}|00\rangle + \frac{1}{\sqrt{2}}|11\rangle, \quad (1.23)$$

pour lequel $\alpha_{ab} = \delta_{ab} = \frac{1}{\sqrt{2}}$ et $\beta_{ab} = \gamma_{ab} = 0$. À l'aide des relations (1.22), nous pouvons définir les amplitudes de probabilité des deux états pour chaque qbit. Nous obtenons alors $\beta_a\alpha_b = \alpha_a\beta_b = 0$, et $\alpha_a\alpha_b = \beta_a\beta_b = \frac{1}{\sqrt{2}}$. Or ces deux équations sont contradictoires et ne peuvent pas être satisfaites toutes les deux en même temps. Par conséquent, il est impossible de factoriser un tel état, nous parlons alors d'état intriqué.

Pour deux qbits, il existe quatre états intriqués particuliers, que nous appelons états de Bell, qui sont :

$$\begin{cases} |\Psi^+\rangle &= \frac{1}{\sqrt{2}}\left(|01\rangle + |10\rangle\right) \\ |\Psi^-\rangle &= \frac{1}{\sqrt{2}}\left(|01\rangle - |10\rangle\right) \\ |\Phi^+\rangle &= \frac{1}{\sqrt{2}}\left(|00\rangle + |11\rangle\right) \\ |\Phi^-\rangle &= \frac{1}{\sqrt{2}}\left(|00\rangle - |11\rangle\right) \end{cases} \quad (1.24)$$

Ces quatre états de Bell forment une base orthonormée complète dans l'espace de Hilbert de dimension 4, $\mathscr{H}^4$. Ainsi tout état $|\psi\rangle_{ab}$ peut être exprimé comme :

$$\begin{aligned} |\psi\rangle_{ab} &= |\Psi^+\rangle\langle\Psi^+|\psi\rangle_{ab} + |\Psi^-\rangle\langle\Psi^-|\psi\rangle_{ab} + |\Phi^+\rangle\langle\Phi^+|\psi\rangle_{ab} + |\Phi^+\rangle\langle\Phi^+|\psi\rangle_{ab} \\ &= \frac{\alpha_{ab} + \delta_{ab}}{\sqrt{2}}|\Phi^+\rangle + \frac{\alpha_{ab} - \delta_{ab}}{\sqrt{2}}|\Phi^-\rangle + \frac{\beta_{ab} + \gamma_{ab}}{\sqrt{2}}|\Psi^+\rangle + \frac{\beta_{ab} - \gamma_{ab}}{\sqrt{2}}|\Psi^+\rangle, \end{aligned} \quad (1.25)$$

où les termes $|x\rangle\langle x|$ sont les projecteurs sur un état $|x\rangle$ de la base.

Nous verrons par la suite comment exploiter de tels états.

1.2.4 États intriqués à n Qbits

Nous pouvons étendre la notion d'intrication à n qbits.

> **Définition de l'intrication :** *Soit* $|\Psi\rangle \in \mathcal{H}^{2^n}$, *cet état est dit intriqué s'il n'existe pas d'état* $|\psi\rangle_1 \in \mathcal{H}^{2^p}$ *et* $|\psi\rangle_2 \in \mathcal{H}^{2^q}$ *tels que* $|\Psi\rangle = |\psi\rangle_1 \otimes |\psi\rangle_2$ *et* $n = p + q$.

Il reste néanmoins alors difficile de classifier tous les états intriqués possibles pour n particules, mais nous pouvons trouver dans la littérature deux classes d'états intriqués, les états GHZ du nom des auteurs D. M. Greenberger, M. A. Horme et A. Zeilinger [Greenberger 1990], qui sont définis par l'équation suivante :

$$|GHZ\rangle = \frac{1}{\sqrt{2}}\left[\bigotimes_{i=1}^{n}|0\rangle_i + \bigotimes_{i=1}^{n}|1\rangle_i\right], \qquad (1.26)$$

et les états W pour Wolfgang Dür [Dür *et al.* 2000, Acín *et al.* 2001] définis par :

$$|W\rangle = \frac{1}{\sqrt{n}}\sum_{k=1}^{n}\bigotimes_{i=1}^{k-1}|0\rangle|1\rangle\bigotimes_{j=k+2}^{n}|0\rangle. \qquad (1.27)$$

Tous ces états intriqués présentes de très fortes corrélations entre les propriétés physiques observées des "n" systèmes, et qui n'ont pas d'équivalents classiques. En conséquence, même si les "n" systèmes sont séparés spatialement, ils ne sont pas indépendants et nous devons les considérer comme un système unique. Nous verrons par la suite comment nous pouvons tirer partie de ces états dans le domaine de l'information quantique.

1.2.5 Réduction du paquet d'onde et théorème de non-clonage

> **Axiome sur la réduction du paquet d'onde :** *La mesure d'un état quantique a pour conséquence de projeter l'état sur l'un des vecteurs propres correspondant à la mesure ([Le Bellac 2003]* CHAP. 4*).*

Cet axiome a des conséquences très importantes. En effet, comme toute mesure perturbe le système, on ne peut effectuer, pour une observable donnée, qu'une seule mesure. Plus encore, on ne peut pas mesurer simultanément l'état d'un système quantique dans deux bases conjuguées (qui ne commutent pas), sauf si le qbit est déjà dans un état propre.

> **Théorème de non-clonage :** *On ne peut pas cloner un ensemble d'états non orthogonaux. Il est alors impossible de cloner parfaitement un état quantique inconnu [Wootters & Zurek 1982].*

Note : nous employons le mot cloner dans le sens reproduire à l'identique un qbit dans l'état $|\psi\rangle$ sur un second qbit initialement préparé dans un état $|v\rangle$, comme le montre la FIG. 1.4. En sortie de la cloneuse quantique nous devons alors obtenir deux états $|\phi\rangle_1$ et $|\phi\rangle_2$ qui sont des copies (plus ou moins) parfaites de l'état $|\psi\rangle$ en entrée. Les cloneuses quantiques sont définies par trois paramètres importants :

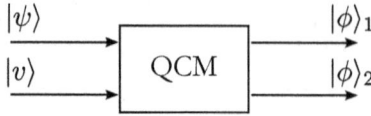

FIG. 1.4 : Schéma de principe d'une machine de clonage quantique (QCM).

- leur caractère de symétrie qui représente le taux de d'indiscernabilité entre les deux états de sortie ;
- leur caractère universel, qui représente leur capacité à cloner quel que soit l'état d'entrée ;
- leur fidélité, qui représente le recouvrement entre chaque état de sortie et l'état d'entrée.

E. P. Wigner fût le premier à énoncer ce théorème en 1961 (voir les œuvres collectées de E. P. Wigner en Ref. [Wigner 1993]) qui fût complété par W. K. Wooters et W. H. Zurek en 1982 [Wootters & Zurek 1982]. Afin de s'en convaincre, nous allons présenter une démonstration simple.

Supposons qu'il existe une transformation unitaire U qui permette de cloner un état quelconque $|\psi\rangle$ sur un état $|v\rangle$ servant de "copie blanche" à l'origine, telle que :

$$U(|\psi\rangle|v\rangle) = |\psi\rangle|\psi\rangle \tag{1.28}$$

Nous pouvons toujours définir une base orthonormée $|u_i\rangle$, de telle sorte que l'état $|\psi\rangle$ soit défini par :

$$|\psi\rangle = \sum_i c_i |u_i\rangle.$$

Si la transformation unitaire U permet de cloner n'importe quel état, elle doit permettre de cloner chaque état $|u_i\rangle$. Nous pouvons ainsi écrire :

$$U(|\psi\rangle|v\rangle) = U\left(\sum_i c_i |u_i\rangle|v\rangle\right) = \sum_i c_i |u_i\rangle|u_i\rangle \tag{1.29}$$

Or, nous avons :

$$|\psi\rangle|\psi\rangle = \sum_{i,j} c_i c_j |u_i\rangle|u_j\rangle \neq \sum_i c_i |u_i\rangle|u_i\rangle, \tag{1.30}$$

ce qui est contradictoire avec la supposition initiale. C'est donc la linéarité de la physique quantique qui interdit le clonage d'un état quelconque. Cette propriété importante de la physique quantique, qui empêche notamment l'amplification sans bruit d'un signal, peut sembler négative de prime abord. Toutefois, comme nous allons le voir par la suite, nous pouvons en tirer profit.

Il existe une machine à cloner dite optimale, symétrique, et universelle (machine de Bužek Hillery), qui permet de cloner un qbit avec une fidélité de $\frac{5}{6}$ [Bužek & Hillery 1996].

Pour cela, il faut considérer la transformation unitaire suivante :

$$\left\{ \begin{array}{lcl} |0\rangle|v\rangle|m\rangle & \rightarrow & \sqrt{\frac{2}{3}}|0\rangle|0\rangle|1\rangle - \sqrt{\frac{1}{3}}|\Psi^+\rangle|0\rangle \\ (-|1\rangle)|v\rangle|m\rangle & \rightarrow & \sqrt{\frac{2}{3}}|1\rangle|1\rangle|0\rangle - \sqrt{\frac{1}{3}}|\Psi^+\rangle|1\rangle, \end{array} \right. \tag{1.31}$$

où $|v\rangle$, $|m\rangle$ représentent respectivement le qbit support pour le clonage et un qbit de mesure. De plus, $|\Psi^+\rangle$ représente l'un des quatre états de Bell (voir EQ. (1.24)). Si nous considérons maintenant un qbit dans sa forme la plus générale $|\psi\rangle = \alpha|0\rangle + \beta|1\rangle$, nous obtenons :

$$|\psi\rangle_a|v\rangle_b|m\rangle \rightarrow \sqrt{\frac{2}{3}}|\psi\rangle_1|\psi\rangle_2|\psi^\perp\rangle - \sqrt{\frac{1}{6}}\left(|\psi\rangle_1|\psi^\perp\rangle_2 + |\psi^\perp\rangle_1|\psi\rangle_2\right)|\psi\rangle, \tag{1.32}$$

avec $|\psi^\perp\rangle = \alpha^*|1\rangle - \beta^*|0\rangle$, et 1 et 2 servant respectivement à labelliser le qbit initial et le qbit cloné. Nous voyons alors que la fidélité, qui correspond à la probabilité d'obtenir le même état en sortie, est de $\frac{5}{6}$ pour le photon incident et pour le photon cloné.

Nous venons de voir la méthode optimale de clonage dite symétrique. Il existe de nombreuses autres méthodes plus ou moins complexes, que nous ne décrirons pas. Le lecteur intéressé pourra avantageusement se reporter aux très bonnes références suivantes [Wiesner 1983, Scarani *et al.* 2005, Scarani *et al.* 2010].

1.3   La distribution quantique de clefs

La cryptographie[5], ou chiffrement, est un art très ancien, qui consiste à dissimuler, vis à vis d'une partie adverse, l'information contenue dans un message. Elle n'a cessé d'évoluer au cours des siècles. De l'antiquité jusqu'au XIXe siècle, la cryptographie a essentiellement été utilisée à des fins politiques ou militaires. Elle a pris son essor durant les première et seconde guerres mondiales en devenant une science à part entière. À l'heure actuelle, avec le développement des réseaux de communication et l'explosion de la quantité d'information échangée, elle tente de répondre à un vrai problème de société. Et ce problème ne va cesser de croître à l'avenir, si nous nous référons à la loi de Nielsen[6] qui prédit que le débit des connections pour l'utilisateur final devrait continuer à doubler tous les 21 mois.

Dans cette partie, nous allons commencer par introduire les deux méthodes de cryptographie communément employées à l'heure actuelle dans les réseaux de communication que sont les méthodes dites à clefs privées (ou masques jetables) et à clefs publiques. Puis nous présenterons comment tirer partie de la physique quantique pour distribuer des clefs privées de façon sécurisée.

---

5. L'étymologie du mot cryptographie vient du grec kruptos et graphein qui se traduit "écriture cachée".

6. La loi de Nielsen est le pendant de la loi de Moore [Moore 1998] qui est une loi empirique qui prédit l'évolution du nombre de transistor par microprocesseur. Elle s'avère jusqu'à présent plutôt exacte.

Le lecteur intéressé par la science de la cryptographie en général et par son évolution pourra se reporter au très bon livre intitulé "L'histoire des codes secrets" [Singh 1999] qui retrace l'histoire de la cryptographie depuis l'Égypte des Pharaons à l'ordinateur quantique. Par ailleurs, nous conseillons aux lecteurs les plus férus les deux articles de revue suivants [Gisin *et al.* 2002, Dušek *et al.* 2006] qui traitent de la cryptographie basée sur la physique quantique.

1.3.1 Chiffrement à clef privée

La cryptographie a pris son essor durant la Ire et IIe Guerre Mondiale, avec l'augmentation du débit des communications nécessitant le secret. C'est durant cette période que G. Vernam proposa le chiffrement à masque jetable[7] (ou chiffre de Vernam) [Vernam 1919]. Cette méthode est une amélioration du chiffre de Vigenère qui consiste à coder le message avec une clef présentant les caractéristiques suivantes :

- être parfaitement aléatoire ;
- être aussi longue que le message ;
- n'être utilisée qu'une seule fois, d'où l'appellation de masque jetable.

Pour chaque caractère du message la clef va indiquer le décalage de la lettre de substitution.

Cette méthode offre une sécurité théorique absolue, comme l'a démontré C. Shannon [Shannon 1949], à condition de respecter les trois règles précédentes ce qui n'est pas simple à mettre en œuvre. En effet, si l'on considère le cas de message binaire le codage se fait à l'aide d'une opération ou exclusive (XOR) (voir TABLE 1.1). Si la clef est parfaitement aléatoire, elle a une entropie maximum égale à 1, en l'associant au message intelligible à l'aide de l'opération XOR nous obtenons un message crypter avec une entropie égale à 1. Dans les faits, il est très difficile de générer des clefs parfaitement aléatoires. De plus, la clef ne doit être connue que par les deux interlocuteurs, il est donc inconcevable de la transmettre à l'aide d'un réseau de communication. Pour palier à ces problèmes, des machines électro-mécaniques furent inventées et réalisées, les plus connue étant Enigma et la machine Lorenz.

La machine de Lorenz est l'une des premières machines permettant le cryptage de flux de données binaires. Plus exactement une chaine de bits pseudo-aléatoires peut être générée à l'aide de pinwheels[8]. Cette clef aléatoire est alors associée au message à l'aide d'une fonction XOR (voir TABLE 1.1). Deux machines identiques sont alors utilisées pour chiffrer et déchiffrer le message.

Cette machine a pu être rendue obsolète suite à de mauvaises utilisations, car toute la sécurité repose sur le fait que l'adversaire ne connaisse pas l'algorithme de génération des nombres aléatoires. Une fois le principe connu, il ne reste plus qu'à tester toutes les combinaisons possibles, qui sont limitées, pour trouver celle qui fait apparaître un texte cohérent. Les premiers ordinateurs ont alors aidé à la cryptanalyse des messages. Cette machine est une bonne illustration du principe de

---

7. En anglais, cette méthode porte le nom de "one time pad".
8. Les pinwheels sont des roues constituées de pin pouvant avoir la valeur 0 ou 1.

m	c	m⊕c	m⊕c⊕c
0	0	0	0
0	1	1	0
1	0	1	1
1	1	0	1

TABLE 1.1 : Table de vérité de la fonction Ou exclusif (XOR), où m et c représentent, respectivement, le message et la clef.

A. Kerchkhoffs, qui énonce que tout le secret doit résider dans la clef et non dans la méthode de cryptage [Kerckhoffs 1883].

Dans les années 70, la démocratisation de l'informatique dans les entreprises a nécessité le développement d'algorithmes de cryptographie pour permettre l'échange de messages sécurisés sur les réseaux de communications. C'est à cette époque que le Data Encryption Standard (DES) vit le jour suite à une demande "National Bureau of Standards" américain. Il consiste en un algorithme complexe d'enchaînement de permutations de blocs de données et de substitutions de bits à l'aide d'une clef initiée par un mot de passe. Il faut alors que les deux interlocuteurs aient la même clef et le même algorithme pour pouvoir coder et décoder le message. Différentes versions de ce type d'algorithme ont par la suite été développées pour accélérer le temps de cryptage toute en améliorant le niveau de sécurité, comme par exemple le RC2, RC5, RC6, où RC signifie "Ron's Code" ou "Rivest's Cipher"[9]. Un autre exemple est l'algorithme RC4 qui génère une clef pseudo-aléatoire à partir d'un mot clef. Ce système de chiffrement est par exemple utilisé dans les protocoles WEP[10] des réseaux wifi. Par la suite, la clef est appliquée au message à l'aide d'une fonction XOR, comme l'a proposé Vernam. Toutes ces méthodes de chiffrement sont regroupées sous l'appellation chiffrement symétrique[11].

1.3.2 Chiffrement à clef publique

Il existe aussi des méthodes de chiffrements asymétriques, l'exemple le plus connu étant le protocole RSA pour R. Rivest, A. Shamir et L. Adleman [Rivest *et al.* 1978, Rivest *et al.* 1983]. Cet algorithme est basé sur une clef publique qui permet de chiffrer le message et une clef privée qui permet de le déchiffrer. Ainsi, pour communiquer de façon sécurisée, une personne génère la paire de clefs et transmet au reste du monde la clef publique (N, C), tout en gardant secrète la clef privée (N, D). Les interlocuteurs potentiels n'auront alors qu'à coder le message avec cette clef, tout en sachant que seule la personne possédant la clef privée pourra le lire. L'ensemble des étapes nécessaires à la mise en place de ce protocole sont résumées dans la TABLE 1.2. Ainsi avec une telle méthode, on s'affranchit des problèmes de transmission de clef, mais elle n'est pas inconditionnellement sûre pour autant. En effet, toute la

---

9. Rivest est le nom de l'inventeur.

10. Abréviation de Wired Equivalent Privacy.

11. Les terminologies "chiffrement à clef privée" ou "chiffrement à clef unique" peuvent aussi être employées.

sécurité du protocole repose sur le fait que l'on ne connaît pas d'algorithme efficace pour factoriser des grands nombres, qui permettrait notamment de retrouver les deux nombres premiers P et Q à partir de N. Donc la sécurité ne dépend que du temps de calcul nécessaire pour retrouver la clef de déchiffrement qui augmente exponentiellement avec sa longueur [Kleinjung *et al.* 2010]. En contrepartie, les temps de calcul diminuent avec l'augmentation de la puissance de calcul des ordinateurs, il faut donc régulièrement augmenter la taille des clefs de chiffrement. Pour finir, il est déconseillé d'utiliser un tel protocole pour coder des informations avec une durée de vie longue. De plus, comme nous le verrons par le suite, il existe un algorithme basé sur la mécanique quantique qui pourrait réduire ce temps de calcul d'exponentiel à polynomial en fonction de la longueur de la clef, ce qui rendrait obsolète cette méthode de cryptage.

Génération de la paire de clefs	
Tirage de deux nombres premiers	P et Q
Calcul du module de chiffrement	$N = PQ$
Calcul de l'indicateur d'Euler	$f(N) = (P-1)(Q-1)$
Choix de l'exposant de chiffrement	C un nombre premier avec $f(N)$
Calcul de l'exposant de déchiffrement	$DC = 1 \bmod(f(N))$
Chiffrement du message $M < N$ à l'aide de la clef publique (N, C) et déchiffrement à l'aide de la clef privée (N, D)	
Chiffrement	$\mathfrak{M} = M^C \bmod(f(N))$
Déchiffrement	$M = \mathfrak{M}^D \bmod(f(N))$

TABLE 1.2 : Résumé du protocole RSA.

1.3.3 Résumé de la situation

Comme nous venons de le voir, seul le code de Vernam permet un chiffrement des messages qui soit parfaitement inviolable. En contrepartie, ce protocole n'est pas simple à mettre en œuvre, car il faut générer une clef parfaitement aléatoire aussi longue que le message [12], et faire en sorte que deux partenaires distants mais authentifiés puissent en bénéficier. À l'heure actuelle, la méthode la plus simple et la plus sûre pour transmettre la clef consiste à la transporter physiquement... ce qui reste assez peu pratique dans la vie de tous les jours.

La physique quantique apporte des solutions pour réaliser cette distribution de clefs, communément appelée cryptographie quantique, de façon parfaitement sécurisée et à distance. Il existe différents protocoles pour réaliser cet échange, qui sont basés :

---

12. Il n'existe pas d'algorithme permettant de générer une suite de nombres parfaitement aléatoires, mais la plupart d'entre eux présentent des caractéristiques suffisantes. Dans cette configuration la sécurité n'est plus assurée par la clef mais par l'algorithme du générateur de nombre aléatoire, ce qui est en opposition avec le principe de Kerchkoffs. Notons qu'il existe aussi des générateurs de nombres aléatoires "presque parfaits", basés sur la physique quantique, et déjà commercialisés [Stefanov *et al.* 2000, IDQuantique 2011].

- soit sur des qbits uniques [Bennett & Brassard 1984] ;
- soit sur des qbits intriqués [Ekert 1991, Bennett 1992].

1.3.4 La distribution quantique de clefs à l'aide de qbits uniques

Nous allons voir le protocole de distribution quantique de clefs basé sur des qbits uniques inventé par S. Wiesner en 1983 [Wiesner 1983] puis repris par C. H. Bennett et G. Brassard en 1984 [Bennett & Brassard 1984]. Comme nous allons le voir plus en détail, ce protocole se décompose en cinq étapes, dont seule la première est basée sur les principes de la physique quantique. Toutes les autres se font à l'aide d'un canal "classique" de communication non-sécurisé, et toute interception des messages sur ce canal n'engendre pas de faille de sécurité dans le protocole comme nous allons le voir.

La transmission des qbits : l'envoi des qbits consiste tout d'abord pour Alice à préparer une série de qbits portant aléatoirement l'un des quatre états suivant : $|0_z\rangle$, $|1_z\rangle$, $|0_y\rangle$ $|1_y\rangle$. Ces quatre états correspondent aux vecteurs des bases $\{0_z; 1_z\}$ et $\{0_y; 1_y\}$ définis précédemment (voir SEC. I.1.2). De son côté Bob dispose d'un appareil de mesure constitué d'un analyseur pouvant être orienté selon la base $\{0_z; 1_z\}$ ou $\{0_y; 1_y\}$. Il va alors choisir l'une des bases d'analyse de façon aléatoire. Notons qu'il n'y a pas de corrélation entre le choix de l'état du qbit chez Alice et le choix de la base d'analyse chez Bob. Nous pouvons alors nous trouver dans deux situations :

- Alice et Bob ont choisi la même base de création et d'analyse. Dans ce cas, le résultat de la mesure chez Bob est déterministe et il correspond à l'état du qbit envoyé par Alice ;
- Alice et Bob n'ont pas choisi la même base de création et d'analyse. Dans ce cas, le résultat de la mesure chez Bob est aléatoire et ces qbits ne vont pas contribuer à la construction de la clef.

Durant cette étape, Alice doit prendre note de l'état du qbit qu'elle génère, tandis que Bob doit noter sa base d'analyse et le résultat de la mesure. Ils génèrent ainsi tous les deux ce que l'on appelle la clef brute.

La phase de réconciliation des bases : durant cette étape, Alice et Bob vont communiquer publiquement leur choix de base de création et d'analyse sans révéler pour autant l'état du qbit ou le résultat de la mesure. Ils vont alors éliminer tous les cas où les bases ne sont pas identiques, pour ne garder finalement que les bits correspondant à un même choix de base. Ils obtiennent ainsi ce que l'on nomme la clef "tamisée" (en anglais sifted key).

La distillation de la clef : lors de cette étape Alice et Bob vont révéler une partie de leur clef pour en estimer le taux d'erreur (QBER) [13], qui est donné par :

$$\text{QBER} = \frac{N_{\text{err}}}{N_{\text{err}} + N_{\text{cor}}}, \tag{1.33}$$

---

13. QBER : Quantum Bit Error Rate, ou taux d'erreurs sur les bits quantiques.

où N_{err} et N_{cor} représentent respectivement le nombre de bits différents (erronés) et de bits identiques (corrects). Ces erreurs peuvent venir de la ligne de communication, mais aussi comme nous allons le voir, de l'écoute de la ligne par un espion communément appelé Ève. Ce paramètre va nous permettre de définir si la ligne est espionnée et dons si la clef établie est sûre ou non. Dans le cas où le QBER dépasse le seuil de sécurité requis [14], la clef n'est pas exploitée. Il faut alors recommencer le protocole depuis le début.

Correction d'erreurs : afin de s'affranchir des erreurs dans la clef, Alice et Bob utilisent un algorithme de correction d'erreur. La méthode la plus simple pour réaliser cette correction repose sur le fait qu'Alice peut choisir aléatoirement des paires de bits dans sa clef dont elle divulgue publiquement le numéro et leur somme XOR. Si Bob obtient le même résultat avec ses même bits, ils gardent le premier bit de la paire et jettent le second. Dans le cas contraire ils jettent les deux bits. Avec cet algorithme, Alice et Bob peuvent obtenir exactement la même clef. Tout ceci se fait bien entendu au détriment de la longueur de la clef. Notons que nous pouvons sommer n bits, il faut alors choisir cette longueur d'échantillonnage de telle sorte que la probabilité d'avoir un bit d'erreur dans un échantillon soit petite devant 1.

Amplification de la confidentialité : pour finir, afin de réduire au maximum l'information qui a pu être acquise par Ève durant la phase d'échange et de correction d'erreur, Alice et Bob vont utiliser un algorithme d'amplification de la confidentialité en ce qui les concernes, ce qui aura pour conséquence d'augmenter le taux d'erreur chez Ève. Le protocole le plus simple consiste à choisir deux bits aléatoirement dans la clef et à révéler leur numéro. Alice et Bob remplacent les deux bits par la valeur de leur somme XOR. Ainsi, Alice et Bob n'introduisent pas d'erreur dans leur clef, tout en réduisant l'information dont dispose Ève. En effet, si Ève ne connait qu'un seul des deux bits, elle ne pourra pas déterminer le résultat de la somme [Bennett *et al.* 1995].

1.3.5 Distribution quantique de clefs à l'aide de qbits intriqués

Nous allons voir, dans cette partie, un autre protocole de distribution quantique de clefs basé cette fois sur des qbits intriqués. Cette méthode fût proposée pour la première fois par Ekert en 1991 [Ekert 1991], puis reprise par Bennett (BBM92) [Bennett 1992]. Ce protocole est très similaire au précédent, seule la phase de transmission des qbits est différente. Nous n'allons donc décrire que cette étape.

La transmission des qbits : dans ce protocole une source de paire de qbits qui peut émettre l'un des quatre état de Bell (voir EQ. (1.24)) est placée entre Alice et Bob. Pour notre explication, nous choisissons l'état $|\Phi^+\rangle = \frac{1}{\sqrt{2}}\left(|0_A 0_B\rangle + |1_A 1_B\rangle\right)$. Le qbit labellisé A est envoyé à Alice tandis celui qui est labellisé B est envoyé à

---

14. Ce seuil dépend du protocole retenu comme il est discuté dans la Réf.[Gisin *et al.* 2002].

Bob[15]. De leur côté, Alice et Bob disposent alors tous les deux d'un appareil de mesure constitué d'un analyseur pouvant être orienté selon deux bases d'analyse conjuguées, comme par exemple les bases $\{0_z; 1_z\}$ et $\{0_y; 1_y\}$. Chacun va choisir une base d'analyse de façon complètement aléatoire et, comme précédemment, nous pouvons différencier deux cas :

- Alice et Bob choisissent la même base d'analyse. Dans cette configuration, si nous observons les probabilités de coïncidences selon les deux axes d'analyses des deux bases, nous obtenons :

$$P_{0_z0_z} = |\langle 0_z|\langle 0_z||\Phi^+\rangle|^2 = \tfrac{1}{2} \quad P_{1_z0_z} = |\langle 1_z|\langle 0_z||\Phi^+\rangle|^2 = 0$$
$$P_{1_z1_z} = |\langle 1_z|\langle 1_z||\Phi^+\rangle|^2 = \tfrac{1}{2} \quad P_{0_z1_z} = |\langle 0_z|\langle 1_z||\Phi^+\rangle|^2 = 0; \tag{1.34}$$

$$P_{0_y0_y} = \tfrac{1}{2} \quad P_{1_y0_y} = 0$$
$$P_{1_y1_y} = \tfrac{1}{2} \quad P_{0_y1_y} = 0. \tag{1.35}$$

Nous pouvons remarquer que quelle que soit la base d'analyse, Alice et Bob vont obtenir un résultat de mesure parfaitement aléatoire, mais lorsque qu'Alice mesure un qbit selon une orientation Bob va obtenir exactement le même résultat. Et plus encore, ceci ne dépend pas de la base d'analyse, sachant qu'un état intriqué est invariant par rotation. Ainsi, le résultat de la mesure est parfaitement aléatoire, mais nous avons une corrélation parfaite entre Alice et Bob, ce qui leur permet d'obtenir exactement la même information.

- Alice et Bob ne choisissent pas la même base d'analyse. Dans ce cas là, les probabilités de coïncidences sont données par :

$$P_{0_z0_y} = \tfrac{1}{4} \quad P_{1_z0_y} = \tfrac{1}{4}$$
$$P_{1_z1_y} = \tfrac{1}{4} \quad P_{0_z1_y} = \tfrac{1}{4}. \tag{1.36}$$

Ainsi, dans cette configuration nous n'avons plus de corrélations entre les mesures chez Alice et chez Bob, si bien qu'Alice et Bob ne possèdent pas la même information.

Par la suite, il faut réaliser **la phase de réconciliation** pour éliminer les cas où les deux bases d'analyse ne sont pas identiques. Puis, l'étape **de distillation de la clef** va nous permettre de définir si la ligne est écouté ou non par un espion. Et pour finir, nous pouvons utiliser les algorithmes **de correction d'erreurs** et **d'amplification de la confidentialité** pour obtenir les clefs de chiffrement parfaitement sûres.

1.3.6 Présence de l'espion

Nous venons de présenter deux protocoles pour faire de la distribution quantique de clefs. Nous allons maintenant nous intéresser aux éventuelles attaques de tels protocoles par un espion. Plus précisément, nous allons présenter comment définir

---

15. Nous pouvons étendre ce protocole à "n" qbits intriqués et générer "n" clefs parfaitement similaires [Hillery *et al.* 1999, Scarani & Gisin 2001a, Scarani & Gisin 2001b, Sen(De) *et al.* 2003, Gaertner *et al.* 2007].

le QBER, seuil en dessous duquel le protocole d'échange de clef est parfaitement sûr.

Pour rappel, le QBER représente le taux d'erreur dans la clef d'Alice et Bob estimé pendant l'étape de **distillation de la clef**. Ces erreurs peuvent provenir soit de la décohérence des qbits lors de la transmission, du bruit des détecteurs (voir ANN. C, nous parlons plus détails dans les parties expérimentales), soit de l'action d'un espion. En effet, pour obtenir la moindre information sur la clef, Ève doit effectuer une mesure de l'état du qbit ou bien le dupliquer. Or, nous l'avons vu précédemment, il existe deux principes en physique quantique qui empêchent de réaliser une mesure dans deux bases conjuguées ou de cloner parfaitement l'état d'un qbit quelconque. Ainsi, lorsque Ève va venir prélever de l'information elle va introduire des erreurs, ce qui aura pour effet d'augmenter le QBER. Il nous faut donc estimer le QBER qu'introduirait un espion, mais aussi la quantité d'information dont il disposerait, car c'est cette quantité qui va nous permettre de définir si nous pouvons obtenir, à l'aide d'un protocole d'amplification de la confidentialité, une clef parfaitement secrète. En effet, il existe un théorème qui prédit que :

> *Si l'information mutuelle entre Alice (A) et Bob (B) est plus grande ou égale à celle entre Alice et Ève (E) ($H(A:B) \geq H(A:E)$), Alice et Bob peuvent distiller une clef secrète.*

Afin de définir le seuil du QBER permettant d'avoir un échange de clef inconditionnellement sûre, nous devons :

- considérer que tous les bits d'erreur sont dus à l'espion. En effet, il se peut que l'espion ait changé la ligne de transmission en faveur d'une ligne à décohérence nulle ;

- considérer qu'Ève n'est limitée que par les lois de la physique quantique [16], et non par les ressources technologiques ;

- considérer toutes les attaques possibles.

Il existe de nombreuses stratégies d'espionnage [Scarani *et al.* 2009], pour lesquelles nous pouvons distinguer deux catégories :

- les attaques individuelles ou attaques incohérentes, où Ève considère successivement chaque qbit, les stratégies les plus connues étant la duplication et l'interception/renvoi [Lütkenhaus 2000] ;

- les attaques collectives ou attaques cohérentes, où Ève traite plusieurs, voire l'ensemble des qbits à la fois, et ce de façon cohérente [Renner *et al.* 2005].

Pour faire simple, nous n'allons nous intéresser qu'aux attaques individuelles, et plus spécifiquement à l'attaque par duplication pour présenter la méthode de calcul du QBER.

---

16. Jusqu'à preuve du contraire les lois de la physique quantique sont correctes.

Exemple : attaque par duplication

Considérons une distribution quantique de clefs à l'aide de qbits uniques entre Alice (la source) et Bob (l'analyseur). Pour son attaque, Ève dispose d'une cloneuse optimale de Bužek Hillery (voir SEC. I.1.2.5), d'une mémoire quantique pour les qbits et d'un système d'écoute sur le canal classique entre Alice et Bob. Le principe de l'attaque est le suivant :

1. Durant la phase de **transmission des qbits** Ève intercepte avec une certaine probabilité P_e les qbits envoyés par Alice pour dupliquer leur état à l'aide de la cloneuse. Elle renvoie alors l'un des deux qbits à Bob et stocke le second dans la mémoire puis attend la réconciliation des bases.

2. Durant **la phase de réconciliation** Ève écoute les communications classiques pour définir la bonne base d'analyse.

3. Pour finir, Ève libère le qbit qu'elle a stockée et l'analyse dans la bonne base.

Maintenant que nous avons défini le protocole d'espionnage, nous pouvons estimer le taux d'erreur introduit par Ève dans la clef de Bob. Pour cela, nous utilisons l'EQ. (1.32) qui, pour un qbit quelconque, donne l'état en sortie de la cloneuse de Bužek Hillery. Nous pouvons remarquer qu'avec une probabilité $\frac{5}{6}$ le qbit de sortie a un état identique, et qu'avec une probabilité $\frac{1}{6}$ le qbit a un état orthogonal. Ainsi, le QBER est donné par :

$$\boxed{\text{QBER} = \frac{P_e}{6}} \tag{1.37}$$

Il nous faut maintenant définir l'information mutuelle (voir EQ. (1.10)) entre Alice et Eve $H(A : E)$ et Alice et Bob $H(A : B)$. Commençons par calculer, l'information mutuelle entre Alice et Ève. Pour cela, nous devons calculer les différentes probabilités conditionnelles suivantes $p(i_A|j_E)$ avec $i, j = 0$ ou 1, c'est-à-dire les probabilités qu'Ève mesure j sachant qu'Alice a envoyé i. Si nous considérons la probabilité qu'Eve mesure 0 sachant qu'Alice a envoyé un 0, nous avons deux cas :

- soit Ève choisit de dupliquer le qbit et dans $\frac{5}{6}$ des cas elle arrive à cloner l'état et peut le mesurer [17] ;

- soit Ève choisit de ne pas dupliquer le qbit, elle a alors une chance sur deux de trouver le bon résultat.

Ainsi, nous obtenons

$$p(0_A|0_E) = P_e \times \frac{5}{6} + (1 - P_e) \times \frac{1}{2}. \tag{1.38}$$

De plus, nous pouvons suivre le même raisonnement pour toutes les autres probabilités, ce qui donne :

$$p(0_A|0_E) = p(1_A|1_E) = \frac{1}{2} + \frac{P_e}{3}$$

$$p(1_A|0_E) = p(0_A|1_E) = \frac{1}{2} - \frac{P_e}{3}. \tag{1.39}$$

---

17. Ceci est rendu possible par l'utilisation d'une mémoire, sans mémoire Ève a une chance sur deux de choisir la bonne base.

L'information mutuelle entre Alice et Eve est alors donnée par :

$$
\begin{aligned}
H(\mathrm{A:E}) \ = \ & \tfrac{p(0_\mathrm{A}|0_\mathrm{E})}{2} \log_2 2p(0_\mathrm{A}|0_\mathrm{E}) + \tfrac{p(1_\mathrm{A}|1_\mathrm{E})}{2} \log_2 2p(1_\mathrm{A}|1_\mathrm{E}) \\[2mm]
& + \tfrac{p(1_\mathrm{A}|0_\mathrm{E})}{2} \log_2 2p(1_\mathrm{A}|0_\mathrm{E}) + \tfrac{p(0_\mathrm{A}|1_\mathrm{E})}{2} \log_2 2p(0_\mathrm{A}|1_\mathrm{E}) \\[2mm]
= \ & \left(\tfrac{1}{2} + P_\mathrm{e}\tfrac{1}{3}\right) \log_2 \left(1 + P_\mathrm{e}\tfrac{2}{3}\right) + \left(\tfrac{1}{2} - P_\mathrm{e}\tfrac{1}{3}\right) \log_2 \left(1 - P_\mathrm{e}\tfrac{2}{3}\right).
\end{aligned}
\tag{1.40}
$$

Il faut faire de même pour calculer l'information mutuelle entre Alice et Bob. Comme précédemment, si nous considérons la probabilité que Bob mesure 0 sachant qu'Alice a envoyé 0, nous obtenons deux cas :

- soit Ève choisit de dupliquer le qbit et dans $\dfrac{1}{6}$ des cas elle modifie l'état du qbit ;
- soit Ève choisit de ne pas dupliquer le qbit, et ainsi Bob mesure l'état envoyé par Alice.

Ainsi, nous avons :

$$
p(0_\mathrm{A}|0_\mathrm{B}) = P_\mathrm{e} \times \frac{5}{6} + (1 - P_\mathrm{e}) \times 1
\tag{1.41}
$$

De la même manière, nous pouvons calculer les trois autres probabilités conditionnelles, ce qui donne :

$$
\begin{aligned}
p(0_\mathrm{A}|0_\mathrm{B}) \ &= p(1_\mathrm{A}|1_\mathrm{E}) = \ 1 - \frac{P_\mathrm{e}}{6} \\[3mm]
p(1_\mathrm{A}|0_\mathrm{B}) \ &= p(0_\mathrm{A}|1_\mathrm{E}) = \ \frac{P_\mathrm{e}}{6}
\end{aligned}
\tag{1.42}
$$

L'information mutuelle entre Alice et Bob est alors donnée par :

$$
H(\mathrm{A:B}) = \left(1 - \frac{P_\mathrm{e}}{6}\right) \log_2 \left(2 - \frac{P_\mathrm{e}}{3}\right) + \frac{P_\mathrm{e}}{6} \log_2 \frac{P_\mathrm{e}}{3}
\tag{1.43}
$$

Nous avons représenté sur la FIG. 1.5 l'information mutuelle entre Alice et Ève et entre Alice et Bob en fonction du QBER. Nous pouvons remarquer qu'en utilisant cette attaque, Ève peut avoir au mieux la même quantité d'information que Bob, mais, en contrepartie, le QBER est de 16,6%. Ainsi, pour être sûr de la confidentialité de la clef par rapport à cette attaque, Alice et Bob ne devront garder que les clefs établies avec un QBER inférieur à 16,6% et appliquer un algorithme d'amplification de la sécurité pour rendre inutilisable l'information qu'Ève a pu acquérir.

Nous venons juste de présenter une méthode pour calculer le QBER seuil en ne considérant qu'une seule attaque. Afin de s'assurer que le protocole de distribution quantique de clefs est parfaitement sécurisé, nous devons considérer toutes les attaques possibles. Cette étude a été réalisée par de nombreux groupes et a permis de définir les QBER supportables en fonction des protocoles. De fait, un QBER inférieur à 7% permet de s'assurer de la sécurité des clefs quel que soit le protocole choisi [Inamori *et al.* 2007, Acín *et al.* 2007, Pironio *et al.* 2009].

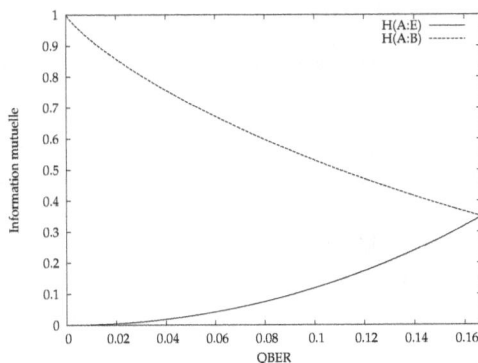

FIG. 1.5 : Représentation de l'information mutuelle entre Alice et Bob, et Alice et Ève en fonction du QBER.

1.4 Le calcul quantique

À l'instar de ce que nous savons faire à l'aide des bits classiques, nous pouvons réaliser des calculs à l'aide de bits quantiques. Ceci permet d'envisager, sur le "très long terme", la réalisation d'ordinateurs quantiques montrant des puissances de calcul bien supérieures à celles des ordinateurs classiques pour l'implémentation de calculs complexes. Ceci vient du fait que, dans le cas général, l'augmentation du temps de calcul en fonction du nombre d'entrées est polynomiale pour un ordinateur quantique alors qu'elle est exponentielle pour un ordinateur classique. Nous n'allons pas rentrer dans les débats sur la faisabilité d'un tel ordinateur à plus ou moins long terme, mais plutôt nous intéresser d'un point de vue théorique aux outils nécessaires à la réalisation des portes logiques quantiques de base. Plus précisément, nous allons introduire les transformations réversibles nécessaires. Et pour finir, nous présenterons quelques algorithmes intéressants pouvant être réalisés à l'aide d'un ordinateur quantique [Nielsen & Chuang 2000, Le Bellac 2005, Mermin 2010].

1.4.1 Les transformations réversibles

Comme pour un calculateur classique, un calculateur quantique est basé sur un ensemble de portes logiques qui permettent de modifier l'état du ou des qbits qui les traversent. Mais contrairement à un ordinateur classique, le théorème de non clonage impose que toutes ces transformations soient réversibles, à l'exception faite de la mesure. Ainsi, toutes les portes logiques quantiques doivent avoir le même nombre de qbits en entrée et en sortie. En conséquence, toutes les portes logiques classiques ne peuvent pas trouver d'équivalent quantique, et notamment les portes les plus utilisées dans ces systèmes classiques, que sont les portes "ET", "OU" ainsi que les portes universelles [18] "NON-ET" et "NON-OU". Dans toutes ces portes, un bit d'information est perdu au cours du calcul en étant dissipé sous forme de chaleur. Il a donc fallu définir de nouvelles portes réversibles et universelles pour pouvoir réaliser des calculateurs quantiques.

Dans un premier temps, nous allons introduire les portes logiques quantiques à seul qbit, puis nous présenterons celles basées sur plusieurs qbits. Le lecteur intéressé pourra avantageusement se référer au livre de D. Mermin [Mermin 2010].

Portes logiques quantiques à un qbit

Il existe cinq transformations unitaires de base qui vont servir de briques élémentaires permettant de partir de n'importe quel état pour arriver à n'importe quel autre état. Ces transformations, qui s'appliquent à des états de dimension 2, sont :
- la rotation autour de l'axe $\widehat{y}$ (voir Fig. 1.3 page 22) :

$$R_y(\theta) = \begin{pmatrix} \cos\frac{\theta}{2} & \sin\frac{\theta}{2} \\ -\sin\frac{\theta}{2} & \cos\frac{\theta}{2} \end{pmatrix} ; \qquad (1.44)$$

- la rotation autour de l'axe $\widehat{z}$:

$$R_z(\varphi) = \begin{pmatrix} e^{i\frac{\varphi}{2}} & 0 \\ 0 & e^{-i\frac{\varphi}{2}} \end{pmatrix} ; \qquad (1.45)$$

- le déphasage :

$$P(\phi) = \begin{pmatrix} e^{i\phi} & 0 \\ 0 & e^{i\phi} \end{pmatrix} ; \qquad (1.46)$$

- la négation :

$$\sigma_x = \begin{pmatrix} 0 & 1 \\ 1 & 0 \end{pmatrix} ; \qquad (1.47)$$

- et l'identité :

$$I = \begin{pmatrix} 1 & 0 \\ 0 & 1 \end{pmatrix} ; \qquad (1.48)$$

Toutes les autres portes logiques sont alors des combinaisons de ces cinq portes de base. Nous pouvons citer par exemple la porte de Hadamard définie par l'opérateur :

$$H = \frac{1}{\sqrt{2}} \begin{pmatrix} 1 & 1 \\ 1 & -1 \end{pmatrix}, \qquad (1.49)$$

qui se décompose en une porte négation suivie d'une rotation selon l'axe $\widehat{y}$ de $\pi/2$:

$$H = R_y\left(\frac{pi}{2}\right) \cdot \sigma_x = \frac{1}{\sqrt{2}} \begin{pmatrix} 1 & 1 \\ -1 & 1 \end{pmatrix} \cdot \begin{pmatrix} 0 & 1 \\ 1 & 0 \end{pmatrix}. \qquad (1.50)$$

La transformation de Hadamard es très utilisée pour effectuer des changements de bases simples (voir sphère de Bloch-Poincaré en Fig. 1.3).

---

18. Les portes universelles sont des portes qui permettent de réaliser toutes les fonctions booléennes et par conséquent toutes les opérations algorithmiques.

Porte logique quantique à plusieurs qbits

Pour deux qbits, il n'existe deux portes réversibles. La première permet d'échanger la valeur des deux qbits, on parle alors de "Swap gate". Elle est définie par la matrice et la table de vérité suivantes :

$$CNOT = \begin{pmatrix} 1 & 0 & 0 & 0 \\ 0 & 0 & 1 & 0 \\ 0 & 1 & 0 & 1 \\ 0 & 0 & 0 & 1 \end{pmatrix}$$

Table de vérité

c	t	c	c$\oplus$t
0	0	0	0
0	1	1	0
1	0	0	1
1	1	1	1

La seconde s'appelle "CNOT gate", ou "porte NON Contrôlée". Cette porte permet de permuter ou non l'état d'un qbit cible (t) à l'aide d'un qbit de contrôle (c). Elle est définie par la matrice et la table de vérité suivantes :

$$CNOT = \begin{pmatrix} 1 & 0 & 0 & 0 \\ 0 & 1 & 0 & 0 \\ 0 & 0 & 0 & 1 \\ 0 & 0 & 1 & 0 \end{pmatrix}$$

Table de vérité

c	t	c	c$\oplus$t
0	0	0	0
0	1	0	1
1	0	1	1
1	1	1	0

Malheureusement ces transformations ne sont pas universelles, car elle ne permet pas de réaliser toutes les opérations booléennes possibles sur les qbits. Pour obtenir une telle porte, il est nécessaire d'utiliser trois qbits. Cette porte logique, portant le nom de son inventeur T. Toffoli, permet de permuter l'état d'un qbit cible lorsque que les deux qbits de contrôle sont égaux à $|1\rangle$, comme le montre la matrice et la table de vérité suivantes :

$$CCNOT = \begin{pmatrix} 1 & 0 & 0 & 0 & 0 & 0 & 0 & 0 \\ 0 & 1 & 0 & 0 & 0 & 0 & 0 & 0 \\ 0 & 0 & 1 & 0 & 0 & 0 & 0 & 0 \\ 0 & 0 & 0 & 1 & 0 & 0 & 0 & 0 \\ 0 & 0 & 0 & 0 & 1 & 0 & 0 & 0 \\ 0 & 0 & 0 & 0 & 0 & 1 & 0 & 0 \\ 0 & 0 & 0 & 0 & 0 & 0 & 0 & 1 \\ 0 & 0 & 0 & 0 & 0 & 1 & 0 \end{pmatrix}$$

Table de vérité

c_1	c_2	t	c_1	c_2	$(c_1 \cdot c_2) \oplus t$
0	0	0	0	0	0
0	0	1	0	0	1
0	1	0	0	1	0
0	1	1	0	1	1
1	0	0	1	0	0
1	0	1	1	0	1
1	1	0	1	1	1
1	1	1	1	1	0

Cette porte universelle et réversible rend possible la réalisation d'un calculateur quantique pouvant résoudre toutes les fonctions algorithmiques. De plus, cette porte peut être réalisée en combinant des portes "CNOT" et des portes à qbit unique ce qui peut en réduire la complexité en vue d'une implémentation expérimentale [Mermin 2010].

1.4.2   Quelques exemples

Toute la puissance d'un calculateur quantique repose les ressources, que sont la superposition d'états et l'intrication de plusieurs particules. Pour illustrer cette assertion, prenons l'exemple de l'oracle. Supposons une boite noire qui tire un nombre aléatoire a compris entre 0 et N=$2^n - 1$, n étant le nombre de bits ou qbits nécessaires pour coder N et qui répond "vrai" lorsqu'on lui donne a et "faux" pour toutes les autres valeurs. Nous pouvons alors définir cette boite noire par la fonction arithmétique suivante :

$$f(x) = \left\{ \begin{array}{l} 1 \text{ si } x = a \\ 0 \text{ si } x \neq a \end{array} \right. \tag{1.51}$$

Si nous voulons définir la valeur de a à l'aide d'un ordinateur classique, nous devons prendre une valeur entre 0 et N, poser la question à l'oracle, puis attendre la réponse pour savoir si l'on doit ou non réitérer l'opération. Ainsi pour avoir 50% de chance de définir la valeur de a, il faut effectuer $\frac{N}{2}$ itérations.

Si maintenant nous effectuons la même tâche à l'aide d'un calculateur quantique, nous pouvons réaliser exactement le même protocole, mais nous pouvons aussi exploiter le principe de superposition d'états. En effet, nous pouvons préparer chaque qbit qui code la valeur de l'entier utilisé pour poser la question à l'oracle dans une superposition de 0 et 1. Ce qui offre la possibilité de créer un état superposé de toutes les combinaisons possibles à N qbits défini comme suit :

$$|\Phi_0\rangle = \sum_{x=0}^{N} \alpha_x |x\rangle, \tag{1.52}$$

avec α_x l'amplitude de probabilité associée à x égale à $\dfrac{1}{\sqrt{N+1}}$. Comme nous l'avons vu précédemment, toutes les portes logiques quantiques sont réversibles et nécessitent une conservation du nombre de qbits. Nous devons donc ajouter un qbit (t) sur lequel nous allons appliquer la fonction arithmétique, que nous préparons au préalable dans une superposition d'état. Ainsi, nous obtenons comme état initial :

$$|\Phi_{\text{ini0}}\rangle = \sum_{x=0}^{N} \alpha_x |x\rangle \otimes \frac{1}{\sqrt{2}} \left(|0\rangle_t - |1\rangle_t \right). \tag{1.53}$$

Si nous appliquons à cet état la transformation de l'oracle qui consiste à flipper la valeur du qbit cible pour x=a, nous obtenons en sortie :

$$|\Phi_{\text{ora1}}\rangle = \frac{1}{\sqrt{2}} \sum_{x \neq a} \alpha_x |x\rangle \otimes \left(|0\rangle_t - |1\rangle_t \right) + \alpha_a |a\rangle \otimes \left(|1\rangle_t - |0\rangle_t \right). \tag{1.54}$$

Ceci revient simplement à inverser l'amplitude de probabilité associée à la valeur a, ce qui permet de réécrire l'état sous la forme :

$$|\Phi_{\text{ora1}}\rangle = \frac{1}{\sqrt{2}} \sum_{x} \alpha_x (-1)^{f(x)} |x\rangle \otimes \left(|0\rangle_t - |1\rangle_t \right). \tag{1.55}$$

Ainsi, en une seule opération, nous avons testé tous les états, malheureusement le principe de réduction du paquet d'onde nous empêche de définir toutes les amplitudes de probabilité associées à chaque valeur numérique en une seule mesure. Dans le cas contraire, nous aurions déterminé la valeur de a en une seule mesure. Pour s'affranchir de cette limitation, il est possible de réaliser une étape d'amplification de l'amplitude de a, qui consiste a prendre la valeur symétrique de l'amplitude par rapport à l'amplitude moyenne défini par $\overline{\alpha'} = \frac{1}{N} \sum_x \alpha'_x$, avec α'_x les amplitudes de probabilité associées à x après l'oracle. Pour amplifier, il faut effectuer l'opération mathématique suivante :

$$|\Phi_{\text{ampl}}\rangle = \frac{1}{\sqrt{2}} \sum_x (2A - \alpha'_x)|x\rangle \otimes (|0\rangle_t - |1\rangle_t) . \tag{1.56}$$

En répétant suffisamment de fois ces deux opérations, les amplitudes de probabilité associées aux valeurs différentes de a deviennent négligeables ce qui rend possible la mesure de a. Plus précisément, il faut environ $\sqrt{N}$ itérations pour trouver la valeur de a. Ainsi, si nous arrivons un jour à faire un ordinateur quantique à 128 qbit [19], nous pourrions résoudre ce problème en réalisant $3, 4.10^{38}$ itérations, tandis qu'il en faudrait $1, 6.10^{77}$ itérations avec un ordinateur classique. Nous voyons alors l'intérêt de la superposition d'état.

Une application de l'algorithme, du nom de son inventeur L. Grover, est la recherche d'un élément dans une base de données non hiérarchisée, comme par exemple la recherche de numéro de téléphone dans un annuaire [Grover 1996]. Dans ce cas là, a correspond au numéro de téléphone que l'on cherche parmi tous les numéros existant x dans la base de données.

Un autre algorithme célèbre dans le domaine de la cryptanalyse est l'algorithme de P. Shor [Shor 1994]. Cet algorithme permet de trouver rapidement la période d'une fonction, à l'aide d'une transformée de Fourier quantique. L'association de cet algorithme quantique avec un algorithme classique, qui convertit un problème de factorisation en un problème de recherche de période, permet de réduire le temps nécessaire pour trouver les facteurs premier d'un nombre donné. Plus précisément, le temps de calcul nécessaire à un ordinateur classique avec le meilleur algorithme actuel présente une dépendance exponentielle en fonction de la taille de ce nombre, tandis qu'il en dépendrait de façon polynomiale avec un ordinateur quantique. Ainsi, la réalisation d'un ordinateur quantique à n qbits implémentant cet algorithme rendrait vulnérables toutes les communications cryptées via le protocole RSA avec une clef de n bits (voir Sec. I.1.3). Toutes les clefs de taille supérieure à n resteraient plus ou moins sûres jusqu'à la réalisation d'un nouvel ordinateur quantique avec suffisamment de qbits pour les casser à leur tour.

D'un point de vue scientifique, si un ordinateur quantique efficace n'est pas encore prêt de voir le jour, des implémentations restreintes permettraient la simula-

---

19. Notons qu'un ordinateur quantique avec une telle puissance de calcul serait déjà commercialisé par la compagnie D-Wave (http ://www.dwavesys.com), sans que le contenu de ce système ait été révélé pour autant.

tion de systèmes quantiques complexes. C'est dans ce but qu'a œuvré R. Feyn-
man au début des années 80. En effet, le temps de simulation nécessaire pour
étudier le comportement de particules quantiques croît de façon exponentielle avec
le nombre de particules, ce qui impose une limite sur la taille des systèmes simula-
bles. L'utilisation d'un simulateur quantique permettrait de lever cette contrainte,
car la dépendance en temps deviendrait polynomiale. Ainsi pour ces applications,
un simulateur quantique mettant en œuvre une centaine de qbits serait plus efficace que le plus puissant des supers calculateurs classiques actuels. Il existe déjà
quelques algorithmes pour réaliser la simulation du comportement de Bosons et
de Fermions corrélés [Abrams & Lloyd 1997], ainsi que certaines réactions chimi-
ques [Kassal *et al.* 2008].

CHAPITRE 2

Les observables pour la communication quantique

Afin de préparer, distribuer, ou manipuler des qbits, nous devons définir un support (photon, atome, ion ...) et une observable quantique pour encoder l'information. Dans cette partie, nous allons présenter différentes observables utilisées en communication quantique. Dans ce domaine, nous utilisons essentiellement des photons pour transporter l'information car ils présentent l'avantage d'être simples à transmettre sur de longues distances, soit en espace libre, soit à l'aide de fibres optiques, et les états qu'ils portent sont très peu sujets à la décohérence. On parle alors de "flying qbit" ("qbit volant"). C'est ce type de support qui est cœur de ce travail de thèse.

*Historiquement, l'observable **polarisation** fût la première à être employée aussi bien pour prouver de façon incontestable l'existence d'états intriqués [Aspect et al. 1981], que pour réaliser des expériences de cryptographie quantique [Gisin et al. 2002]. Nous commencerons par présenter cette observable, puis nous présenterons l'observable **time-bin** ou **énergie-temps** qui offre comme nous allons voir certains avantages. Pour finir, nous présenterons l'observable **fréquence**.*

2.1 La polarisation

Pour cette observable, nous encodons l'information sur l'état de polarisation du photon à l'aide de polariseurs et de lames de phase biréfringentes. Pour représenter l'état du qbit, nous pouvons alors utiliser la sphère de Bloch-Poincaré, qui permet une représentation 3D des états polarisation. Comme le montre la FIG. 2.1 les trois bases conjuguées sont alors définies par les états de polarisation $\{H; V\}$, $\{D; A\}$ et $\{R; L\}$, correspondant respectivement aux matrices de Pauli σ_z, σ_y, et σ_x.

À l'aide de lames de phase biréfringentes, dont les plus connues sont les lames demi-onde ($\lambda/2$) et quart d'onde ($\lambda/4$), nous pouvons réaliser des transformations unitaires de l'état polarisation du photon. Pour définir ces matrices, il est commun et utile d'employer le formalisme de Jones qui est décrit dans l'ANN. D. De plus, l'analyse des états de polarisation se fait à l'aide de cubes polarisants (PBS) qui projètent la polarisation sur un état H ou V, tout en les séparant spatialement. La combinaison de lames de phase, $\lambda/2$ et $\lambda/4$, et de PBS permet d'analyser tous les états de polarisations. On peut alors créer et analyser par exemple dans le base $\{H; V\}$ des qbits photoniques uniques de type $\alpha|H\rangle + \beta|V\rangle$ ou des paires de qbits intriqués de type $\alpha|HH\rangle + \beta|VV\rangle$, en respectant comme toujours la règle de normalisation $|\alpha|^2 + |\beta|^2 = 1$.

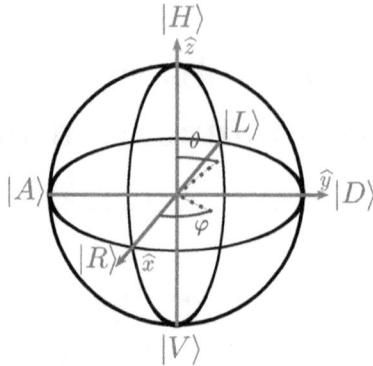

FIG. 2.1 : Sphère de Bloch-Poincaré permettant de représenter un état de polarisation. Les pôles de la sphère dénotés H, V, D, A, L, et R représentent respectivement les états de polarisation horizontal, vertical, diagonal, anti-diagonal, circulaire gauche et circulaire droite.

Cette observable présente l'avantage d'être simple à manipuler et est à la base de la plupart des protocoles actuels de distribution quantique de clefs [Bennett & Brassard 1984, Bennett 1992, Jennewein *et al.* 2000, Naik *et al.* 2000]. En contrepartie, elle n'est pas simple à transmettre sur de longues distances à l'aide de fibres optiques. En effet, la polarisation est modifiée au cours de la propagation dans les fibres en raison de la biréfringence de celles-ci, ce qui nécessite l'utilisation de compensateurs [Walker & Walker 1990, Peng *et al.* 2007, Chen *et al.* 2007, Xavier *et al.* 2009].

Toute la partie réalisation et analyse d'intrication en polarisation est abordé dans la PARTIE II, ainsi que dans l'ANN. E. C'est pourquoi nous ne donnerons pas plus de détails ici.

2.2   Le "time-bin" ou énergie-temps

Pour encoder l'information en time-bin, nous devons définir deux temps possibles pour préparer les qbits, à savoir un temps court $|0\rangle$ et un temps long $|1\rangle$. Si la durée entre les deux temps est supérieure au temps de cohérence des photons [1], nous pouvons alors préparer les photons dans une superposition des deux modes temporels, et ainsi encoder les qbits [Brendel *et al.* 1999].

Pour préparer de tels états, il est commun d'employer des interféromètres déséquilibrés, comme le montre la FIG. 2.2. En employant des coupleurs 50/50 pour réaliser l'interféromètre, nous pouvons générer des états du type :

$$|\psi\rangle = \frac{1}{\sqrt{2}}\left[|0\rangle + e^{i\phi_1}|1\rangle\right], \qquad (2.1)$$

---

1. Cette condition est nécessaire pour pouvoir différencier les deux temps en évitant les interférences à photons uniques.

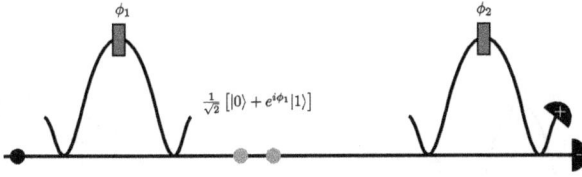

FIG. 2.2 : Principe d'encodage et d'analyse de qbits en time-bin.

où ϕ_1 représente la phase relative entre les bras court et long de l'interféromètre. Dans cette configuration, nous ne pouvons pas changer les amplitudes de probabilité de l'état mais seulement la phase. Ainsi, contrairement à la polarisation, nous ne disposons que de deux bases conjuguées dont les vecteurs de bases sont obtenus pour des phases issues des jeux $\{0; \pi\}$ ou $\{\pi/2; -\pi/2\}$.

Pour analyser un tel état, ils convient d'employer un second interféromètre parfaitement identique et de placer deux détecteurs en sortie du dernier coupleur. Si nous labellisons par $+$ et $-$ les deux sorties du second coupleur de l'interféromètre d'analyse, l'état obtenue s'écrit :

$$|\psi\rangle = \frac{1}{4} \left[i|0,-\rangle + |0,+\rangle + e^{i\phi_1} \left(i|1,-\rangle + |1,+\rangle \right) + e^{i\phi_2} \left(|1,-\rangle + i|1,+\rangle \right) \right.$$
$$\left. + e^{i(\phi_1+\phi_2)} \left(|2,-\rangle + i|2,+\rangle \right) \right], \quad (2.2)$$

où ϕ_2 représente la phase de l'interféromètre d'analyse. Comme nous pouvons le voir, nous avons trois temps de détection distincts (temps : 0, 1 et 2). En post-sélectionnant les cas qui arrivent au temps 1 à l'aide de l'horloge de la source, nous obtenons les probabilités de détection suivantes :

$$\begin{cases} P_+ = |\langle +, 1|\psi\rangle|^2 &= \frac{1+\sin(\phi_1-\phi_2)}{2} \\ P_- = |\langle -, 1|\psi\rangle|^2 &= \frac{1-\sin(\phi_1-\phi_2)}{2}. \end{cases} \quad (2.3)$$

Ainsi, en jouant avec les phases des interféromètres, nous pouvons réaliser une distribution quantique de clefs de la même manière qu'avec l'observable polarisation. L'avantage étant que ce type d'encodage n'est pas sensible à la rotation de polarisation dans les fibres lors de la propagation des qbits [Townsend 1994, Muller et al. 1997, Dixon et al. 2010].

Nous pouvons aussi réaliser des états intriqués en time-bin, à l'instar de l'observable polarisation (voir PARTIE II). De telles sources sont généralement basées sur des matériaux non-linéaires qui permettent de générer des paires de photons à partir de photons issus d'un laser de pompe. Il suffit alors de préparer les photons de pompe dans une superposition temporelle pour générer, par conversion non-linaire, une paire de photons dans une superposition temporelle de la forme :

$$|\Psi\rangle = \frac{1}{\sqrt{2}} \left[|0\rangle_a|0\rangle_b + e^{i\phi_p} |1\rangle_a|1\rangle_b \right], \quad (2.4)$$

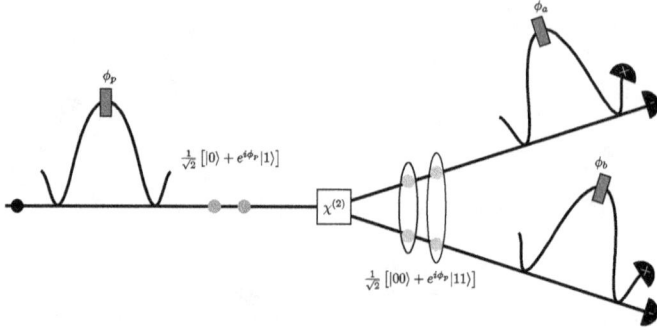

FIG. 2.3 : Réalisation expérimentale d'un état intriqué en time-bin.

où ϕ_p représente la phase entre les deux superpositions temporelles de la pompe. Comme le montre la FIG. 2.3, nous pouvons générer de tels états avec un interféromètre pour préparer le photon de pompe et un cristal non-linéaire $\chi^{(2)}$ qui génère les paires de photons par conversion paramétrique (voir la description théorique de cette interaction en ANN. A). Comme précédemment, nous employons des interféromètres déséquilibrés identiques à l'interféromètre de préparation pour analyser l'état. Nous voyons alors apparaître, après post-sélection des photons dans le time-bin $|1\rangle$, des corrélations entre les résultats obtenus par Alice (a) et Bob (b). Plus précisément, nous avons les probabilités conditionnelles suivantes :

$$\left\{ \begin{array}{l} P_{++} = P_{--} = \ \frac{1}{4}\left[1 + \cos(\phi_a + \phi_b - \phi_p)\right] \\ P_{+-} = P_{-+} = \ \frac{1}{4}\left[1 - \cos(\phi_a + \phi_b - \phi_p)\right], \end{array} \right. \tag{2.5}$$

avec ϕ_a et ϕ_b les phases des interféromètres d'analyses et ϕ_p celle de l'interféromètre de préparation. Avec de telles sources, la distribution quantique de clefs basée sur le protocole BBM92 [Bennett 1992] ou sur celui d'Ekert [Ekert 1991] est possible [Tittel *et al.* 2000, Thew *et al.* 2002].

Il est important de remarquer que pour que le protocole marche, il faut pourvoir définir dans quel time-bin le photon arrive, ce qui impose de connaître l'instant où l'on injecte le photon de pompe dans le dispositif expérimental. Pour cela, le laser de pompe doit être impulsionnel. Mais nous pouvons réaliser le même type d'expérience avec un laser continu en s'affranchissant de l'interféromètre de préparation, comme le montre la FIG. 2.4. C'est la "variante" énergie-temps de l'observable time-bin. Nous obtenons alors en sortie des interféromètres d'analyse une superposition temporelle de la forme :

$$|\Psi\rangle = \frac{1}{2}\left[|0\rangle_a|0\rangle_b + e^{i\phi_a}|1\rangle_a|0\rangle_b + e^{i\phi_b}|0\rangle_a|1\rangle_b + e^{i(\phi_a + \phi_b)}|1\rangle_a|1\rangle_b\right]. \tag{2.6}$$

Comme nous ne pouvons pas remonter au temps de création de la paire (le laser opérant en régime continu), il est impossible de différencier les temps $|0\rangle_a|0\rangle_b$ et $|1\rangle_a|1\rangle_b$, d'où l'apparition d'interférence dite de Franson, ou interférence du 2e ordre

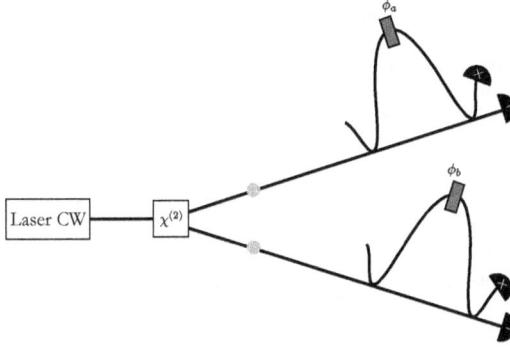

FIG. 2.4 : Réalisation expérimentale d'un état intriqué en énergie-temps.

en amplitude [Franson 1989]. Via ce système, et grâce à la conservation de l'énergie lors de l'interaction non-linéaire (voir ANN. A), mesurer des coïncidences entre Alice et Bob revient à analyser la cohérence du photon de pompe qui a donné naissance à la paire de photons. Plus précisément, si nous post-sélectionnons les cas où les photons appairés arrivent dans le même time-bin chez Alice et Bob, nous obtenons les probabilités conditionnelles suivantes :

$$\begin{cases} P_{++} = P_{--} = \frac{1}{4}\left[1 + \cos(\phi_a + \phi_b)\right] \\ P_{+-} = P_{-+} = \frac{1}{4}\left[1 - \cos(\phi_a + \phi_b)\right], \end{cases} \tag{2.7}$$

à condition que le temps de cohérence du photon de pompe soit bien plus grand que le temps relatif entre les bras court et long des interféromètres d'analyse. Dans le cas contraire, la visibilité des interférences est donnée, comme dans le cas d'interférences du premier ordre en amplitude, par l'intégrale de recouvrement des enveloppes temporelles des photons de pompe séparées par un time-bin. Dans cette configuration, on ne parle plus d'intrication en time-bin mais bien en énergie-temps [Franson 1989, Ekert et al. 1992, Tittel et al. 1999, Tanzilli et al. 2002, Tanzilli 2002, Fasel et al. 2004].

Pour s'en convaincre, il suffit de calculer tout simplement la phase globale $\phi = \phi_a + \phi_b$ vue par une paire de photons. Sachant que ϕ_i, $i = \{a, b\}$, peut s'écrire

$$\phi_i = \frac{\omega_i \Delta L_i}{c},$$

où ω_i et ΔL_i représentent respectivement la fréquence du photon i et la différence de bras d'interféromètre vue par ce photon, il vient, après développement de ϕ :

$$\phi = \frac{(\omega_a - \omega_b)(\Delta L_a - \Delta L_b)}{2c} + \frac{(\omega_a + \omega_b)(\Delta L_a + \Delta L_b)}{2c}. \tag{2.8}$$

De là, en ajustant $\Delta L_a \simeq \Delta L_b = \Delta L$ à mieux que la longueur de cohérence des photons a et b (L_c^i), il vient :

$$\phi = \frac{\omega_p \Delta L}{c}, \tag{2.9}$$

avec $\omega_p = \omega_a + \omega_b$ qui n'est autre que la conservation de l'énergie qui régit l'interaction non-linéaire. Au final, tout revient à analyser la cohérence du photon de pompe (L_c^p), ce qui nécessite par conséquent d'utiliser un laser de pompe bien plus cohérent que le ΔL des interféromètres. C'est pourquoi, la bonne marche d'une expérience d'intrication en énergie-temps peut se résumer comme suit :

$$L_c^i \ll \Delta L \ll L_c^p. \tag{2.10}$$

Nous reviendrons plus en détails sur ce point dans la PARTIE II.

2.3   La fréquence ou "frequency-bin"

Nous allons maintenant nous intéresser à l'encodage de qbits sur l'observable fréquence. Pour réaliser de la distribution quantique de clefs, comme précédemment, nous devons définir deux bases conjuguées sur l'observable fréquence. Pour réaliser ces bases, il existe plusieurs méthodes. Nous allons en présenter deux, la première basée sur deux niveaux de fréquence réalisable à l'aide de modulateur acousto-optique (AOM) [Shi *et al.* 2000, Huntington & Ralph 2004, Huntington *et al.* 2005, Zhang *et al.* 2008], et une seconde basée sur trois niveaux de fréquence en employant des modulateurs de phase (PM) [Bloch *et al.* 2007, Olislager *et al.* 2010b, Olislager *et al.* 2011].

2.3.1   Méthode basée sur des modulateurs acousto-optiques

Considérons deux niveaux d'énergie, $|\omega\rangle$ ($|0\rangle_z$) et $|\omega + \delta\rangle$ ($|1\rangle_z$), qui définissent notre première base $\{\omega; \omega + \delta\}$, pouvant être analysées à l'aide de filtres. Il nous faut maintenant définir une base conjuguée à celle-ci et, comme nous l'avons vu précédemment (voir CHAP. I.1), nous pouvons exploiter les bases $\{0_x; 1_x\}$ et $\{0_y; 1_y\}$. Il nous faut donc trouver une méthode pour générer et analyser ces états. Pour cela, nous pouvons utiliser des AOM.

Pour cela, considérons un AOM dans la configuration expériementale représentée en FIG. 2.5. Nous pouvons alors décrire l'interaction entre le photon et le phonon par le Hamiltonien effectif suivant [Resch *et al.* 2001] :

$$\mathcal{H} = \kappa b(\delta) a_a(\omega) a_b^\dagger(\omega + \delta) + \kappa^* b^\dagger(\delta) a_a^\dagger(\omega) a_b(\omega + \delta), \tag{2.11}$$

avec b, $b^\dagger$, a_a, $a_a^\dagger$, a_b et $a_b^\dagger$ représentant les opérateurs annihilation et création pour le phonon et le photon dans les modes spatiaux a et b de l'AOM. De plus, nous définissons κ la constante de couplage entre l'onde acoustique et optique. En considérant que le champ acoustique est une onde classique définie par une amplitude E_δ, nous pouvons réécrire cet Hamiltonien sous la forme :

$$\mathcal{H} = \kappa E_\delta a_a(\omega) a_b^\dagger(\omega + \delta) + \kappa^* E_\delta^* a\,^\dagger_a(\omega) a_b(\omega + \delta)\,^2. \tag{2.12}$$

---

2. Cette Hamiltonien est parfaitement similaire à celui employé pour décrire l'interaction non-linéaire de somme de fréquence entre une pompe classique et un photon unique.

Nous pouvons alors décrire l'interaction dans le cristal de l'AOM par le système d'équations différentielles suivant :

$$\begin{cases} |\omega\rangle_a & \to & |\omega\rangle_a - \frac{i}{\hbar}\kappa E_\delta|\omega+\delta\rangle_b dt \\ |\omega+\delta\rangle_b & \to & |\omega+\delta\rangle_b - \frac{i}{\hbar}\kappa^* E_\delta^*|\omega\rangle_a dt. \end{cases} \tag{2.13}$$

En intégrant ce système sur le temps t mis par les photons pour traverser le cristal, nous obtenons les transformations suivantes :

$$\begin{cases} |\omega\rangle_a & \to & \cos\frac{|\kappa E_\delta|t}{\hbar}|\omega\rangle_a - i\frac{\kappa E_\delta}{|\kappa E_\delta|}\sin\frac{|\kappa E_\delta|t}{\hbar}|\omega+\delta\rangle_b \\ |\omega+\delta\rangle_b & \to & \cos\frac{|\kappa E_\delta|t}{\hbar}|\omega+\delta\rangle_b - i\frac{\kappa^* E_\delta^*}{|\kappa E_\delta|}\sin\frac{|\kappa E_\delta|t}{\hbar}|\omega\rangle_a. \end{cases} \tag{2.14}$$

Nous pouvons alors ajuster la longueur du cristal pour obtenir en sortie un état dans une superposition maximale de deux fréquences. Ainsi, l'AOM est défini par la transformation suivante :

$$\begin{cases} |\omega\rangle_a & \to & \frac{1}{\sqrt{2}}\left[|\omega\rangle_a - ie^{i\phi}|\omega+\delta\rangle_b\right] \\ |\omega+\delta\rangle_b & \to & \frac{1}{\sqrt{2}}\left[|\omega+\delta\rangle_b - ie^{-i\phi}|\omega\rangle_a\right], \end{cases} \tag{2.15}$$

où $\phi = \arg(\kappa E_\delta)$ représente la phase. En ajustant cette phase, nous pouvons alors générer et analyser les états de superposition de fréquences qui nous intéressent. Par la suite, nous considérerons que $\phi = \frac{\pi}{2}$.

Il nous faut maintenant définir la configuration expérimentale pour réaliser de la distribution quantique de clefs à l'aide du protocole BB84. Comme le montre la FIG. 2.6, Alice doit disposer de deux sources de photons uniques, la première émettant à une fréquence ω (qui entre par le mode b) et la seconde à $\omega + \delta$ (qui entre par le mode a), ainsi qu'un modulateur acousto-optique AOM$_1$ travaillant à une fréquence δ avec les caractéristiques introduites ci-dessus. Alice peut alors préparer les quatre états nécessaires au protocole BB84 de la façon suivante :

– $|\omega\rangle$ en allumant la source 1 ;
– $|\omega+\delta\rangle$ en allumant la source 2 ;

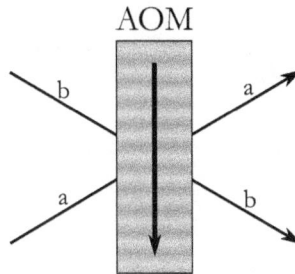

FIG. 2.5 : Schéma de principe d'un modulateur acousto-optique. La flèche représente le sens de propagation des ondes acoustiques dans le cristal, et les modes optiques sont labellisés par a et b.

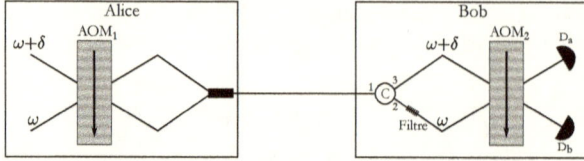

FIG. 2.6 : Schéma de principe du protocole BB84 basé sur l'observable fréquence encodée à l'aide de AOM.

- $\frac{1}{\sqrt{2}}\left[|\omega\rangle + |\omega + \delta\rangle\right]$ en allumant la source 1 et l'AOM ;
- $\frac{1}{\sqrt{2}}\left[|\omega\rangle - |\omega + \delta\rangle\right]$ en allumant la source 2 et l'AOM.

De son côté Bob dispose lui aussi d'un modulateur acousto-optique, AOM_2, identique à celui d'Alice, d'un filtre pour séparer les deux fréquences et de deux détecteurs. Si Bob n'allume pas son AOM_2, il analyse les qbits dans la base $\vec{z}$, en séparant les photons à l'aide du filtre. Dans le cas où Bob allume son AOM_2, il analyse dans la base $\vec{y}$ en effectuant la transformation inverse à l'aide de l'AOM. Ainsi dans le cas où Alice et Bob génèrent et analysent respectivement dans la même base, les résultats sont parfaitement déterministes et dans le cas contraire ils sont parfaitement aléatoires.

2.3.2   Méthode basée sur des modulateurs de phase

Cette seconde méthode, nécessite l'emploi de trois niveaux de fréquence pour générer des qtrits [3], mais, avant de donner tous les détails sur les bases utilisées pour le protocole de cryptographie, nous allons nous intéresser aux effets d'un modulateur de phase (PM) sur la fréquence d'un photon. Pour cela, nous devons nous placer dans le configuration où le modulateur de phase est alimenté par une tension oscillante [4] à la radio fréquence angulaire δ. Dans le cas où un champ classique défini par une amplitude A et une fréquence ω interagit avec le PM, nous obtenons :

$$Ae^{-i\omega t} \rightarrow Ae^{-i\omega t}e^{-i\alpha \cos(\delta t - \varphi)}, \qquad (2.16)$$

où α et φ représentent respectivement l'amplitude et la phase de la radio fréquence. En utilisant l'expansion de Jacobi-Anger [5], cette équation se simplifie sous la forme :

$$Ae^{-i\omega t} \rightarrow \sum_{n\in\mathbb{Z}} AJ_n(\alpha)i^n e^{in\varphi}e^{-i(\omega+n\delta)t} \qquad (2.17)$$

avec $J_n(\alpha)$ la fonction de Bessel de première espèce, qui pour $n \in \mathbb{Z}$ est donnée par :

$$J_n(x) = \left(\frac{x}{2}\right)^n \sum_{p\in\mathbb{N}} \frac{(-1)^p}{2^{2p}p!(n+p)!}x^{2p}. \qquad (2.18)$$

---

3. Cette abréviation anglaise signifie quantum trinary digit.

4. Plus précisément, le PM est alimenté à l'aide d'un oscillateur contrôlé en tension ou "Voltage Controlled Oscillator" (VCO).

5. $e^{iz\cos\theta} = \sum_{n=-\infty}^{\infty} i^n J_n(z) e^{in\theta}$, ou $J_n(z)$ est la fonction de Bessel de première espèce d'ordre n.

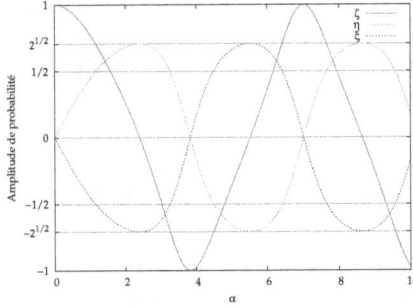

FIG. 2.7 : Amplitudes de probabilité $\zeta(\alpha)$, $\eta(\alpha)$ et $\xi(\alpha)$ en fonction de α.

Si maintenant nous considérons un seul photon à la fréquence angulaire ω, le PM réalise la transformation suivante :

$$|\omega\rangle = \sum_{n\in\mathbb{Z}} A J_n(\alpha) i^n e^{in\varphi}|\omega + n\delta\rangle. \tag{2.19}$$

Pour le protocole que nous allons décrire maintenant, nous nous limiterons aux cas où les photons possèdent des fréquences $|\omega\rangle$ et $|\omega \pm \delta\rangle$. Pour cela, il convient d'employer un filtre fréquentiel pour rejeter toutes les autres fréquences. L'état obtenu en sortie du filtre est alors de la forme :

$$|\phi\rangle = \zeta(\alpha)|\omega\rangle + \eta(\alpha)|\omega + \delta\rangle + \xi(\alpha)|\omega - \delta\rangle, \tag{2.20}$$

avec pour amplitudes de probabilité $\zeta(\alpha) = \dfrac{J_0(\alpha)}{\sqrt{J_0(\alpha)^2 + 2J_1(\alpha)^2}}$ et $\eta(\alpha) = -\xi(\alpha) = \dfrac{J_1(\alpha)}{\sqrt{J_0(\alpha)^2 + 2J_1(\alpha)^2}}$. Notons que nous avons fixé le déphasage φ à $\frac{\pi}{2}$.

En jouant avec l'amplitude des oscillations et la phase, nous pouvons générer les états suivant :
- $|\pm\rangle_1 = \frac{1}{\sqrt{2}}|\omega\rangle \pm \frac{1}{2}\left[|\omega + \delta\rangle - |\omega - \delta\rangle\right]$ pour $\alpha_1 = 1,16$ et $\varphi_\pm = \pm\frac{\pi}{2}$;
- $|+\rangle_2 = |\omega\rangle$ pour $\alpha_{+2} = 0$;
- $|-\rangle_2 = \frac{1}{\sqrt{2}}\left[|\omega + \delta\rangle - |\omega - \delta\rangle\right]$ pour $\alpha_{-2} = 2,405$.

Ces quatre états définissent dans un espace de Hilbert de dimension 3 permettent de former deux bases conjuguées de dimension 2 $\{+_1; -_1\}$ et $\{+_2; -_2\}$, qui peuvent être exploitées pour faire de la distribution quantique de clefs. Il est important de remarquer que la probabilité d'émettre l'état n'est pas toujours de 100%. En effet, le facteur de normalisation des amplitudes de probabilité, $\sqrt{J_0(\alpha)^2 + 2J_1(\alpha)^2}$, dépend de α. Ainsi, on a 95%, 100% et 54% de probabilité de générer respectivement l'état $|\pm\rangle_1$, $|+\rangle_2$ et $|-\rangle_2$. Ces probabilités d'émission sont dues à la sélection de seulement trois modes fréquentiels à l'aide du filtre. Si on ne veut pas fausser le protocole, il faut prendre en compte ces probabilités de génération et adapter la statistique d'émission de la source chez Alice.

FIG. 2.8 : Schéma de principe du protocole BB84 en fréquence réalisé à l'aide de modulateurs de phase (PM) alimentés par une tension oscillante à une radiofréquence δ. (F$_1$: filtre transmettant ω et $\omega + \delta$; F$_2$: filtre réfléchissant seulement ω ; C : circulateur optique fibré).

Comme le montre la FIG. 2.8, Bob dispose aussi d'un PM alimenté par un VCO. De plus, il dispose d'un filtre qui permet de réfléchir les photons à la fréquence ω vers le détecteur D_b. Si Bob n'alimente pas son PM, il peut détecter l'état $|+\rangle_2$ si le détecteur D_b clique et un état $|-\rangle_2$ si le détecteur D_a se déclenche. Pour analyser les deux autres états, Bob doit alimenter le PM, ainsi la probabilité d'avoir une détection est donnée par :

$$
\begin{aligned}
P_{D_b}(|\pm\rangle_1) &= \tfrac{J_0(\alpha')^2}{2} + J_1(\alpha')^2 \cos^2 \varphi' \pm \sqrt{2} J_0(\alpha') J_1(\alpha') \cos \varphi', \\
P_{D_a}(|\pm\rangle_1) &= 1 - P_{D_b}(|\pm\rangle_1),
\end{aligned}
\tag{2.21}
$$

avec α' et φ' représentant respectivement l'amplitude et la phase de la modulation. Comme le montre la FIG. 2.9, en prenant $\varphi' = 0$ et $\alpha' = 1,16$, Bob a 100% de chance de mesurer l'état $|+\rangle_1$ avec le détecteur D_a, tandis que pour l'état $|-\rangle_1$ il a 95% de chance de mesurer avec le détecteur D_b. La séparation entre les deux états n'est pas parfaite mais optimale pour ce dispositif expérimental. Ceci introduit un QBER de 1,2%, ce qui est inférieur à la limite autorisant la distribution quantique de clefs et permet de valider le protocole, du moins en théorie.

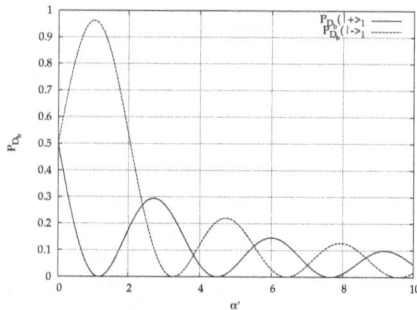

FIG. 2.9 : Probabilité d'avoir une détection sur le détecteur D_b en fonction de α' pour $\varphi' = 0$.

Nous avons présenté deux méthodes pour réaliser de la distribution quantique de clefs à l'aide du protocole BB84 basés sur des qbits uniques encodés en fréquence.

Mais surtout nous avons vu des protocoles expérimentaux pour analyser, dans deux bases conjuguées, les états fréquentiels portés par les qbits. Ceci permet aussi de réaliser des protocoles de communication de type BBM92 basés sur des paires de qbits intriqués [Ramelow *et al.* 2009, Olislager *et al.* 2010a, Olislager *et al.* 2011].

2.4 D'autres observables

Nous venons de présenter les trois observables les plus communément employées pour la distribution quantique de clef à l'aide de "flying qbits". Il existe cependant d'autres observables comme par exemple l'encodage en chemin souvent employés dans le domaine des portes logiques photoniques [Politi *et al.* 2008, Politi *et al.* 2009], et le moment angulaire qui ne jouit pour le moment pas de développements du niveau des autres observables [Mair *et al.* 2001].

Notons enfin qu'il est possible de générer des ressources quantiques de plus grandes dimensions (voir SEC. I.1.2.2). Par exemple, les qquarts (dimension 4) peuvent être encodés via l'utilisation de plusieurs observables sur un seul photon, comme par exemple la fréquence et la polarisation, ou le temps et la fréquence, et toutes autres combinaisons [Kim 2003, O'Sullivan-Hale *et al.* 2005, Bogdanov *et al.* 2006, Vallone *et al.* 2007, Baek & Kim 2007, Vallone *et al.* 2009].

CHAPITRE 3

La communication quantique sur longue distance

Nous allons maintenant nous intéresser à l'une des principales limites de la communication quantique basée sur des variables discrètes : la distance qui sépare les utilisateurs. En effet, comme nous venons de le voir, tous les protocoles sont basés sur des particules uniques ou des paires de particules dont les états quantiques ne peuvent pas être clonés, les théorèmes de non-clonage et la réduction du paquet d'onde l'empêchant. Pour cela, nous allons présenter dans un premier temps les protocoles de téléportation et de permutation d'intrication qui sont vus comme une façon d'étendre les distances de communication quantique. Dans un second temps, nous présenterons les distances maximales pouvant être atteintes avec les protocoles de distribution quantique de clefs basés sur des particules uniques et des paires de particules. Et pour finir, nous verrons comment ces distances peuvent être augmentées à l'aide des ces deux protocoles.

3.1 Protocole de téléportation

Nous allons maintenant nous intéresser au protocole de téléportation qui permet d'accroître les distances de communication quantique. L'idée proposée par C. H. Bennett et ses collaborateurs consiste à transférer l'état porté par un qbit sur un autre qbit séparé spatialement du premier [Bennett *et al.* 1993], comme présenté sur la FIG. 3.1.

Supposons qu'Alice prépare un qbit dans l'état :

$$|\Psi\rangle_1 = \alpha|0\rangle_1 + \beta|1\rangle_1, \tag{3.1}$$

avec α et β deux nombres complexes vérifiant la relation de normalisation $|\alpha|^2 + |\beta|^2 = 1$, qbit qu'elle souhaite transmettre à Bob sans le révéler à une quelconque autre personne. Supposons également qu'il n'existe pas (ou plus) de lien direct entre Alice et Bob. Ils peuvent alors utiliser une source de paires de qbits intriqués et téléporter l'état du qbit émis par Alice sur le qbit qui se dirige vers Bob, comme nous allons le démontrer maintenant.

Nommons 2 et 3 les particules de la paire de photons intriqués représentés dans l'état suivant :

$$|\Psi\rangle_{23} = \frac{1}{\sqrt{2}} \left[|00\rangle_{23} + |00\rangle_{23} \right], \tag{3.2}$$

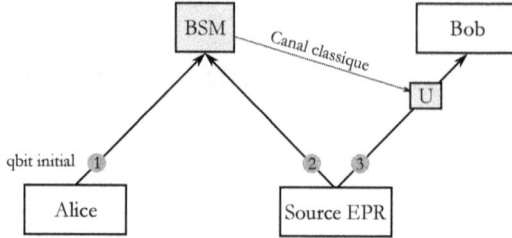

FIG. 3.1 : Schéma de principe la téléportation quantique proposé par [Bennett *et al.* 1993].
(Source EPR : Source de paires de photons intriqués, EPR étant mis pour les
auteurs A. Einstein, B. Podolsky et N. Rosen ; BSM : Mesure d'état de Bell ;
U : transformation unitaire dépendant du résultat de la mesure de Bell).

qui correspond à l'état de Bell $|\Phi^+\rangle$ (voir SEC. I.1.2). Nous avons donc initialement
un système de 3 qbits, issu de deux systèmes quantiques indépendants, l'état total
étant alors défini par le produit tensoriel des deux systèmes :

$$|\Psi\rangle_{123} = \frac{1}{2}\left[\alpha|000\rangle_{123} + \alpha|011\rangle_{123} + \beta|100\rangle_{123} + \beta|111\rangle_{123}\right]. \qquad (3.3)$$

En utilisant le système d'équations suivant :

$$
\begin{aligned}
|00\rangle &= \frac{|\Phi^+\rangle + |\Phi^-\rangle}{\sqrt{2}} \\
|11\rangle &= \frac{|\Phi^+\rangle - |\Phi^-\rangle}{\sqrt{2}} \\
|01\rangle &= \frac{|\Psi^+\rangle + |\Psi^-\rangle}{\sqrt{2}} \\
|10\rangle &= \frac{|\Psi^+\rangle - |\Psi^-\rangle}{\sqrt{2}}
\end{aligned}
\qquad (3.4)
$$

nous pouvons réécrire l'état des trois particules sous la forme :

$$
\begin{aligned}
|\Psi\rangle_{123} = \frac{1}{2}\big[&|\Phi^+\rangle_{12} \otimes (\alpha|0\rangle_3 + \beta|1\rangle_3) + |\Phi^-\rangle_{12} \otimes (\alpha|0\rangle_3 - \beta|1\rangle_3) \\
&+ |\Psi^+\rangle_{12} \otimes (\beta|0\rangle_3 + \alpha|1\rangle_3) + |\Psi^-\rangle_{12} \otimes (-\beta|0\rangle_3 + \alpha|1\rangle_3)\big]. \quad (3.5)
\end{aligned}
$$

Nous remarquons immédiatement qu'à chaque état de Bell projeté sur les photons 1 et 2 correspond un état, pour le photon 3, proche de l'état initial du photon
1, à une transformation unitaire près. Ainsi, en effectuant une mesure d'état de
Bell sur les photons 1 et 2, nous pouvons définir la transformation unitaire devant être appliquée au qbit 3 pour téléporter l'état du qbit 1 initial. En effet, les
quatre résultats possibles sont donnés dans la TABLE 3.1. Il est important de remarquer que ce protocole ne peut pas fonctionner sans l'existence d'un lien classique additionnel, car il est nécessaire de transmettre le résultat de la mesure de
Bell. Sans cette information, l'état du qbit 3 revient à être complètement aléatoire.

État de Bell obtenu pour 1 et 2	Transformation unitaire à appliquer sur 3
$\lvert\Phi^+\rangle_{12}$	I
$\lvert\Phi^-\rangle_{12}$	σ_z
$\lvert\Psi^+\rangle_{12}$	σ_y
$\lvert\Psi^-\rangle_{12}$	σ_x

TABLE 3.1 : Correspondances entre projection sur l'un des quatre états de Bell pour les photons 1 et 2 et transformations unitaires à appliquer sur le photon 3.

Expérimentalement, ce protocole a déjà été réalisé pour les observables polarisation [Bouwmeester *et al.* 1997, Boschi *et al.* 1998] et time-bin [Marcikic *et al.* 2003].

Enfin, deux remarques importantes peuvent être mentionnées. D'une part, ce protocole ne s'apparente pas à du clonage puisque le photon 1 a disparu dans la mesure de Bell. D'autre part, c'est bien la consommation d'une ressource purement quantique, à savoir l'intrication initiale portée par les photons 2 et 3, qui rend possible ce protocole.

3.2 Le protocole de permutation d'intrication

La téléportation d'états peut être étendue à l'intrication, via le protocole de permutation d'intrication (en anglais, "entanglement swapping") [Bennett *et al.* 1993]. L'état de la particule à téléporter est alors complètement indéterminé, et toute l'information est contenue dans les propriétés jointes de la paire dont elle est issue. Pour s'en convaincre, il suffit de considérer un état intriqué $\lvert\Phi^+\rangle_{12} = \frac{1}{\sqrt{2}}\left[\lvert00\rangle_{12} + \lvert11\rangle_{12}\right]$ et de prendre les opérateurs densité réduits aux particules 1 et 2 qui s'écrivent $\rho_1 = \rho_2 = \frac{1}{2}\mathcal{I}$. Ainsi, tous les résultats de mesures sur les photons individuels sont équiprobables et associés à aucune information.

Pour cela, comme le montre la FIG. 3.2, nous avons besoin de deux sources EPR. La mesure jointe est alors effectuée entre deux photons (ici 2 et 3), provenant chacun d'une source, pour permettre d'intriquer les deux autres photons (ici 1 et 4).

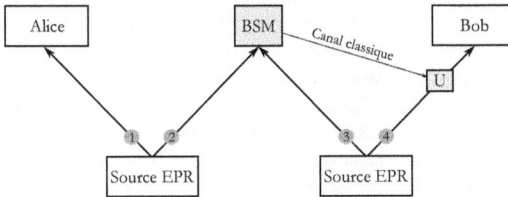

FIG. 3.2 : Schéma de principe la permutation d'intrication.

Mathématiquement, nous pouvons définir l'état des quatre photons comme suit :

$$|\Psi\rangle_{1234} = \frac{1}{2}\left[|01\rangle_{12} + |10\rangle_{12}\right]\left[|00\rangle_{34} + |11\rangle_{34}\right],\qquad(3.6)$$

avec $[1,2]$ et $[3,4]$ labellisant respectivement les deux photons de la première et de la seconde source. Pour la démonstration, nous avons défini que la première source émettait l'état de Bell $|\Psi^+\rangle$ et la seconde $|\Phi^+\rangle$, sachant que le protocole reste inchangé quels que soient les états intriqués émis par les deux sources. En s'appuyant sur le système d'équation (3.4), nous pouvons réécrire cette équation sous la forme :

$$|\Psi\rangle_{1234} = \frac{1}{2}\left[|\Phi^+\rangle_{14}|\Psi^+\rangle_{23} + |\Phi^-\rangle_{14}|\Psi^-\rangle_{23} + |\Psi^+\rangle_{14}|\Phi^+\rangle_{23} - |\Psi^+\rangle_{14}|\Phi^+\rangle_{23}\right].\quad(3.7)$$

Ainsi, en mesurant l'état de Bell porté par les particules $[2,3]$, nous pouvons définir l'état de Bell porté par les particules $[1,4]$. En fonction des résultats de la mesure, nous pouvons appliquer les transformations nécessaires pour obtenir l'état intriqué que l'on souhaite sur les particules $[1,4]$. Nous avons alors réalisé une permutation d'intrication initialement portée par les particules $[1,2]$ et $[3,4]$ vers les particules $[2,3]$ et $[1,4]$. Ce protocole a été mis en évidence expérimentalement à l'aide de particules générées par deux sources distantes et indépendantes via l'observable polarisation [Pan *et al.* 1998] et time-bin [de Riedmatten *et al.* 2004].

3.3 Le problème de la distance

En communication quantique, contrairement aux communications classiques (télécoms optiques), l'entité individuelle utilisée comme support de l'information est le photon unique et non des impulsions contenant des paquets de photons. Il présente l'avantage d'être facile à transmettre sur de grandes distances tout en étant peu sensible aux perturbations extérieures, ce qui permet de préserver la cohérence des états. De plus, l'emploi de photons aux longueurs d'onde des télécommunications permet l'utilisation, au-delà des fibres optiques elles-mêmes, des composants développés et optimisés pour les communications classiques tels que les coupleurs directionnels, les (dé)multiplexeurs, les filtres, *etc.* Cependant, contrairement aux communications classiques, la compensation des pertes par amplification reste impossible. En effet, les propriétés de la physique quantique empêchent de dupliquer ou de mesurer pleinement le qbit porté par le photon. Ainsi, comme nous allons le démontrer par la suite, au bout d'une certaine distance de propagation, la probabilité de détecter le photon devient plus faible que le bruit interne des détecteurs. Il devient alors impossible de transmettre une quelconque information.

Afin de calculer cette distance maximum de communication, nous allons commencer par considérer une ligne simple avec une source et un détecteur de photon unique (cas (a) de la FIG. 3.3). Puis nous présenterons par la suite comment augmenter cette distance en réduisant le bruit apparent de la ligne à l'aide d'un schéma de détection en coïncidence, en exploitant une source de paires de photons intriqués (cas (b) de la FIG. 3.3) et les protocoles de téléportation (cas (c) de la FIG. 3.3) et de permutation d'intrication (cas (d) de la FIG. 3.3).

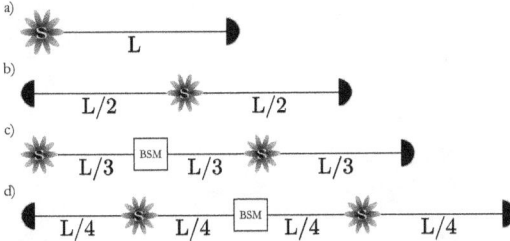

FIG. 3.3 : Différents scénarios de communications quantiques. Le schéma (a) et (b) représentent respectivement une ligne de communication à qbits uniques et à paires de qbits intriqués, et les configurations (c) et (d) représentent le cas de lignes avec un relais mises en place.

3.4 Cas d'une ligne simple

Commençons par considérer une source de photon unique parfaite, émettant un photon et un seul par impulsion, séparée d'un détecteur de photon unique par une distance L, comme le montre la FIG. 3.3 (a). Ainsi les paramètres importants sont :

- P_{qbit}, la probabilité que la source émette un qbit que nous prendrons égale à 1 ;

- α, les pertes sur la ligne égales à 0,25 dB.km^{-1} ce qui correspond à une valeur "raisonnable[1]" pour une fibre optique à la longueur d'onde de 1550 nm. Nous pouvons ainsi définir t = $10^{-\alpha L/10}$ la transmission d'une ligne de longueur L ;

- η, l'efficacité du détecteur égale à 25% ;

- P_{cs}, la probabilité de coup sombre du détecteur égale à 10^{-4} par fenêtre d'intérêt[2]. Nous considérons, pour cela, des fenêtres de détection de 1 ns.

À partir de ces grandeurs, nous pouvons calculer la probabilité de détecter un photon en bout de ligne, qui est donnée par :

$$P_{signal} = t\eta, \tag{3.8}$$

tandis que la probabilité d'obtenir un coup de bruit correspond à :

$$P_{bruit} = (1 - t\eta)P_{cs}. \tag{3.9}$$

Nous pouvons alors calculer la probabilité d'obtenir une détection, qui est donnée par :

$$P_{total} = P_{signal} + P_{bruit}. \tag{3.10}$$

---

1. Les fabricants de fibres optiques standards indiquent plutôt en standard la valeur de 0,17 dB.km^{-1}. Toutefois, cette valeur n'inclut pas les pertes de connections entre divers tronçons de fibres.

2. Ces caractéristiques, que sont 25% d'efficacité et 10^{-4}/ns de probabilité de coup sombre, correspondent aux caractéristiques standards des détecteurs InGaAs commercialisés à l'heure actuelle (voir l'ANN. C).

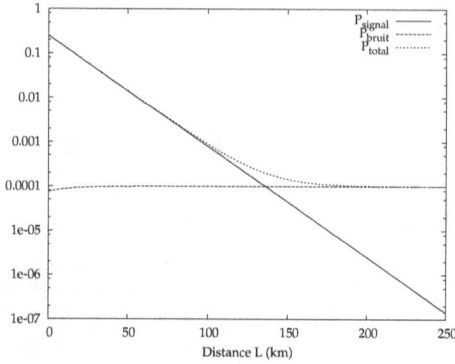

FIG. 3.4 : P_{total}, P_{signal} et P_{bruit} en fonction de la distance L de fibre entre Alice et Bob avec $\alpha = 0,25\,\mathrm{dB\,km^{-1}}$, $\eta = 25\%$ et $P_{cs} = 10^{-4}/\mathrm{ns}$.

Avant de poursuivre, il est important de remarquer que pour L tendant vers l'infini, la probabilité d'obtenir une détection tend vers la probabilité de coup sombre du détecteur et c'est cette probabilité qui va imposer un seuil haut concernant la distance qui peut être atteinte. Ainsi, dans le cas de détecteurs parfaits, c'est-à-dire sans bruit, nous pourrions atteindre une distance infinie. Mais dans une configuration réaliste, cette distance est limité par le QBER de la ligne. En effet, comme nous l'avons vu précédemment lors de la présentation des protocoles de distribution quantique de clefs (voir CHAP. I.1), pour s'assurer de la sécurité de la communication entre Alice et Bob, l'erreur dans la clef doit être inférieure à un $\mathrm{QBER_{seuil}}$ qui dépend du protocole d'échange. Dans le cas contraire, un espion peut avoir suffisamment d'information pour remonter à la clef de cryptage. Il nous faut donc calculer le QBER de la ligne, ce qui est donné par :

$$\mathrm{QBER} = \frac{\mathrm{P_{bruit}}}{\mathrm{P_{total}}}. \tag{3.11}$$

Ainsi la distance maximum de communication est atteinte lorsque le QBER de la ligne atteint le $\mathrm{QBER_{seuil}}$ défini par le protocole de communication. Comme le montre la FIG. 3.5 pour un $\mathrm{QBER_{seuil}}$ de 7%, ce qui correspond à la limite pour une communication sécurisée quel que soit le protocole, la distance maximale pouvant être atteinte est limitée à 88 km.

Pour caractériser la ligne complètement, il est intéressant de calculer le taux de clefs exploitable par Alice et Bob, c'est-à-dire après correction des erreurs et amplification de la confidentialité. Ce taux est donnée par :

$$\mathrm{R_{clef}} = \mathrm{P_{total}}\left(1 - \frac{\mathrm{QBER}}{\mathrm{QBER_{seuil}}}\right) = \mathrm{P_{total}} - \frac{\mathrm{P_{bruit}}}{\mathrm{QBER_{seuil}}}. \tag{3.12}$$

Comme on peut le voir sur la FIG. 3.6, le taux de clefs échangé chute violemment après une longueur de propagation de 80 km.

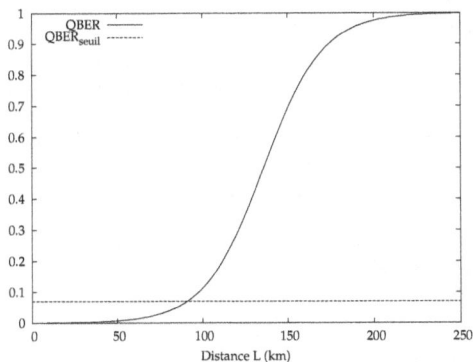

FIG. 3.5 : QBER en fonction de la distance L de fibre entre Alice et Bob avec $\alpha = 0,25\,\mathrm{dB\,km^{-1}}$, $\eta = 25\%$ et $\mathrm{P_{cs}} = 10^{-4}/\mathrm{ns}$.

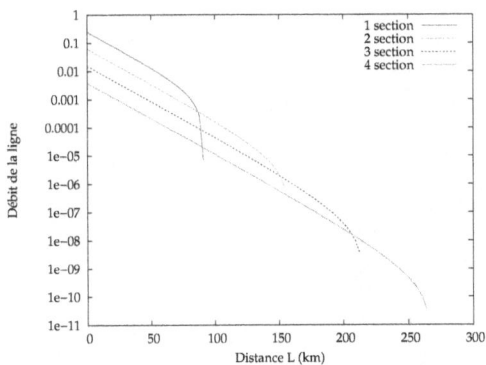

FIG. 3.6 : Taux de clefs en fonction de la distance L de fibre entre Alice et Bob avec $\alpha = 0,25\,\mathrm{dB\,km^{-1}}$, $\gamma = 0$, $\eta = 25\%$ et soit $P_{cs} = 10^{-4}/\mathrm{ns}$ pour différentes configurations exploitant un nombre de sections allant de 1 à 4.

Pour augmenter cette distance, nous pouvons soit :

- réduire les pertes à la propagation des fibres utilisées, ce qui semble difficile à l'heure actuelle ;
- accroître l'efficacité des détecteurs ;
- diminuer le bruit des détecteurs. Pour cela, nous pouvons par exemple utiliser des détecteurs basés sur la technologie des supra-conducteurs (voir ANN. C) qui présentent une probabilité typique de coup de sombre de 10^{-9}/ns, ce qui permet d'atteindre une distance d'environ 250 km. Une autre méthode pour réduire cette probabilité de coup sombre consiste à réaliser des détections en coïncidence en exploitant des sources de paires de photons.

3.5   Cas d'une ligne basée sur des paires de photons intriqués

Nous allons maintenant nous intéresser au schéma (b) de la FIG. 3.3, qui consiste à utiliser une source de paires de photons placée entre deux détecteurs séparés d'une distance L. Comme précédemment, les deux détecteurs ont une efficacité $\eta = 25\%$ et une probabilité de coup sombre $P_{cs} = 10^{-4}$/ns.

Dans cette configuration, il faut, pour valider un bit, obtenir un déclenchement dans les deux détecteurs en même temps. Ainsi la probabilité d'obtenir du signal est donnée par la probabilité que les deux photons arrivent au bout de la ligne et qu'ils soient détectés, ce qui correspond à :

$$P_{\text{signal}}^{(2)} = t\eta^2. \tag{3.13}$$

Par ailleurs, la probabilité d'obtenir une coïncidence accidentelle est donnée par la probabilité qu'un photon soit détecté en même temps qu'un coup sombre, ou que deux coups sombres déclenchent les détecteurs. Il vient :

$$P_{\text{bruit}}^{(2)} = \left[\sqrt{t}\eta + \left(1 - \sqrt{t}\eta \right) P_{\text{cs}} \right]^2. \tag{3.14}$$

Dans cette configuration, la probabilité de détecter du signal est plus faible que précédemment, ce qui a pour conséquence de diminuer le débit de la ligne, mais surtout la probabilité globale d'obtenir du bruit. Ainsi, nous avons amélioré le rapport signal sur bruit apparent de la ligne, ce qui permet d'augmenter la distance de communication. Comme le montre la FIG. 3.6, nous doublons quasiment la distance maximum de communication par cette technique.

3.6   Cas d'une ligne avec relais quantiques

Pour aller plus loin, nous pouvons utiliser les protocoles de téléportation d'états ou de permutation d'intrication. Comme nous l'avons vu précédemment (voir SEC. I.3.1), pour téléporter l'état quantique d'une particule nous devons effectuer une mesure d'état de Bell entre le qbit initial et un qbit issu d'une paire de photons intriqués. Le résultat de cette mesure, nécessitant la détection des deux photons, va permettre de préparer le second qbit de la paire dans le même état que le qbit initial. Ainsi, pour une ligne à téléportation, la validation d'un bit nécessite la détection d'une coïncidence triple. De plus, pour N téléportations nous devons détecter 1+2N photons en coïncidence. Il en va de même pour le protocole de permutation d'intrication, qui nécessite la détection de 2+2N photons en coïncidence pour N permutations.

De façon plus générale, la probabilité d'obtenir du signal pour une configuration mettant en jeux n photons est donnée par :

$$P_{\text{signal}}^{(n)} = t\eta^n, \tag{3.15}$$

tandis que la probabilité de bruit est donnée par :

$$P_{\text{bruit}}^{(n)} = \left[t^{\frac{1}{n}}\eta + \left(1 - t^{\frac{1}{n}}\eta\right)P_{\text{cs}} \right]^n. \tag{3.16}$$

C'est pourquoi, plus le nombre de photons impliqués est grand, plus la probabilité d'obtenir une détection en coïncidence accidentelle devient faible. Ceci permet d'améliorer le rapport signal sur bruit et la distance de communication, comme le montre la FIG. 3.6. Dans ce modèle nous pouvons obtenir une distance de communication infinie lorsque le nombre de photon n tend vers l'infini. Toutefois en réalité, ceci n'est pas le cas. En effet, nous n'avons pas pris en compte dans cette exemple simple les problèmes de cohérence des états, de source non parfaite, ainsi que les probabilités de réussite des protocoles de téléportation et de permutation d'intrication. En considérant une ligne réelle, nous pouvons constater un gain en terme de distance jusqu'à une dizaine de relais, ce qui offre la possibilité d'atteindre des distance de l'ordre de 700 km [Collins *et al.* 2005, Bertocchi 2006]. Nous verrons dans la PARTIE III l'exemple d'un relais quantique basé sur une puce photonique qui permettrait de quasiment doubler la distance de communication quantique.

Enfin, il faut cependant noter, pour ces configurations de type relais quantique, que plus le nombre de photons est grand, plus les débits chutent de façon drastique. Avec de tels systèmes, distribuer des clefs secrètes reviendrait à obtenir quelques bits par jour, voire par semaine... C'est pourquoi l'amélioration de l'efficacité de tels réseaux quantiques doit passer par le développement et la mise en place de véritables mémoires et répéteurs quantiques qui font l'objet aujourd'hui d'intenses recherches à la fois théoriques et expérimentales. Le lecteur avisé pourra se reporter au CHAP. II.1 ainsi qu'aux papiers de revue suivants [Lvovsky *et al.* 2009, Simon *et al.* 2010, Sangouard *et al.* 2011].

Bibliographie

[Abrams & Lloyd 1997] D. S. Abrams et S. Lloyd. *Simulation of Many-Body Fermi Systems on a Universal Quantum Computer*. Phys. Rev. Lett., vol. 79, no. 13, page 2586, 1997.

[Acín *et al.* 2001] A. Acín, D. Bruß, M. Lewenstein et A. Sanpera. *Classification of Mixed Three-Qubit States*. Phys. Rev. Lett., vol. 87, no. 4, page 040401, 2001.

[Acín *et al.* 2007] A. Acín, N. Brunner, N. Gisin, S. Massar, S. Pironio et V. Scarani. *Device-Independent Security of Quantum Cryptography against Collective Attacks*. Phys. Rev. Lett., vol. 98, no. 23, page 230501, 2007.

[Aspect *et al.* 1981] A. Aspect, P. Grangier et G. Roger. *Experimental Tests of Realistic Local Theories via Bell's Theorem*. Phys. Rev. Lett., vol. 47, no. 7, pages 460–463, 1981.

[Baek & Kim 2007] S.-Y. Baek et Y.-H. Kim. *Generating entangled states of two ququarts using linear optical elements*. Phys. Rev. A, vol. 75, no. 3, page 034309, 2007.

[Bennett & Brassard 1984] C. H. Bennett et G. Brassard. *Quantum Cryptography : Public Key Distribution and Coin Tossing*. Proceedings of the IEEE International Conference on Computers, Systems and Signal Processing, Bangalore, India, vol. , page 175, 1984.

[Bennett *et al.* 1993] C. H. Bennett, G. Brassard, C. Crépeau, R. Jozsa, A. Peres et W. K. Wootters. *Teleporting an unknown quantum state via dual classical and Einstein-Podolsky-Rosen channels*. Phys. Rev. Lett., vol. 70, no. 13, pages 1895–1899, 1993.

[Bennett *et al.* 1995] C. H. Bennett, G. Brassard, C. Crépeau et U. M. Maurer. *Generalized privacy amplification*. IEEE Transactions on Information Theory, vol. 41, no. 6, pages 1915–1923, 1995.

[Bennett 1992] C. H. Bennett. *Quantum cryptography using any two nonorthogonal states*. Phys. Rev. Lett., vol. 68, no. 21, page 3121, 1992.

[Bertocchi 2006] G. Bertocchi. *Cicuit optique sur LiNbO₃ pour un relais quantique intégré*. PhD thesis, Université de Nice - Sophia Antipolis, 2006.

[Bloch *et al.* 2007] M. Bloch, S. W. McLaughlin, J.-M. Merolla et F. Patois. *Frequency-coded quantum key distribution*. Opt. Lett., vol. 32, no. 3, pages 301–303, 2007.

[Bogdanov *et al.* 2006] Yu. I. Bogdanov, E. V. Moreva, G. A. Maslennikov, R. F. Galeev, S. S. Straupe et S. P. Kulik. *Polarization states of four-dimensional systems based on biphotons*. Phys. Rev. A, vol. 73, no. 6, page 063810, 2006.

[Boschi *et al.* 1998] D. Boschi, S. Branca, F. De Martini, L. Hardy et S. Popescu. *Experimental Realization of Teleporting an Unknown Pure Quantum State via Dual Classical and Einstein-Podolsky-Rosen Channels*. Phys. Rev. Lett., vol. 80, pages 1121–1125, Feb 1998.

[Bouwmeester *et al.* 1997] D. Bouwmeester, J. W. Pan, K. Mattle, M. Eibl, H. Weinfurter et A. Zeilinger. *Experimental quantum teleportation.* Nature, vol. 390, no. 6660, pages 575–579, 1997.

[Brendel *et al.* 1999] J. Brendel, N. Gisin, W. Tittel et H. Zbinden. *Pulsed Energy-Time Entangled Twin-Photon Source for Quantum Communication.* Phys. Rev. Lett., vol. 82, no. 12, page 2594, 1999.

[Bužek & Hillery 1996] V. Bužek et M. Hillery. *Quantum copying : Beyond the no-cloning theorem.* Phys. Rev. A, vol. 54, no. 3, page 1844, 1996.

[Cerf *et al.* 2007] N. J. Cerf, G. Leuchs et E. S. Polzik. Quantum information with continuous variables of atoms and light. Imperial College Press, 2007.

[Chen *et al.* 2007] J. Chen, G. Wu, Y. Li, E. Wu et H. Zeng. *Active polarization stabilization in optical fibers suitable for quantum keydistribution.* Opt. Express, vol. 15, no. 26, pages 17928–17936, 2007.

[Collins *et al.* 2005] D. Collins, N. Gisin et H. de Riedmatten. *Quantum relays for long distance quantum cryptography.* J. Mod. Opt., vol. 52, pages 735–753, 2005.

[de Riedmatten *et al.* 2004] H. de Riedmatten, I. Marcikic, W. Tittel, H. Zbinden, D. Collins et N. Gisin. *Long Distance Quantum Teleportation in a Quantum Relay Configuration.* Phys. Rev. Lett., vol. 92, no. 4, page 047904, 2004.

[Dixon *et al.* 2010] A. R. Dixon, Z. L. Yuan, J. F. Dynes, A. W. Sharpe et A. J. Shields. *Continuous operation of high bit rate quantum key distribution.* Appl. Phys. Lett., vol. 96, no. 16, page 161102, 2010.

[Dür *et al.* 2000] W. Dür, G. Vidal et J. I. Cirac. *Three qubits can be entangled in two inequivalent ways.* Phys. Rev. A, vol. 62, no. 6, page 062314, 2000.

[Dušek *et al.* 2006] M. Dušek, N. Lütkenhaus et M. Hendrych. *Quantum Cryptography.* Prog. opt., vol. 49, pages 381–454, 2006.

[Ekert *et al.* 1992] A. K. Ekert, J. G. Rarity, P. R. Tapster et G. Massimo Palma. *Practical quantum cryptography based on two-photon interferometry.* Phys. Rev. Lett., vol. 69, no. 9, page 1293, 1992.

[Ekert 1991] A. K. Ekert. *Quantum cryptography based on Bell's theorem.* Phys. Rev. Lett., vol. 67, no. 6, pages 661–663, 1991.

[Fasel *et al.* 2004] S. Fasel, N. Gisin, G. Ribordy et H. Zbinden. *Quantum key distribution over 30 km of standard fiber using energy-time entangled photon pairs : a comparison of two chromatic dispersion reduction methods.* Eur. Phys. J. D, vol. 30, no. 1, pages 143–148, 2004.

[Franson 1989] J. D. Franson. *Bell inequality for position and time.* Phys. Rev. Lett., vol. 62, no. 19, pages 2205–2208, 1989.

[Gaertner *et al.* 2007] S. Gaertner, C. Kurtsiefer, M. Bourennane et H. Weinfurter. *Experimental Demonstration of Four-Party Quantum Secret Sharing.* Phys. Rev. Lett., vol. 98, no. 2, page 020503, 2007.

[Gisin *et al.* 2002] N. Gisin, G. Ribordy, W. Tittel et H. Zbinden. *Quantum cryptography.* Rev. Mod. Phys., vol. 74, no. 1, pages 145–195, 2002.

[Givant & Halmos 2009] Steven R. Givant et Paul Richard Halmos. *Introduction to boolean algebras*. Springer New York (Undergraduate Texts in Mathematics), 2009.

[Greenberger 1990] D. M. Greenberger. *Bell's theorem without inequalities*. Am. J. Phys., vol. 58, no. 12, page 1131, 1990.

[Grover 1996] L. K. Grover. *A fast quantum mechanical algorithm for database search*. In Proceedings of the twenty-eighth annual ACM symposium on Theory of computing, STOC '96, pages 212–219, New York, NY, USA, 1996. ACM.

[Hillery *et al.* 1999] M. Hillery, V. Buzcaronek et A. Berthiaume. *Quantum secret sharing*. Phys. Rev. A, vol. 59, no. 3, page 1829, 1999.

[Huntington & Ralph 2004] E. H. Huntington et T. C. Ralph. *Components for optical qubits encoded in sideband modes*. Phys. Rev. A, vol. 69, no. 4, page 042318, 2004.

[Huntington *et al.* 2005] E. H. Huntington, G. N. Milford, C. Robilliard et T. C. Ralph. *Coherent analysis of quantum optical sideband modes*. Opt. Lett., vol. 30, no. 18, pages 2481–2483, 2005.

[IDQuantique 2011] IDQuantique. *www.idquantique.com*, 2011.

[Inamori *et al.* 2007] H. Inamori, N. Lütkenhaus et D. Mayers. *Unconditional security of practical quantum key distribution*. Eur. Phys. J. D, vol. 41, no. 3, pages 599–627, 2007.

[Jennewein *et al.* 2000] T. Jennewein, C. Simon, G. Weihs, H. Weinfurter et A. Zeilinger. *Quantum Cryptography with Entangled Photons*. Phys. Rev. Lett., vol. 84, no. 20, pages 4729–4732, 2000.

[Kassal *et al.* 2008] I. Kassal, S. P. Jordan, P. J. Love, M. Mohseni et A. Aspuru-Guzik. *Polynomial-time quantum algorithm for the simulation of chemical dynamics*. Proc. Natl. Acad. Sci. U.S.A., vol. 105, no. 48, pages 18681–18686, 2008.

[Kerckhoffs 1883] A. Kerckhoffs. *La cryptographie militaire*. Journal des sciences militaires, vol. 9, no. 1, pages 5–38, 1883.

[Kim 2003] Y.-H. Kim. *Single-photon two-qubit entangled states : Preparation and measurement*. Phys. Rev. A, vol. 67, no. 4, page 040301, 2003.

[Kleinjung *et al.* 2010] T. Kleinjung, J. W. Bos, A. K. Lenstra, D. A. Osvik, K. Aoki, S. Contini, J. Franke, E. Thomé, P. Jermini, M. Thiémard, P. Leyland, P. L. Montgomery, A. Timofeev et H. Stockinger. *A heterogeneous computing environment to solve the 768-bit RSA challenge*. Cluster Computing, vol. , pages 1–16, 2010.

[Le Bellac 2003] M Le Bellac. *Physique quantique*. EDP sciences, 2003.

[Le Bellac 2005] Michel Le Bellac. *Introduction à l'information quantique*. Belin, 2005.

[Lütkenhaus 2000] N. Lütkenhaus. *Security against individual attacks for realistic quantum key distribution*. Phys. Rev. A, vol. 61, no. 5, page 052304, 2000.

[Lvovsky *et al.* 2009] A. I. Lvovsky, B. C. Sanders et W. Tittel. *Optical quantum memory.* Nat. Photon., vol. 3, no. 12, pages 706–714, 2009.

[Mair *et al.* 2001] A. Mair, A. Vaziri, G. Weihs et A. Zeilinger. *Entanglement of the orbital angular momentum states of photons.* Nature, vol. 412, no. 6844, pages 313–316, 2001.

[Makhlin *et al.* 1999] Y. Makhlin, G. Scohn et A. Shnirman. *Josephson-junction qubits with controlled couplings.* Nature, vol. 398, no. 6725, pages 305–307, 1999.

[Marcikic *et al.* 2003] I. Marcikic, H. de Riedmatten, W. Tittel, H. Zbinden et N. Gisin. *Long-distance teleportation of qubits at telecommunication wavelengths.* Nature (London), vol. 421, pages 509–513, 2003.

[Mermin 2010] N. David Mermin. Calculs et algorithmes quantiques : Méthodes et exemples. EDP SCIENCES, 2010.

[Moore 1998] G. E. Moore. *Cramming more components onto integrated circuits.* Proceedings of the IEEE, vol. 86, pages 82–85, 1998.

[Muller *et al.* 1997] A. Muller, T. Herzog, B. Huttner, W. Tittel, H. Zbinden et N. Gisin. *"Plug and play" systems for quantum cryptography.* Appl. Phys. Lett., vol. 70, no. 7, pages 793–795, 1997.

[Naik *et al.* 2000] D. S. Naik, C. G. Peterson, A. G. White, A. J. Berglund et P. G. Kwiat. *Entangled State Quantum Cryptography : Eavesdropping on the Ekert Protocol.* Phys. Rev. Lett., vol. 84, no. 20, pages 4733–4736, 2000.

[Nielsen & Chuang 2000] Michael A Nielsen et Issac L Chuang. Quantum computation and quantum information. Cambridge Univ. Press, Cambridge, 2000.

[Olislager *et al.* 2010a] L. Olislager, J. Cussey, A. T. Nguyen, P. Emplit, S. Massar, J.-M. Merolla et K. Phan Huy. *Frequency-bin entangled photons.* Phys. Rev. A, vol. 82, no. 1, page 013804, 2010.

[Olislager *et al.* 2010b] Laurent Olislager, Johann Cussey, Anh Tuan Nguyen, Philippe Emplit, Serge Massar, Jean-Marc Merolla et Kien Phan Huy. Manipulating frequency entangled photons, volume 36. Springer Berlin Heidelberg, Berlin, Heidelberg, 2010.

[Olislager *et al.* 2011] L. Olislager, I. Mbodji, E. Woodhead, J. Cussey, L. Furfaro, P. Emplit, S. Massar, K. P. Huy et J.-M. Merolla. *Reliable and efficient control of two-photon interference in the frequency domain.* quant-ph/1107.5519, 2011.

[O'Sullivan-Hale *et al.* 2005] M. N. O'Sullivan-Hale, I. Ali Khan, R. W. Boyd et J. C. Howell. *Pixel Entanglement : Experimental Realization of Optically Entangled d=3 and d=6 Qudits.* Phys. Rev. Lett., vol. 94, no. 22, page 220501, 2005.

[Pan *et al.* 1998] J. W. Pan, D. Bouwmeester, H. Weinfurter et A. Zeilinger. *Experimental Entanglement Swapping : Entangling Photons That Never Interacted.* Phys. Rev. Lett., vol. 80, no. 18, page 3891, 1998.

[Peng *et al.* 2007] C. Z. Peng, J. Zhang, D. Yang, W. B. Gao, H. X. Ma, H. Yin, H. P. Zeng, T. Yang, X. B. Wang et J. W. Pan. *Experimental Long-Distance Decoy-State Quantum Key Distribution Based on Polarization Encoding.* Phys. Rev. Lett., vol. 98, no. 1, page 010505, 2007.

[Pironio *et al.* 2009] S. Pironio, A. Acín, N. Brunner, N. Gisin, S. Massar et V. Scarani. *Device-independent quantum key distribution secure against collective attacks.* New J. Phys., vol. 11, no. 4, page 045021, 2009.

[Politi *et al.* 2008] A. Politi, M. J. Cryan, J. G. Rarity, S. Yu et J. L. O'Brien. *Silica-on-Silicon Waveguide Quantum Circuits.* Science, vol. 320, no. 5876, pages 646–649, 2008.

[Politi *et al.* 2009] A. Politi, J. C. F. Matthews et J. L. O'Brien. *Shor's Quantum Factoring Algorithm on a Photonic Chip.* Science, vol. 325, no. 5945, page 1221, Septembre 2009.

[Ramelow *et al.* 2009] S. Ramelow, L. Ratschbacher, A. Fedrizzi, N. K. Langford et A. Zeilinger. *Discrete Tunable Color Entanglement.* Phys. Rev. A, vol. 103, no. 25, page 253601, 2009.

[Renner *et al.* 2005] R. Renner, N. Gisin et B. Kraus. *Information-theoretic security proof for quantum-key-distribution protocols.* Phys. Rev. A, vol. 72, no. 1, page 012332, 2005.

[Resch *et al.* 2001] K. J. Resch, S. H. Myrskog, J. S. Lundeen et A. M. Steinberg. *Comment on "Manipulating the frequency-entangled states by an acoustic-optical modulator".* Phys. Rev. A, vol. 64, no. 5, page 056101, 2001.

[Rivest *et al.* 1978] R. L. Rivest, A. Shamir et L. Adleman. *A method for obtaining digital signatures and public-key cryptosystems.* Com. of the ACM, vol. 21, no. 2, pages 120–126, 1978.

[Rivest *et al.* 1983] R.L. Rivest, A. Shamir et L.M. Adleman. *Cryptographic communications system and method*, 1983. US Patent 4,405,829.

[Sangouard *et al.* 2011] N. Sangouard, C. Simon, H. de Riedmatten et N. Gisin. *Quantum repeaters based on atomic ensembles and linear optics.* Rev. Mod. Phys., vol. 83, pages 33–80, 2011.

[Scarani & Gisin 2001a] V. Scarani et N. Gisin. *Quantum Communication between N Partners and Bell's Inequalities.* Phys. Rev. Lett., vol. 87, no. 11, page 117901, 2001.

[Scarani & Gisin 2001b] V. Scarani et N. Gisin. *Quantum key distribution between N partners : Optimal eavesdropping and Bell's inequalities.* Phys. Rev. A, vol. 65, no. 1, page 012311, 2001.

[Scarani *et al.* 2005] V. Scarani, S. Iblisdir, N. Gisin et A. Acín. *Quantum cloning.* Rev. Mod. Phys., vol. 77, no. 4, page 1225, 2005.

[Scarani *et al.* 2009] V. Scarani, H. Bechmann-Pasquinucci, N. J. Cerf, M. Duscaronek, N.t Lütkenhaus et M. Peev. *The security of practical quantum key distribution.* Rev. Mod. Phys., vol. 81, no. 3, page 1301, 2009.

[Scarani *et al.* 2010] Valerio Scarani, Lynn Chua et Shi Yang Liu. Six quantum pieces : A first course in quantum physics. World Scientific Publishing Company, 2010.

[Schumacher 1995] B. Schumacher. *Quantum coding.* Phys. Rev. A, vol. 51, no. 4, page 2738, 1995.

[Sen(De) *et al.* 2003] A. Sen(De), U. Sen et M. Żdotukowski. *Unified criterion for security of secret sharing in terms of violation of Bell inequalities.* Phys. Rev. A, vol. 68, no. 3, page 032309, 2003.

[Shannon 1948] C. E. Shannon. *A Mathematical Theory of Communication.* Bell Syst. Tech. J., vol. 27, pages 379–423, 1948.

[Shannon 1949] C. E. Shannon. *Communication Theory of Secrecy Systems.* Bell Syst. Tech. J., vol. 28, no. 4, pages 656–715, 1949.

[Shi *et al.* 2000] B.-S. Shi, Y.-K. Jiang et G.-C. Guo. *Manipulating the frequency-entangled states by an acoustic-optical modulator.* Phys. Rev. A, vol. 61, no. 6, page 064102, 2000.

[Shor 1994] P Shor. *Polynomial-time algorithms for prime factorization and discrete logarithms on a quantum computer.* Proc. 35th IEEE Symp. on Foundations of Computer Science, vol. Santa Fe, ed S. Goldwasser, page 124, 1994.

[Simon *et al.* 2010] C. Simon, M. Afzelius, J. Appel, A. Boyer de la Giroday, S. J. Dewhurst, N. Gisin, C. Y. Hu, F. Jelezko, S. Kröll, J. H. Müller, J. Nunn, E. S. Polzik, J. G. Rarity, H. De Riedmatten, W. Rosenfeld, A. J. Shields, N. Sköld, R. M. Stevenson, R. Thew, I. A. Walmsley, M. C. Weber, H. Weinfurter, J. Wrachtrup et R. J. Young. *Quantum memories.* Eur. Phys. J. D, vol. 58, no. 1, pages 1–22, 2010.

[Singh 1999] Simon Singh. Histoire des codes secrets : de l'Égypte des Pharaons à l'ordinateur quantique. Éditeur : Jean-Claude Lattès, 1999.

[Stefanov *et al.* 2000] A. Stefanov, N. Gisin, O. Guinnard, L. Guinnard et H. Zbinden. *Optical quantum random number generator.* J. Mod. Optic., vol. 47, no. 4, page 595, 2000.

[Tanzilli *et al.* 2002] S. Tanzilli, W. Tittel, H. De Riedmatten, H. Zbinden, P. Baldi, M. De Micheli, D.B. Ostrowsky et N. Gisin. *PPLN waveguide for quantum communication.* Eur. Phys. J. D, vol. 18, no. 2, pages 155–160, 2002.

[Tanzilli 2002] Sébastien Tanzilli. *Optique intégrée pour les communications quantiques.* PhD thesis, Université de Nice - Sophia Antipolis, 2002.

[Thew *et al.* 2002] R. T. Thew, S. Tanzilli, W. Tittel, H. Zbinden et N. Gisin. *Experimental investigation of the robustness of partially entangled qubits over 11 km.* Phys. Rev. A, vol. 66, no. 6, page 062304, 2002.

[Tittel *et al.* 1999] W. Tittel, J. Brendel, N. Gisin et H. Zbinden. *Long-distance Bell-type tests using energy-time entangled photons.* Phys. Rev. A, vol. 59, no. 6, pages 4150–4163, 1999.

[Tittel *et al.* 2000] W. Tittel, J. Brendel, H. Zbinden et N. Gisin. *Quantum Cryptography Using Entangled Photons in Energy-Time Bell States.* Phys. Rev. Lett., vol. 84, no. 20, pages 4737–4740, 2000.

[Townsend 1994] P. D. Townsend. *Secure key distribution system based on quantum cryptography*. Electron. Lett., vol. 30, no. 10, pages 809–811, 1994.

[Vallone *et al.* 2007] G. Vallone, E. Pomarico, P. Mataloni, F. De Martini et V. Berardi. *Realization and Characterization of a Two-Photon Four-Qubit Linear Cluster State*. Phys. Rev. Lett., vol. 98, no. 18, page 180502, 2007.

[Vallone *et al.* 2009] G. Vallone, R. Ceccarelli, F. De Martini et P. Mataloni. *Hyperentanglement of two photons in three degrees of freedom*. Phys. Rev. A, vol. 79, no. 3, page 030301, Mars 2009.

[Vernam 1919] G.S. Vernam. *Secret signaling system*, 1919. US Patent 1,310,719.

[Walker & Walker 1990] N. G Walker et G. R. Walker. *Polarization control for coherent communications*. J. Lightwave Technol., vol. 8, no. 3, pages 438–458, 1990.

[Wiesner 1983] S. Wiesner. *Conjugate coding*. Sigact News, vol. 15, no. 1, pages 78–88, 1983.

[Wigner 1993] E. P. Wigner. The Collected Works of Eugene Paul Wigner. Springer, 1993.

[Wootters & Zurek 1982] W. K. Wootters et W. H. Zurek. *A single quantum cannot be cloned*. Nature, vol. 299, pages 802–803, 1982.

[Xavier *et al.* 2009] G. B. Xavier, N. Walenta, G. Vilela de Faria, G. P. Temporão, N. Gisin, H. Zbinden et J. P. von der Weid. *Experimental polarization encoded quantum key distribution over optical fibres with real-time continuous birefringence compensation*. New J. Phys., vol. 11, no. 4, page 045015, 2009.

[Zhang *et al.* 2008] T. Zhang, Z. Q. Yin, Z. F. Han et G. C. Guo. *A frequency-coded quantum key distribution scheme*. Opt. Comm., vol. 281, no. 18, pages 4800–4802, 2008.

Deuxième partie

Sources de paires de photons intriqués en polarisation et en time-bin

Après un court état de l'art sur les sources de paires de photons intriqués, nous présenterons la réalisation et la caractérisation de trois sources de paires de photons intriqués aux longueurs d'onde des télécommunications. Deux de ces sources sont basées sur l'observable polarisation et la dernière sur l'observable time-bin.

Table des matières

CHAPITRE 1

État de l'art et motivations

Les premières sources de paires de photons intriqués réalisées dans les années 80 mirent fin à la controverse sur la complétude du formalisme quantique qui opposait N. Bohr et ses collaborateurs qui défendaient une vision probabiliste et non-locale, à A. Einstein et ses collaborateurs qui défendaient au contraire une vision réaliste et locale. Tout ceci fût initié par une expérience de pensée mettant en œuvre deux systèmes quantiques corrélés dans un papier écrit par A. Einstein, B. Podolsky et N. Rosen, en 1935 [Einstein *et al.* 1935]. C'est seulement en 1964, que J. S. Bell fût le premier à proposer un formalisme mathématique pour définir la barrière entre ces deux visions, sous forme d'une inégalité [Bell 1964]. Par la suite, J. F. Clauser, M. A. Horne, A. Shimony et R. A. Holt reformulèrent ce formalisme tout en proposant une configuration expérimentale [Clauser *et al.* 1969]. Une source consistait alors à utiliser une désexcitation en cascade d'un atome de calcium pour émettre deux photons contra-propageants polarisés circulaire gauche (L) ou droite (R). En collectant les photons de part et d'autre de l'enceinte à atomes, il est impossible de connaître l'état de polarisation des photons individuels, mais seulement l'état de la paire qui est de la forme $\frac{1}{\sqrt{2}}\left[|R_aL_b\rangle + |L_aR_b\rangle\right]$, où a et b représentent les deux directions d'analyse [Aspect *et al.* 1981, Aspect *et al.* 1982].

Par la suite, de nouvelles sources plus compactes furent réalisées, en exploitant la conversion paramétrique dans des cristaux non-linéaires massifs, soit pour démontrer l'intrication en énergie temps [Franson 1989, Kwiat *et al.* 1993], mais aussi l'intrication en polarisation [Kwiat *et al.* 1995, Kwiat *et al.* 1999]. Nous pouvons citer par exemple la source de P.G. Kwiat de 1995, où des photons de polarisation orthogonale étaient générés par interaction non-linéaire ($\chi^{(2)}$) de type-II dans un cristal de bêta borate de baryum (BBO) et émis selon deux cônes. Comme nous pouvons le voir sur la FIG. 1.1, tous les photons émis selon le cône supérieur sont de polarisation H

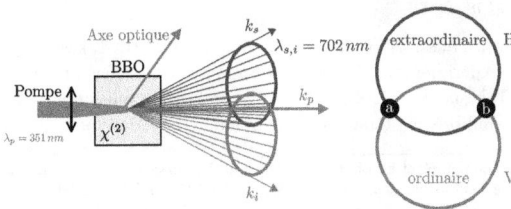

FIG. 1.1 : Schéma de principe de la source réalisée par [Kwiat *et al.* 1995].

et corrélés à un photon de polarisation V émis selon le cône inférieur, ceci afin de satisfaire l'accord de phase de l'interaction non-linéaire. Ces photons sont corrélés spatialement par symétrie selon l'axe du faisceau de pompe. En ne sélectionnant que les paires émises aux points d'intersection des deux cônes, nous ne savons pas si le photon associé au mode spatial a porte la polarisation H ou V, mais seulement qu'il est corrélé à un autre photon dans le mode spatial b de polarisation croisée. Ainsi nous obtenons un état intriqué de type $|\psi^+\rangle$ (voir SEC. I.1.2). Cette source était moins imposante que les sources atomiques et surtout plus facile à mettre en œuvre. Mais le principal défaut de ce type de source est la faible longueur de cristal sur laquelle l'interaction non-linéaire peut s'établir, ce qui conduit à une faible efficacité du processus.

Quelques années plus tard, le développement des guides d'onde sur substrat non-linéaire a permis de confiner l'interaction non-linéaire sur de plus grandes longueurs. Cette configuration guidée associée à des substrats périodiquement polarisés, afin de réaliser un quasi-accord de phase, est à l'origine de diverses démonstrations expérimentales des sources les plus efficaces au monde sur l'observable énergie-temps [Tanzilli *et al.* 2001, Sanaka *et al.* 2001, Tanzilli *et al.* 2002, Halder *et al.* 2007]. Toutes ces sources sont basées sur des interactions non-linéaires de type-0 [1], qui permettent la génération de paires de photons dans le même mode de polarisation et l'utilisation du coefficient non-linéaire le plus efficace du $LiNbO_3$ (d_{33}). En ce qui concerne l'intrication sur l'observable en polarisation, elle peut se faire soit par l'utilisation d'interaction de type-II [2] [Suhara *et al.* 2007, Fujii *et al.* 2007, Martin *et al.* 2009, Zhong *et al.* 2009, Martin *et al.* 2010, Zhong *et al.* 2010], comme nous le présenterons par la suite, ou soit par l'utilisation d'interaction de type-0 ou I [3] associé à un montage permettant de générer l'intrication.

Nous pouvons par exemple citer la source de A. Yoshizawa, qui utilise deux guides d'onde de type-0 chacun placé dans un bras d'un interféromètre de Mach-Zehnder fibré [Yoshizawa *et al.* 2003]. En ajustant la polarisation dans chacun des bras de l'interféromètre, il génère des paires de polarisation HH ou VV en fonction du guide d'onde qui a émis la paire. Si les deux interactions non-linéaires sont parfaitement identiques il est impossible de remonter à l'état de polarisation de la paire sans faire une analyse de cet état. La principale difficulté dans ce type de source est qu'il faut stabiliser l'interféromètre pour ne pas avoir une phase aléatoire dans l'état intriqué. Notons que cette configuration avait été réalisée précédemment à l'aide de cristaux massifs [Kim *et al.* 2000].

Nous pouvons aussi citer la source proposée par H. Takesue, qui utilise une configuration expérimentale similaire au time-bin pour générer de l'intrication en polarisation [Takesue *et al.* 2005]. Pour cela un laser impulsionnel, suivi d'un interféromètre déséquilibré de préparation, pompe un cristal de type-0. Ainsi une paire de

---

1. Si le champ de pompe et les photons générés sont labialisés p, i et s, une interaction de type-0 permet de réaliser la conversion non-linéaire $|V\rangle_p \mapsto |V\rangle_i |V\rangle_s$ ou $|H\rangle_p \mapsto |H\rangle_i |H\rangle_s$.
2. Une interaction de type-II permet de réaliser la conversion $|V\rangle_p \mapsto |H\rangle_i |V\rangle_s$ ou $|H\rangle_p \mapsto |H\rangle_i |V\rangle_s$.
3. Une interaction de type-I permet de réaliser la conversion $|V\rangle_p \mapsto |H\rangle_i |H\rangle_s$ ou $|H\rangle_p \mapsto |V\rangle_i |V\rangle_s$

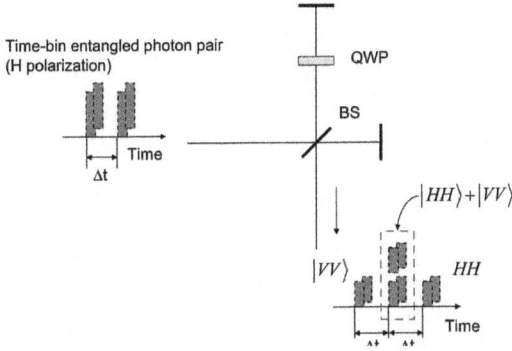

FIG. 1.2 : Schéma de principe de la source réalisée par [Takesue *et al.* 2005].

photons de polarisation H est générée dans une superposition d'états temporels que nous pouvons écrire sous la forme $\frac{1}{\sqrt{2}}\left[|2\rangle_s^H |0\rangle_l^H + |0\rangle_s^H |2\rangle_l^H\right]$ [4], où s et l représentent respectivement le temps court et long avec une différence entre les deux de Δt. Un deuxième interféromètre déséquilibré de différence de longueur optique identique est alors utilisé pour générer de l'intrication en polarisation. Pour cela, il tourne la polarisation de 90° dans un des bras de l'interféromètre, pour convertir la polarisation H en V, ce qui donne comme état $\frac{1}{4}\left[|2\rangle_{ss}^H + 2|1\rangle_{ss}^H |1\rangle_{sl}^V + |2\rangle_{sl}^H + |2\rangle_{sl}^V + 2|1\rangle_{sl}^H |1\rangle_{ll}^V + |2\rangle_{ll}^V\right]$ (voir FIG. 1.2). Il suffit alors de post-sélectionner les cas où les deux photons sortent en même temps avec un retard Δt par rapport à l'horloge du laser pour voir apparaître l'état intriqué $|\Phi\rangle$. Au même titre que le time-bin, il faut stabiliser la phase des deux interféromètres pour ne pas brouiller les interférences qui résulteront de l'intrication.

Pour s'affranchir du problème de stabilisation, Y.-K. Jiang propose une source basée sur un interféromètre de type Sagnac fibré [Jiang & Tomita 2007]. Dans cette configuration, les deux bras de l'interféromètre sont confondus, ainsi toute modification de la longueur des bras de l'interféromètre s'applique aux deux composantes de l'état, ce qui revient à avoir une phase globale sur l'état qui ne cause aucun désagrément. Mais il est impossible de coupler et découpler dans un guide d'onde avec la même efficacité deux longueurs d'onde éloignées. Pour s'affranchir de ce problème, il utilise deux guides avec, pour chacun, deux accords de phase en cascade. Le premier permet la génération de seconde harmonique du laser pompe, qui est ensuite utilisée comme pompe pour la conversion paramétrique obtenue à l'aide du second accord de phase. Le laser utilisé émet à 1515 nm qui, dans les deux directions de propagation de la boucle de Sagnac, va se convertir en une pompe à 757 nm, lors du passage dans le premier guide, servant par la suite à générer la paire de photons aux longueurs des télécommunications, dans le second guide (voir FIG. 1.3).

---

4. Dans cette notation $|n\rangle_i^j$ représente le nombre n de photons dans l'état défini par i et j.

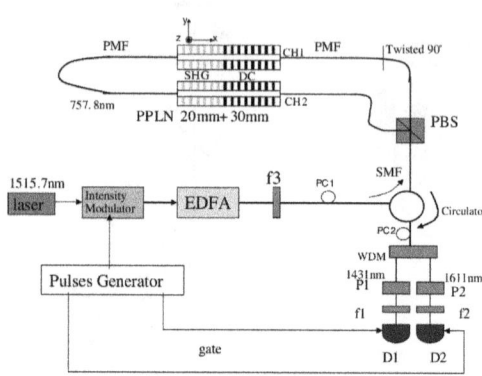

FIG. 1.3 : Schéma expérimental de la source réalisée par [Jiang & Tomita 2007]. PBS :
séparateur de polarisation ; PMF : fibre à maintient de polarisation ; SMF : fibre
mono-mode ; f_i : filtre ajustable ; EDFA : amplificateur à fibre dopée erbium ;
P_i : polariseur.

Par cette astucieuse utilisation d'une double interaction en cascade il s'affranchit
des problèmes de couplage, en ne travaillant qu'avec une seule longueur d'onde aux
interfaces guide/fibre.

Ces sources, basées sur des interactions non-linéaires d'ordre 2, reposent sur
des cristaux non centrosymétriques. Mais il existe aussi des sources basées sur des
matériaux centrosymétriques, comme les fibres optiques. C'est alors une interaction
non-linéaire de type $\chi^{(3)}$, appelée mélange à quatre ondes, qui permet la génération d'une paire de photons à partir de deux photons de pompe[5]. L'utilisation de
fibres optiques permet le confinement des quatre ondes mises en jeu sur de très
grandes longueurs d'interaction, ce qui compense leur faible efficacité. Toutefois les
ondes en interaction doivent rester en phase au cours de la propagation, afin que
l'interaction ne devienne pas destructive. Pour cela, il convient d'utiliser des fibres à dispersions décalées ou micro-structurées, où la composition et la structure
de la fibre sont adaptées aux longueurs désirées. Ainsi, ces fibres offrent une bonne
alternative aux cristaux non-linéaires pour la réalisation de sources de paires de photons intriqués [Takesue & Inoue 2004, Li et al. 2005, Lee et al. 2006, Li et al. 2006,
Fulconis et al. 2007, Cohen et al. 2009, Medic et al. 2010]. Elles présentent l'avantage d'être très simples à mettre en place dans les réseaux de communication classique. En contrepartie, l'effet Raman, qui convertit la longueur d'onde des photons
de pompe par échange d'énergie sous forme de phonons dans la fibre, crée une source
de bruit. Elle peut toutefois être atténuée en plongeant la fibre dans de l'azote liquide [Takesue & Inoue 2005a, Lee et al. 2006] ou dans l'hélium liquide [Dyer et al. 2008].

---

5. Les photons de pompes peuvent être de longueurs d'onde identiques ou différentes

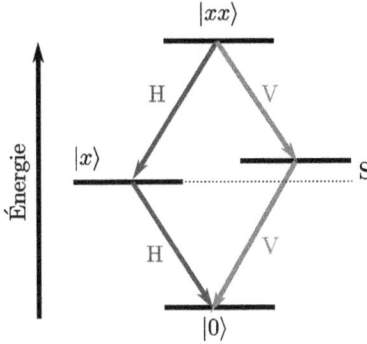

$|xx\rangle$

H   V

$|x\rangle$ S

Énergie

H   V

$|0\rangle$

FIG. 1.4 : Diagramme d'énergie d'un biexciton dans une boite quantique.

Le mélange à quatre ondes a aussi été réalisé dans des nano-guides de silicium. Dans cette configuration, la faible efficacité de conversion est compensée par le fort confinement du champs sur une section d'une centaine de nm², la section des fibres et des guides standard étant plutôt de l'ordre de la dizaine de μm² [Lin & Agrawal 2006, Sharping et $al.$ 2006, Harada et $al.$ 2008, Clemmen et $al.$ 2010].

Toutes ces sources basées sur des processus non-linéaires présentent une distribution de Poisson pour décrire le nombre de paires émises par fenêtre d'intérêt. Ainsi, si nous prenons le cas d'une source pompée par un laser impulsionnel, le nombre de paires générées par impulsion doit être inférieur à 0,1 pour limiter le nombre de double paires [Sekatski et $al.$ 2011]. Ce n'est pas le cas dans les sources basées sur la désexitation en cascade d'un atome où seul le nombre d'atomes excités définit le nombre de paires émises. C'est ce que l'on appelle des sources déterministes. Ainsi en s'assurant qu'un seul atome est excité, une seule paire est émise. Ce principe a permis de réaliser des sources très propres de photons uniques à l'aide de centres colorés piégés dans un cristal de diamant [Brouri et $al.$ 2000, Kurtsiefer et $al.$ 2000, Gaebel et $al.$ 2004]. Malheureusement, cette technique n'a pas encore permis de réaliser des paires de photons intriqués.

Toutefois l'évolution dans le domaine des semi-conducteurs a permis la réalisation de boites quantiques uniques à paire d'excitons [Muller et $al.$ 2009, Mohan et $al.$ 2010, Dousse et $al.$ 2010], un exciton étant une paire électron/trou, qui lorsqu'ils recombinent émettent un photon. Pour l'obtention d'un état intriqué, ils utilisent le même principe que dans les atomes avec une recombinaison en cascade de la paire d'excitons qui permet l'émission de deux photons. Comme nous pouvons le voir sur la FIG. 1.4, il existe deux chemins possibles pour la recombinaison du biexciton, qui émet une paire de photons de polarisation HH, ou VV. Ainsi dans le cas où les niveaux intermédiaires (niveaux à exciton unique) sont dégénérés, nous ne pouvons plus remonter par la mesure de l'énergie des photons au chemin suivi par la désexcitation, et ainsi un état intriqué de type $|\Phi\rangle$ peut être obtenu. Cette technologie offre les mêmes avantages que les atomes, en terme de distribution de nombres de paires, car elle ne dépend que du nombre de boîtes excitées.

Comme nous pouvons le voir dans l'évolution des sources au cours de ces dernières années, l'enjeu est de réaliser des sources de plus en plus compactes. La source proposé par l'équipe de A. Zeilinger représente un bon exemple. Cette source est basée sur un cristal massif d'oxyde de titane phosphate de potassium (KTP) monté dans un interféromètre de Sagnac, le tout ne faisant que 5 cm de côté [Hentschel *et al.* 2009]. Cela dit, les expériences actuelles demandent des sources présentant des efficacités toujours plus importantes et émettant sur des largeurs spectrales de plus en plus fines afin de diminuer au maximum les effets de dispersion chromatique et de dispersion des modes de polarisation lors de la propagation dans les fibres optiques. C'est dans le but de répondre à ces trois attentes que nous avons réalisé notre première source.

Nous proposerons dans un second temps de répondre à un nouvel enjeu, qui est le stockage cohérent de l'information quantique dans des mémoires. À l'heure actuelle, les acceptances spectrales de ces mémoires sont extrêmement fines, de l'ordre de quelques MHz à quelques GHz [Lvovsky *et al.* 2009, Simon *et al.* 2010], ce qui est bien plus faible que ce que les sources citées précédemment permettent d'atteindre. Ceci nécessite le développement de nouvelles sources adaptées à ces largeurs spectrales.

Il existe déjà quelques sources avec de telles largeurs spectrales, basée notamment sur des interactions non-linéaires dans des cristaux massifs. Toutes ces sources exploitent le principe de l'oscillation paramétrique optique en dessous du seuil, qui consiste à venir placer le cristal non-linéaire dans une cavité optique. Cette méthode est déjà couramment utilisée pour la réalisation de laser. Dans cette configuration le milieu non-linéaire agit comme un milieu à gain pour un laser standard, avec un régime d'émission spontané et un régime d'émission stimulé. Comme pour un laser classique, il faut employer une pompe suffisamment intense pour être en régime d'émission stimulé [Baldi 1994]. Dans le cas de source de paires de photons intriqué, il faut réduire la puissance de pompe afin d'atteindre le régime de paires uniques par temps de vie dans la cavité. L'émission est alors restreinte au régime spontané et la cavité a pour effet d'augmenter le temps de cohérence des photons en réduisant leur largeur spectrale [Ou & Lu 1999, Lu & Ou 2000].

Des sources de paires de photons intriqués en polarisation ont été réalisées sur ce principe, soit en plaçant deux cristaux non-linéaire de type I, l'un orienté de sorte à générer la contribution HH et l'autre tourné de 90° pour générer la contribution VV [Wang *et al.* 2004, Scholz *et al.* 2009], soit à l'aide d'un cristal de type II [Kuklewicz *et al.* 2006, Bao *et al.* 2008]. Notons que ces configurations sont similaires aux sources proposées quelques années avant par P.G. Kwiat sans cavité [Kwiat *et al.* 1995, Kwiat *et al.* 1999].

Il existe aussi des OPO en configuration guidée [Bortz *et al.* 1995], et une source de paires de photons intriqués en énergie/temps a été réalisée en utilisant cette technique [Pomarico *et al.* 2009, Pomarico *et al.* 2011]. Pour réaliser la cavité, deux miroirs ont été déposés sur les faces d'entrée et de sortie de l'échantillon.

Toutes ces sources nécessitent un très bon contrôle de la température des cristaux non-linéaires, ainsi que de la taille de la cavité. Mais elles ont permis de démontrer de l'intrication avec des photons ayant quelque MHz de largeur spectrale.

D'autres sources basées sur des guides d'onde standards ont permis de réaliser de l'intrication en énergie/temps avec des largeurs de ligne de quelque centaines de MHz. Dans ces configurations, des étalons sont utilisés après l'interaction pour réduire la largeur spectrale des photons. A l'aide de ces sources, le stockage cohérent a pu être réalisé dans des mémoires quantiques [Clausen *et al.* 2011, Saglamyurek *et al.* 2011].

Il existe aussi des sources basées sur des ensembles atomiques qui ont permis de démontrer de l'intrication avec des photons très fins spectralement. Par cette technique, la largeur spectrale de la source est donnée par la largeur spectrale de la transition atomique considérée [Thompson *et al.* 2006, Yuan *et al.* 2007].

Toutefois, d'un point de vue pratique, il paraît raisonnable d'implémenter de nouvelles sources à l'aide des technologies les plus avancées issues du domaine des télécommunications, afin de permettre l'obtention combinée de niveaux de compacité, d'efficacité, et de connectabilité sans précédent aux longueurs d'onde des télécommunications. C'est dans cette perspective que vont s'inscrire les travaux présentés ci-après.

Source de paires de photons intriqués en polarisation basée sur une interaction non-linéaire de Type-II

Dans cette section, nous présentons une source de paire de photons intriqués en polarisation aux longueurs d'onde des télécommunications. Après une brève introduction sur le principe de fonctionnement de notre source, nous présenterons les caractéristiques optiques des guides d'onde périodiquement polarisés inscrits à la surface d'un substrat de de niobate lithium (PPLN). Ensuite nous nous pencherons sur les caractéristiques quantiques de cette source, et pour finir, nous ferons une comparaison de ces caractéristiques avec celles des autres sources basées sur le même schéma et proposerons quelques améliorations potentielles.

2.1 Principe de fonctionnement de notre source

Comme nous avons vu dans la première section, dans la plupart des sources actuelles, la génération de photons se fait par le biais de l'optique non-linéaire. Plus spécifiquement, l'interaction d'un champ de pompe et d'un cristal non-linéaire d'ordre 2 ($\chi^{(2)}$) conduit, avec une certaine probabilité, à la conversion spontanée d'un photon de ce champ en une paire de photons que nous appelons communément signal et idler. Ce phénomène spontané porte le nom de conversion paramétrique. Le lecteur pourra trouver la description théorique de ce processus en ANN. A. Il est régi par les lois de conservation de l'énergie et de l'impulsion des photons qui s'écrivent

$$\begin{cases} \omega_p = \omega_s + \omega_i \\ \vec{k}_p = \vec{k}_s + \vec{k}_i, \end{cases} \tag{2.1}$$

où les indices p, s et i représentent respectivement les photons de *pompe*, *signal* et *idler*.

Notons que dans le cas de l'optique intégrée, les champs de pompe, signal et idler sont confinés dans un guide d'onde, c'est-à-dire au sein d'une petite section [1]

---

1. Cette section a typiquement une dimension de l'ordre $10\,\mu\text{m}^2$

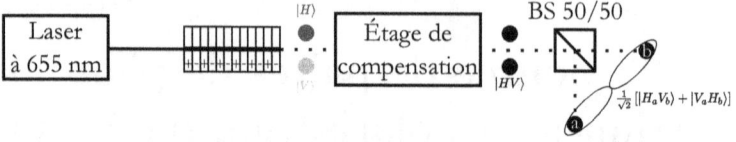

FIG. 2.1 : Schéma de principe de la source de paires de photons intriqués en polarisation.

sur toute la longueur du guide, qui peut faire plusieurs cm de long. Ceci permet d'améliorer fortement la probabilité de conversion d'un photon du champ. Toutefois pour rendre ce phénomène efficace, il faut satisfaire la conservation de l'impulsion. Pour cela, nous utilisons la technique de quasi accord de phase (QAP), qui consiste à inverser périodiquement le signe du coefficient non-linéaire d'ordre 2 ($\chi^{(2)}$). Dans ce cas, la conservation de l'impulsion s'écrit

$$\vec{k}_p = \vec{k}_s + \vec{k}_i + \frac{2\pi}{\Lambda} \cdot \vec{u}, \tag{2.2}$$

où Λ représente la période d'inversion du signe du $\chi^{(2)}$ et $\vec{u}$ la direction du vecteur de type réseau ainsi réalisé. Dans le cas de notre source, le guide d'onde doit générer une paire de photons à la longueur d'onde dégénérée de 1310 nm et polarisés respectivement H et V. Nous avons choisi cette longueur d'onde car elle correspond au zéro de dispersion chromatique des fibres des télécommunications standards. La conservation de l'énergie nous impose la longueur d'onde du champ de pompe à 655 nm, tandis que la conservation de l'impulsion impose la longueur de la période d'inversion du signe du $\chi^{(2)}$. Il faut garder à l'esprit que la création de deux photons de polarisations orthogonales H et V nécessite l'utilisation d'un guide d'onde supportant ces deux modes de polarisations. Pour cela nous utilisons la technologie de la diffusion de titane sur un substrat de $PPLN$ pour inscrire ces guides[2]. Cette technique permet d'augmenter l'indice du LiNbO$_3$ selon tous ses axes optiques [Fouchet et al. 1987, Sohler 1989], contrairement aux techniques d'intégration par échange protonique qui n'opèrent que sur un seul axe [Chanvillard et al. 2000, Chanvillard 1999, Tanzilli 2002].

En sortie du guide, la paire est séparée spatialement via un cube séparateur 50/50 dont les sorties sont labellisées a et b, voir FIG. 2.1. Ceci permet de transformer l'état $|H\rangle|V\rangle$ obtenu en sortie du guide, en l'état

$$\frac{1}{\sqrt{4}} \left[-|H\rangle_a|V\rangle_a + |H\rangle_b|V\rangle_b + i|H\rangle_a|V\rangle_b + i|V\rangle_a|H\rangle_b \right]. \tag{2.3}$$

En ne considérant que les cas où les paires sont séparées spatialement, c'est-à-dire des paires qui donneront naissance à des coïncidences à l'aide d'un système de détection approprié (post-sélection), nous obtenons alors l'état intriqué

---

2. Cette technologie n'est pas disponible au sein de notre laboratoire. Ce guide d'onde résulte d'une collaboration avec le groupe du Prof. W. Sohler de l'université de Paderborn en Allemagne.

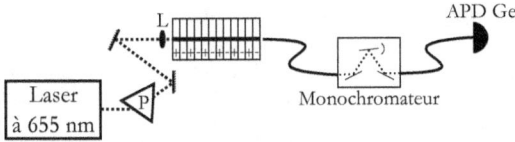

FIG. 2.2 : Montage expérimental pour l'étude classique de la réponse non-linéaire du guide d'onde. Entre le laser et la lentille (L) de couplage dans le guide PPLN nous plaçons un prisme (P) pour filtrer tous les photons infrarouges émis par le laser. Les spectres sont réalisés à l'aide d'un monochromateur dont le réseau de diffraction est monté sur une platine de rotation motorisée. L'expérience est pilotée par un ordinateur qui enregistre la position du réseau et le nombre de détections enregistrées par l'APD germaniun placée en sortie du monochromateur.

$\frac{1}{\sqrt{2}} \left[|H\rangle_a |V\rangle_b + |V\rangle_a |H\rangle_b \right]$. La qualité de cette intrication dépend de l'indiscernabilité entre les photons de la paire sur toutes les observables autre que la polarisation à l'entrée du cube 50/50. Plus précisément, il faut qu'aucune autre observable ne permette de discriminer l'état de polarisation. À titre d'exemple, si aucune précaution n'est prise, on pourrait définir l'état de polarisation des photons via leur longueur d'onde dans le cas où la polarisation est reliée à la longueur d'onde[3]. Ainsi, la création d'une paire non-dégénérée en longueur d'onde via ce type d'interaction permettrait la détermination de la polarisation de chaque photon en mesurant simplement leur longueur d'onde. Pour cela, nous ajouterons entre le guide d'onde et le cube séparateur 50/50 un étage de compensation de discernabilité que nous décrirons plus tard.

Pour conclure, nous pouvons résumer les deux étapes de la création de l'état intriqué comme suit :

$$|H\rangle_p \xrightarrow{ONL} \eta |H\rangle_s |V\rangle_i \xrightarrow[+ \text{ post-sélection}]{BS} \eta^\star \frac{1}{\sqrt{2}} \left[|H\rangle_a |V\rangle_b + |V\rangle_a |H\rangle_b \right], \qquad (2.4)$$

où η représente l'efficacité du processus de conversion et $\eta^\star$ celle de la source dans son intégralité (comprenant l'ensemble des pertes).

2.2 Caractérisation classique de l'interaction non-linéaire de type-II

Dans un premier temps, nous avons effectué une étude classique du cristal dans le but de trouver les conditions expérimentales permettant de générer des paires de photons dégénérés à 1310 nm. Pour cela nous avons à notre disposition un échantillon de longueur (l) 3,6 cm comportant différentes périodes d'inversion du coefficient non-linéaire $\chi^{(2)}$ ($\Lambda = 6,50\,\mu m$; $6,55\,\mu m$; $6,60\,\mu m$; $6,65\,\mu m$), associées à des guides

---

3. Ce qui est le cas dans notre configuration, comme nous le verrons plus tard à l'aide des courbes d'accord de phase.

de largeurs différentes ($L = 5\,\mu m$; $6\,\mu m$; $7\,\mu$m), la largeur des guides permettant de modifier l'accord de phase en changeant les indices effectifs des modes guidés. En plus de ces paramètres fixés à la fabrication, nous pouvons ajuster la température de l'échantillon, ce qui modifie légèrement l'indice du LiNbO$_3$ et permet d'optimiser l'interaction. Dans notre cas, pour rendre la polarisation indiscernable à l'aide de la longueur d'onde, il est nécessaire de produire des photons parfaitement dégénérés. En effet, hors dégénérescence, la longueur d'onde est liée à la polarisation comme nous allons le voir sur les courbes d'accord de phase présentées par la suite.

Nous avons alors étudié la réponse spectrale du cristal à une excitation à 655 nm [4], en régime comptage de photons, à l'aide d'un monochromateur [5] et d'un détecteur de photon unique, comme l'indique la FIG.2.2. Le fonctionnement et la caractérisation d'un tel détecteur basé sur une photodiode à avalanche en germanium (APD) est décrit dans l'ANN. C. En faisant varier chacun des paramètres séparément nous avons obtenu les courbes d'accord de phase du cristal représentées sur les FIG. 2.3, 2.4, 2.5. Grâce à cela, nous avons identifié que la période d'inversion de 6,60 μm permet d'être la plus proche de la dégénérescence, pour les guides de 6 et 7 μm de large. A l'aide de la température, nous pouvons ajuster finement l'accord de phase pour obtenir la dégénérescence pour une température de 88°C et 72°C pour des guides respectivement de 6 et 7 μm de large.

Il est évident à la vue de la FIG. 2.4 qu'en dessous du point de dégénérescence, le photon de plus grande longueur d'onde porte toujours la polarisation V. Ce fait s'inverse au dessus de la dégénérescence. Il n'y a donc qu'au point de dégénérescence que nous ne pouvons pas discerner quel photon porte quelle polarisation.

De plus, l'étude des spectres de fluorescence nous permet de déterminer la largeur spectrale des photons qui est de l'ordre de 1 nm. En réalité, le spectre du signal mesuré $M(\lambda)$ correspond à la convolution de la résolution du monochromateur $R(\lambda)$ avec le signal réel $S(\lambda)$:

$$M(\lambda) = S(\lambda) * R(\lambda) \qquad (2.5)$$

En considérant que le signal de fluorescence et la résolution du monochromateur peuvent être assimilés à des gaussiennes, nous avons

$$S(\lambda) = S_0 e^{-\frac{\lambda^2}{\Delta\lambda_s^2}} \; ; \; R(\lambda) = e^{-\frac{\lambda^2}{\Delta\lambda_r^2}} \qquad (2.6)$$

où $\Delta\lambda_s$ représente la largeur spectrale du signal réel et $\Delta\lambda_r \approx 0,7$ nm la résolution mesurée du monochromateur. Dans ce cas le spectre mesuré s'écrit comme suit :

$$M(\lambda) = \left(S_0 \frac{\sqrt{\pi}\Delta\lambda_s\Delta\lambda_r}{\sqrt{\Delta\lambda_s^2 + \Delta\lambda_r^2}} \right) e^{-\frac{\lambda^2}{\Delta\lambda_s^2 + \Delta\lambda_r^2}} \qquad (2.7)$$

Ainsi la largeur spectrale réelle est donnée par $\Delta\lambda_s = \sqrt{\Delta\lambda_m^2 - \Delta\lambda_r^2} \approx 0,7$ nm. Cette valeur est en accord avec les prévisions théoriques qui estiment cette largeur à 0,6 nm.

---

4. Le laser que nous utilisons est une diode laser montée dans une cavité Littrow pouvant délivrer 15 mW à 655 nm [Hawthorn *et al.* 2001]. Marque Topica ; modèle : DL100.
5. Marque : HORIBA Jobin Yvon S.A.S ; modèle : MichroHR

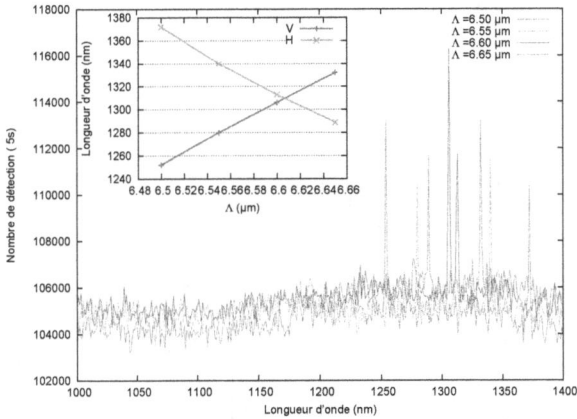

FIG. 2.3 : Spectres de fluorescence paramétrique obtenus en fonction du pas d'inversion (Λ) du signe du $\chi^{(2)}$ en sortie d'un guide d'onde de $6\,\mu$m de large pompé par un laser à $655\,$nm et pour $T = 80°$C. L'insert en haut à gauche représente la courbe d'accord de phase correspondante. Nous pouvons voir que la variation est linéaire en fonction de Λ avec une pente de $\pm 0.53\,\mu$m/μm.

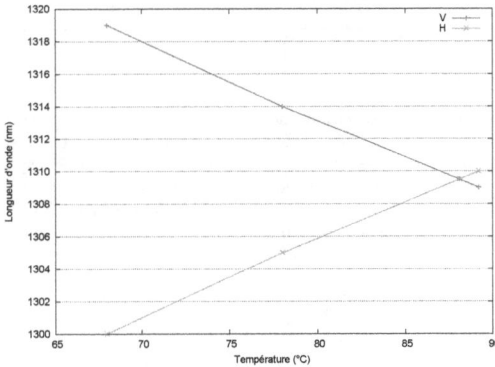

FIG. 2.4 : Courbe d'accord de phase en fonction de la température en sortie d'un guide de $6\,\mu$m de large pompé par un laser à $655\,$nm et pour $\Lambda = 6,60\,\mu$m. Le croisement à $T = 88°$C indique le point de dégénérescence proche de la longueur d'onde de $1310\,$nm recherchée. Nous pouvons voir que la variation est linéaire en fonction de la température avec une pente de $\pm 0.33\,$nm/K.

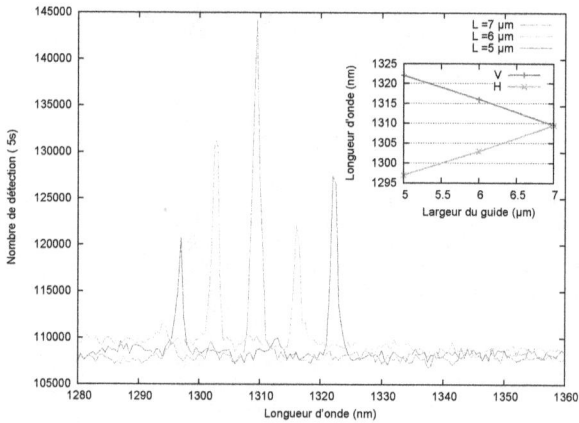

FIG. 2.5 : Spectres de fluorescence paramétrique obtenus en fonction de la largeur du guide pour une période Λ fixée à $6,60\,\mu$m et pour $T = 72\,°$C. Nous observons pour un guide de $7\,\mu$m que les photons sont dégénérés et que la largeur spectrale des deux photons est de $1\,$nm. L'insertion en haut à droite représente la courbe d'accord de phase correspondante. Nous pouvons voir que la variation est linéaire en fonction de la longueur avec une pente de $\pm 6,5 \cdot 10^{-3}\,\mu$m$/\mu$m.

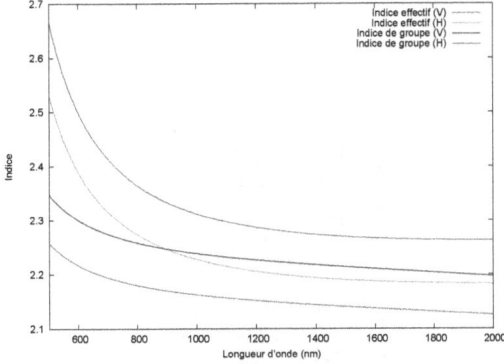

FIG. 2.6 : Courbe d'indice effectif du mode fondamental dans un guide de $7\,\mu$m de large. Les indices de groupe $\left(n_g = n_{eff} - \dfrac{\partial n_{eff}}{\partial \omega}\omega\right)$ ont aussi été représentés pour expliquer la différence de temps de propagation dans notre structure.

Il est intéressant de déterminer une valeur approchée de la longueur $\mathcal{L}_c$ et du temps τ_c de cohérence des photons générés qui nous serviront par la suite lors de la caractérisation quantique de la source. Dans l'approximation de fonction d'onde avec une enveloppe gaussienne, nous obtenons :

$$\mathcal{L}_c = 0,44\frac{\lambda^2}{\Delta\lambda} \approx 1,1\,\text{mm}$$
$$\tau_c = \frac{\mathcal{L}_c}{c} \approx 3,6\,\text{ps},$$

(2.8)

Dans la suite de cette étude, nous considérerons la génération de paires de photons dans un guide de $6\,\mu$m de large, possédant une période d'inversion de $6,60\,\mu$m et à une température de 88°C. Nous avons choisi ce guide d'onde associé à une température élevée pour réduire l'effet photo-réfractif, qui correspond à un déplacement des charges dans le LiNbO$_3$ dû à la puissance optique non-uniforme à l'intérieur du guide. Ces déplacements entraînent une modification du profil d'indice modifiant la forme des modes guidés, ce qui fait chuter l'efficacité de l'interaction désirée. Par accroissement de la température, nous augmentons l'agitation des charges ce qui permet de réduire leur accumulation, et donc l'effet photo-réfractif.

2.3 Description de la source

Nous venons de voir comment ajuster les paramètres du guide d'onde PPLN, pour générer des paires de photons dégénérés en longueur d'onde et de polarisations croisées. Maintenant, il faut s'assurer que les deux photons de la paire sont bien indiscernables sur toutes les autres observables qui sont :

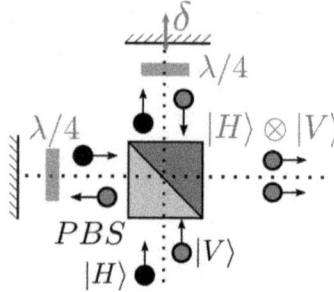

FIG. 2.7 : Schéma du compensateur de biréfringence ajustable. Bêtement, si deux photons $|H\rangle|V\rangle$ arrivent par le bas, un photon $|V\rangle$ est envoyé sur le bras horizontal de longueur fixe, tandis que le photon $|H\rangle$ est transmis vers le bras du haut qui est ajustable grâce à un moteur. Une astucieuse combinaison de $\lambda/4$ permet de récolter toutes les paires par le port de sortie.

- le temps d'émission
- le mode spatial
- la largeur spectrale.

Pour obtenir une paire de photons $|H\rangle|V\rangle$, nous avons utilisé une interaction de type-II dans un guide d'onde biréfringent. Dans cette configuration un photon de la paire possède une polarisation orientée selon l'axe ordinaire et l'autre selon l'axe extraordinaire. Malheureusement, ceci induit que les deux photons d'une même paire ne se propagent pas à la même vitesse dans le cristal. Ainsi, en sortie du guide d'onde, nous n'avons pas un recouvrement temporel parfait. Ceci peut nuire à la qualité de l'intrication, car nous pouvons remonter à l'état de polarisation du photon par une analyse des temps d'arrivée. À l'aide de la FIG. 2.6, nous pouvons estimer le retard moyen pris par le photon H au cours de la propagation, ce qui donne :

$$\langle\Delta\tau\rangle = \frac{1}{2}\left[\frac{n_H^g(\lambda) - n_V^g(\lambda)}{c}l\right] = 4.81\,\text{ps}, \tag{2.9}$$

où l, n_i^g sont respectivement la longueur du cristal, et les indices de groupe associés aux polarisations H et V. Pour compenser cette différence, nous avons utilisé un compensateur de délai biréfringent, comme nous pouvons le voir sur la FIG. 2.7. Il est constitué d'un séparateur de polarisation (PBS), de deux lames $\lambda/4$, d'un miroir fixe et d'un miroir motorisé. Le montage expérimental est similaire à un interféromètre de Michelson. Nous séparons la composante H et V de la paire à l'aide du PBS, chacun des photons va alors rencontrer une lame $\lambda/4$ à 45° puis un miroir qui va le réfléchir dans le sens opposé. Ainsi les photons passent deux fois par la lame $\lambda/4$ qui tourne leur polarisation de 90°, ce qui permet de récupérer tous les photons par le quatrième bras du PBS sans autre pertes que celles des éléments optiques.

La biréfringence du cristal crée une autre source de discernabilité, cette fois spatiale. En effet les deux modes de polarisation guidés à 1310 nm n'ont pas la

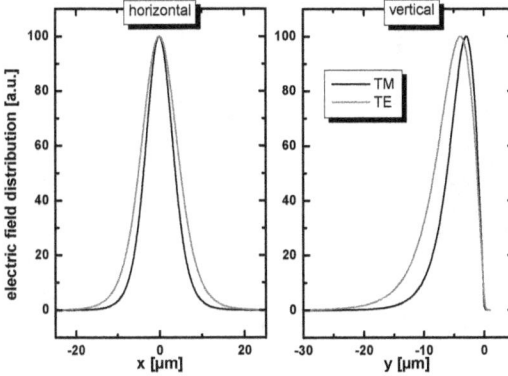

FIG. 2.8 : Courbe de la forme des modes fondamentaux à 1310 nm pour les deux orientations de polarisation dans un guide de 7μm de large. x et y représentent respectivement la largeur et la profondeur.

même forme, comme nous pouvons le voir sur la FIG. 2.8. Cette différence est faible, mais empêcherait d'obtenir une bonne qualité d'intrication. Pour s'affranchir de ce problème, nous récoltons nos paires de photons en sortie du guide d'onde à l'aide d'une fibre télécom standard, monomode à 1310 nm. La biréfringence dans ce type de fibre étant très faible, nous pouvons considérer que les deux modes de polarisation guidés dans la fibre ont la même répartition spatiale. Le seul inconvénient de cette méthode est qu'il est impossible de coupler aussi efficacement les deux modes de polarisation en sortie du guide d'onde. Mais ceci n'induit pas de discernabilité, mais juste une diminution du nombre de photons appairés récoltés.

En réalisant une mesure du spectre d'émission du cristal à l'aide d'un filtre de Bragg inscrit dans une fibre (FBG)[6], nous avons pu observer qu'il y avait deux interactions non-linéaires dans le cristal (voir FIG. 2.10). Ce filtre a une résolution proche de notre monochromateur avec une largeur spectrale de 0,5 nm (voir FIG. 2.9) et une accordabilité moins importante (seulement 10 nm autour de 1310 nm). Mais en contrepartie, les pertes induites sont très faibles avec moins de 1 dB dans la bande spectrale d'intérêt, contrairement aux 10 dB de pertes de notre monochromateur, ce qui permet d'améliorer le rapport signal/bruit. Nous ne sommes pas encore certains de l'origine de cette deuxième interaction, mais elle a été observée dans d'autres laboratoires et dans différents cristaux, comme par exemple dans le PP-KTP [Fiorentino et al. 2007, Zhong et al. 2009]. Nous pensons que ce double accord de phase provient d'une inhomogénéité dans le guide d'onde, ou dans l'inversion périodique du signe de $\chi^{(2)}$. Il n'en demeure pas moins qu'il faut s'affranchir des paires de photons générées par cette deuxième interaction, car nous pouvons remonter à la polarisation en mesurant leurs longueurs d'onde. Pour cela nous disposons de deux

6. Marque : AOS GmbH

a)   b)

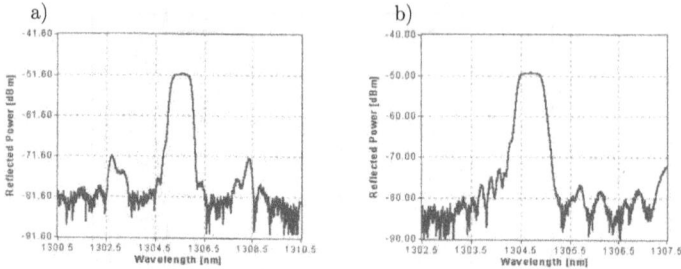

FIG. 2.9 : Spectre de réflexion des fibres à réseau de Bragg. Les courbes (a) et (b) correspondent respectivement aux filtres de 0.5 nm et 0.8 nm.

FBG de largeurs 0.5 nm et 0.8 nm (voir FIG. 2.9).

En ajoutant tous ces éléments, nous obtenons la source présentée en FIG. 2.11.
Sur ce montage, nous avons 8,3 dB de pertes, qui se décomposent en :

- 3 dB au couplage guide/fibre ;
- 0.8 dB introduit par le circulateur fibré et le FBG ;
- 1.5 dB dû au compensateur de biréfringence ;
- et enfin 3 dB au niveau du BS, dû aux paires qui ne sont pas séparées par le
  coupleur.

2.4   Caractérisation quantique de la source

La caractérisation de la source se fait en deux temps. Dans un premier temps,
nous allons réaliser une mesure d'interférence à deux photons de type Hong-Ou-
Mandel (HOM) [Hong et al. 1987, Ou & Mandel 1988] qui permet de caractériser
l'indiscernabilité entre les deux photons d'une paire. Ensuite nous réaliserons une
mesure standard de caractérisation de l'intrication selon un montage de type violation des inégalités de Bell [Bell 1964, Clauser et al. 1969, Aspect et al. 1982]. Mais
dans un premier temps, nous allons présenter la configuration expérimentale des
détecteurs pour mesurer des coïncidences.

2.4.1   Mesures de coïncidences

Comme nous allons le voir par la suite, pour les deux méthodes de caractérisation, nous devons effectuer des mesures de coïncidences, c'est pour cela que nous
allons nous pencher maintenant sur cette partie de la détection.

À l'époque de cette expérience, nous ne disposions que de deux types de détecteurs de photons à la longueur d'onde de 1310 nm : des APD germanium et des
APD InGaAs, que nous décrivons dans l'ANN. C. Les APD InGaAs ont une plus
grande efficacité quantique que les APD germanium, mais ne fonctionnent qu'en

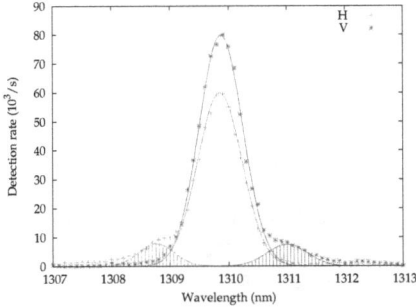

FIG. 2.10 : Spectre d'émission du cristal pour les deux modes de polarisation réalisé avec un filtre accordable de 0.5 nm de large. Les lignes correspondent aux ajustements mathématiques Gaussien. Les surfaces blanches correspondent aux photons générés par l'interaction principale, et les surfaces hachurées à ceux générés par la seconde interaction.

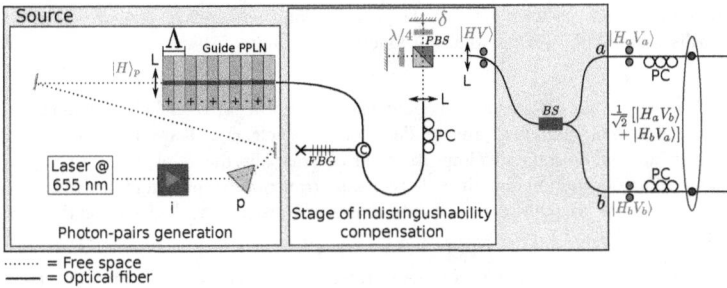

FIG. 2.11 : Schéma expérimental de la source et du dispositif d'analyse. i : isolateur optique ; p : prisme ; L : lentille ; c : circulateur optique fibré ; FBG : fibre à réseau de Bragg ; PC : contrôleur de polarisation (boucle de Lefèvre) ; PBS : cube séparateur de polarisation ; BS : coupleur 50/50 fibré.

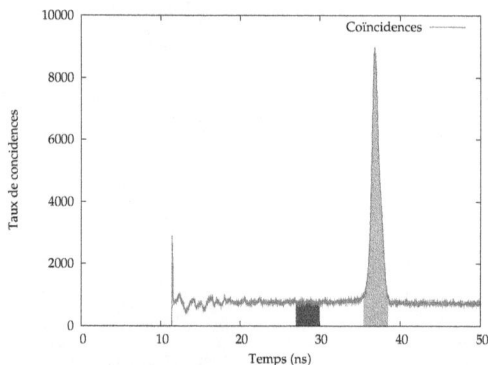

FIG. 2.12 : Histogramme des coïncidences. Nous voyons, lorsque les délais optiques et électroniques sont bien ajustés, l'apparition d'un pic de coïncidences. Des fenêtres d'analyse ajustables sont utilisées pour mesurer le taux de coïncidences totales (zone verte) et le taux de coïncidences accidentelles (zone bleue).

régime déclenché, avec un taux de répétition maximum de 1 MHz et des temps d'ouverture compris entre 5 et 100 ns. Dans notre configuration expérimentale où nous n'avons aucune information sur le moment d'émission d'une paire, le laser de pompe étant continu, nous devons alors ouvrir de façon complètement aléatoire le détecteur, ce qui donne au mieux 1% d'efficacité de détection par seconde sachant que le détecteur n'est opérationnel que 10% du temps (pour des temps d'ouverture de 100 ns à un taux de répétition de 1 MHz). Pour cette raison nous avons choisi d'utiliser une APD Germanium, qui fonctionne en mode passif, avec une efficacité de 4%.

Pour le second détecteur, nous pouvons utiliser une APD InGaAs que nous ouvrons seulement quand le premier détecteur se déclenche. Il est alors nécessaire d'avoir un délai optique plus important sur ce bras, afin que le photon arrive après que le détecteur germanium ait eu le temps de transmettre son signal de déclenchement. Via cette configuration, nous arrivons à une probabilité de détection de coïncidences de 0, 4%.

Pour analyser les coïncidences, nous utilisons un "Time to Amplitude Converter" (TAC) en connectant le premier détecteur au "start" et le deuxième au "stop" de cet appareil. Nous voyons alors apparaître le pic de coïncidence, comme le montre la FIG. 2.12, lorsque les délais optiques et électroniques sont correctement ajustés. Pour définir le taux de coïncidences, nous ne prenons qu'une fenêtre de 3 ns autour du pic coïncidence (zone verte sur la FIG. 2.12). Dans cette fenêtre, nous mesurons le taux de coïncidences donné par la détection d'une paire de photons $P_{\gamma_a \gamma_b}$ mais aussi les coïncidences accidentelles dues soit à deux coups sombres $P_{DC_a DC_b}$, soit à la détection d'un photon et d'un coup sombre $P_{DC_a \gamma_b} + P_{\gamma_a DC_b}$. Pour définir le

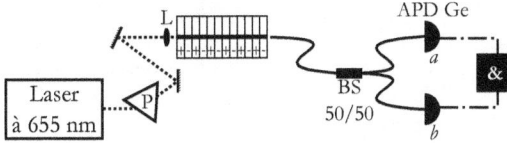

FIG. 2.13 : Configuration expérimentale pour la caractérisation de l'efficacité du guide d'onde.

taux de coïncidences accidentelles, nous utilisons une deuxième fenêtre de mesure de même durée temporelle que nous décalons par rapport au pic de coïncidences (zone bleue sur la FIG. 2.12).

Mais avant de poursuivre la caractérisation quantique, nous allons présenter la méthode que nous avons utilisé pour caractériser l'efficacité de conversion de notre guide d'onde [Tanzilli *et al.* 2002, Tanzilli 2002]. Pour cela nous plaçons en sortie du guide d'onde un coupleur 50/50 avec deux détecteurs passifs connectés à un compteur de coïncidences, comme nous pouvons le voir sur la FIG. 2.13. En effectuant cette mesure nous obtenons trois valeurs expérimentales : le taux de compte sur les deux détecteurs, et le taux de coïncidences. Afin de calculer ces différents taux, nous définissons les grandeurs suivantes :

- N le nombre de paires générées par le guide d'onde ;
- v_i les pertes entre la sortie du guide d'onde et le détecteur i ;
- η_i l'efficacité du détecteur i avec $i \in \{a, b\}$.

Pour calculer le taux de détection par détecteur, il faut prendre en compte la répartition des photons par le coupleur 50/50, qui est donnée par :

- dans la moitié des cas les deux photons sont séparés ;
- dans un quart des cas les deux photons sortent par le bras a ;
- et dans un quart des cas les deux photons sortent par le bras b.

Ainsi le taux de comptage par détecteur est donné par :

$$S_i = N \left[\frac{1}{2} v_i \eta_i + \frac{1}{4} (1 - (1 - v_i \eta_i)^2) \right], \qquad (2.10)$$

avec $i \in \{a, b\}$ et où la quantité $(1 - v_i \eta_i)^2$ représente la probabilité de ne pas avoir de détection lorsque deux photons sont incidents. En supposant $v_i \eta_i^2 \ll v_i \eta_i$, ce qui est le cas avec nos détecteurs où η_i est égal à 4 %. Nous pouvons alors simplifier cette équation sous la forme :

$$S_i \approx N v_i \eta_i. \qquad (2.11)$$

Et le taux de coïncidences est donnée par :

$$R_c = \frac{N}{2} v_1 \eta_1 v_2 \eta_2. \qquad (2.12)$$

Ainsi nous pouvons obtenir le nombre de paires générées en calculant :

$$N = \frac{S_1 S_2}{2R_c}. \qquad (2.13)$$

Nous pouvons donc déterminer, avec cette méthode, l'efficacité du guide en s'affranchissant de l'estimation des pertes et des efficacités des détecteurs. De plus, nous pouvons aussi déterminer les pertes sur les lignes en connaissant l'efficacité des détecteurs :

$$v_i = \frac{1}{\eta_i} \frac{2R_c}{S_{j \neq i}}. \tag{2.14}$$

Nous avons mesuré expérimentalement $S_1 = S_2 = 100 \times 10^3 \, \mathrm{s^{-1}}$ et $R_c = 330 \, \mathrm{s^{-1}}$, ce qui correspond à $1,7 \times 10^7 \, \mathrm{s^{-1}}$ paires générées par le guide d'onde. Il est plus intéressant de connaître l'efficacité normalisée par la puissance de pompe dans le guide qui est de $0,4 \, \mathrm{mW}$, et par la largeur spectrale des photons qui est de $0,7 \, \mathrm{nm}$. Nous obtenons alors une luminosité de 3×10^5 paires $\cdot \mathrm{s^{-1}} \cdot \mathrm{mW^{-1}} \cdot \mathrm{GHz^{-1}}$. Nous pouvons aussi calculer l'efficacité de conversion qui correspond à la probabilité qu'un photon de pompe soit converti, elle est donnée par $\frac{N}{N_p} = 1.5 \times 10^{-9}$, où N_p représente le nombre de photons de pompe.

Nous pouvons maintenant estimer la puissance maximum que nous pouvons injecter dans le guide pour être en régime de faible probabilité de création de double paires. Dans notre configuration, la distribution statistique d'émission est régie par une loi de Poisson (voir ANN. B). Nous devons nous restreindre à une probabilité de générer une paire inférieure à $0,1$ par fenêtre de détection, qui pour nous est de $3 \, \mathrm{ns}$. Ce temps correspond à la largeur de la fenêtre de mesure du taux de coïncidences. La puissance de pompe est alors définie par :

$$P_p = \frac{0,1}{B \delta \nu \delta t}, \tag{2.15}$$

où B, $\delta \nu$ et δt, représentent respectivement la luminosité, la largeur spectrale de nos photons et la fenêtre de détection. Nous obtenons ainsi un puissance de pompe de $0,91 \, \mathrm{mW}$ sans filtre et de $1,28 \, \mathrm{mW}$ avec le filtre de $0.5 \, \mathrm{nm}$. Pour toutes les mesures suivantes, nous nous assurons que notre puissance de pompe dans le guide est bien inférieure à ce seuil.

2.4.2 Interférence à deux photons

L'interférence à deux photons est une mesure couramment employée en optique et en communication quantique. Elle permet de caractériser l'indiscernabilité entre deux photons, d'où son emploi dans les relais (voir PARTIE III). Dans cette section, nous allons employer une méthode légèrement différente de celle introduite en 1987 par Hong, Ou et Mandel [Hong $et\ al.$ 1987], qui sera présentée par la suite.

Partons de l'hypothèse où nous avons deux photons parfaitement indiscernables sur toutes les observables quantiques mais de polarisations croisées. Cette paire est définie par l'état $|HV\rangle$ dans la base $\{H;V\}$. Ensuite, nous employons une lame $\lambda/2$ avec son axe rapide tourné de $22,5°$ par rapport à l'axe H. La paire en sortie de la lame $\lambda/2$ est alors définie par l'état [7] :

$$|HV\rangle \xrightarrow{\lambda/2 \text{ à } 22,5°} \frac{1}{2}\left[-|HH\rangle + |VV\rangle + |VH\rangle - |HV\rangle\right]. \tag{2.16}$$

---

7. Les matrices de rotation des lames de phase sont données dans l'ANN. D.

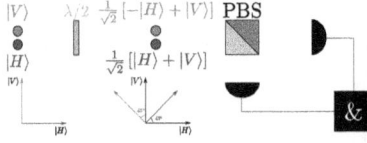

FIG. **2.14** : Principe d'interférence à deux photons en polarisation.

Dans le cas où les deux photons sont parfaitement indiscernables en termes de recouvrement temporel, spatial et spectral sur le PBS, nous avons $|VH\rangle = |HV\rangle$ (on parle de commutation). Ainsi les deux derniers termes de l'équation précédente interfèrent destructivement, et nous n'obtenons plus que des paires de polarisation $|HH\rangle$, ou $|VV\rangle$. Nous employons alors un PBS orienté selon la base $\{H; V\}$, comme nous pouvons le voir sur la FIG. 2.14 Nous pouvons ainsi mesurer l'indiscernabilité entre les deux photons de polarisations croisées en étudiant le taux de coïncidences entre les deux sorties du PBS.

Nous allons utiliser cette mesure pour ajuster le compensateur de délai biréfringent, le recouvrement spatial étant assuré par l'utilisation de fibre et le recouvrement spectral étant facilement ajustable via le FBG de 0,5 nm. Avec notre configuration présentée à la FIG. 2.11, nous pouvons réaliser cette mesure soit directement en sortie de l'étage de compensation, soit juste après le coupleur 50/50 en exploitant les paires non séparées sur les deux bras ($|H_aV_a\rangle$ et $|H_bV_b\rangle$). Nous choisissons cette dernière méthode car elle présente deux avantages :

1. elle ne nécessite aucune modification sur le montage expérimental, et, de plus, le système d'analyse est similaire à celui qui sera employé plus tard pour caractériser la qualité de l'intrication ;
2. elle permet de définir si les canaux de transmissions a et b préservent l'indiscernabilité de la paire. En effet, si les visibilités en sortie des voies a et b ne sont pas identiques nous pouvons en déduire qu'une des voies introduit de la décohérence dans notre état. Dans le cas de transmission à l'aide de fibre optique, cette décohérence peut provenir par exemple de la dispersion chromatique, ou de la dispersion des modes de polarisation.

Nous pouvons voir sur la FIG. 2.15 les résultats obtenus. Nous observons, comme attendu, une chute du taux de coïncidences (dip) entre les deux détecteurs placés soit chez Alice soit chez Bob. Nous pouvons tirer plusieurs informations de ces courbes.

La première est la qualité d'indiscernabilité de nos paires, qui est donnée par la visibilité qui se définit mathématiquement par :

$$V = \frac{R_c^{\max} - R_c^{\min}}{R_c^{\max}}, \qquad (2.17)$$

où $R_c^{\max}$ et $R_c^{\min}$ représentent respectivement le taux de coïncidences maximum et minimum de la figure d'interférence. Nous parlons de visibilité nette lorsque nous retranchons les coïncidences accidentelles à ces taux, avec $R_c^{\mathrm{net}} = R_c - R_c^{\mathrm{acc}}$. Comme nous pouvons le voir, nous obtenons une visibilité brute de $83 \pm 2\%$ et une visibilité

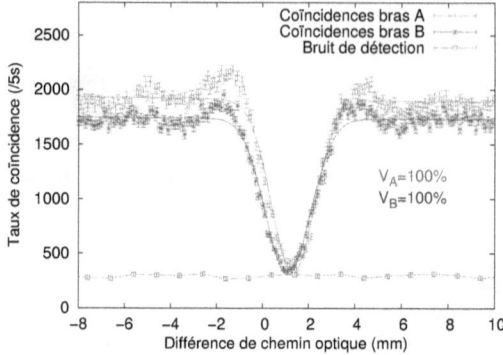

FIG. 2.15 : Mesure du taux de coïncidences en fonction de la différence de chemin optique introduite par le compensateur de biréfringence pour les deux voies de la source. Les lignes représentent les ajustements gaussiens.

nette de $100 \pm 3\%$ pour chacun des dips, ce qui traduit une indiscernabilité parfaite entre nos deux photons permettant d'espérer une très bonne qualité d'intrication.

La deuxième information est le temps de cohérence de nos photons. En effet, en déplaçant le miroir motorisé, du compensateur de biréfringence, nous faisons varier le recouvrement temporel de nos photons. Ainsi la forme de la chute du taux de coïncidences est définie par le produit de convolution des enveloppes temporelles des deux photons. Nous pouvons en première approximation considérer ces enveloppes comme identiques et de forme gaussienne. De cette façon, le dip est de forme gaussienne dont la largeur à mi-hauteur est reliée à la longueur de cohérence par la relation $L_{\mathrm{dip}} = \sqrt{2}\mathcal{L}_c$[8]. La largeur des dips est de L_{dip} =2,23 mm, ce qui correspond à une longueur de cohérence $\mathcal{L}_c$ =1,58 mm. Nous pouvons alors remonter à la largeur spectrale de nos photons par la relation $\delta\lambda = 0{,}44\frac{\lambda^2}{\mathcal{L}_c}$ =0,48 nm, ce qui est en accord avec la largeur à mi-hauteur de notre filtre mesurée à 0,5 nm (voir FIG. 2.9 (a)).

Ces données sont obtenues à partir des ajustements gaussiens des points expérimentaux. Plus précisément, nous avons utilisé cette fonction :

$$f(\delta l) = R_c^{max} \left(1 - V e^{-\frac{(\delta_l - \delta_{l_0})^2}{2\sigma^2}} \right), \qquad (2.18)$$

où δl et δl_0 représentent respectivement la différence de chemin optique et la position du minimum de coïncidence. Nous obtenons la largeur du dip par la relation $L_{\mathrm{dip}} = 2\sqrt{2}\sigma$, et la visibilité est donnée par le paramètre V.

---

8. Ceci n'est pas complétement vrai car la forme de nos filtres n'est pas gaussien mais plutôt définie par une porte comme nous pouvons le voir sur la FIG. 2.9, ce qui donne, par transformée de Fourier, dans l'espace du temps un sinus cardinal. Ceci permet d'expliquer les petites oscillations de part et d'autre du dip.

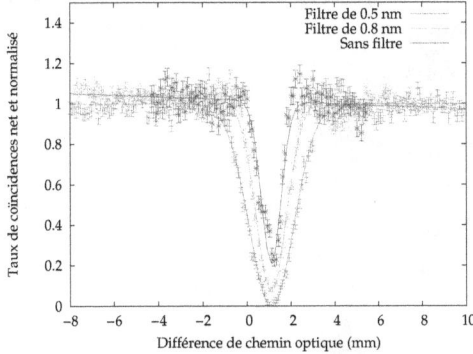

FIG. 2.16 : Courbes du taux de coïncidences en fonction de la compensation de biréfringence pour différentes largeurs de filtre.

Nous pouvons aussi, à l'aide de cette méthode, montrer l'influence des filtres sur la qualité de l'indiscernabilité. En regardant la FIG. 2.16, nous voyons que la visibilité décroit lorsque nous augmentons la largeur du filtre. Elle est respectivement de 94% et 80% pour le filtre de 0.8 nm et sans filtre. Cette chute de visibilité s'explique par la forme du spectre en sortie du guide d'onde, présentée sur la FIG. 2.9, plus précisément, par les deux lobes de part et d'autre du pic à la dégénérescence, qui représente environ 15% de photons émis.

Bien entendu, la longueur de cohérence des photons décroît avec l'augmentation de la bande passante des filtres, passant de 1,58 mm, à 1,15 mm et à 0,75 mm respectivement pour le filtre de 0,8 nm et sans filtre.

2.4.3 Qualité de l'intrication

Maintenant que nous avons ajusté les paramètres de l'expérience pour obtenir une indiscernabilité maximum entre les deux photons, nous pouvons caractériser la qualité de l'intrication de nos paires, dans le cas où elles sont séparées spatialement par la séparatrice 50/50. Pour cela nous devons disposer sur chaque voie (labellisées a et b sur la FIG. 2.11), un système d'analyse constitué comme précédemment d'une lame $\lambda/2$ et d'un PBS. Ceux-ci forment deux nouvelles bases $\{+_a; -_a\}$ et $\{+_b; -_b\}$ dont les vecteurs s'écrivent comme suit :

$$\begin{pmatrix} |+_i\rangle \\ |-_i\rangle \end{pmatrix} = \begin{pmatrix} -\cos 2\theta_i & -\sin 2\theta_i \\ -\sin 2\theta_i & \cos 2\theta_i \end{pmatrix} \begin{pmatrix} |H_i\rangle \\ |V_i\rangle \end{pmatrix}, \tag{2.19}$$

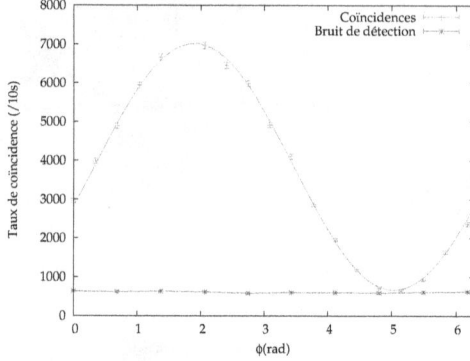

FIG. 2.17 : Mesure de la phase de l'état intriqué.

où θ_i représentent l'angle entre l'axe rapide de la lame $\lambda/2$ du bras i et $|H_i\rangle$. Dans cette nouvelle base notre état intriqué se réécrit :

$$|\Psi^{\pm}\rangle = \frac{1}{\sqrt{2}} \quad [\sin(\theta_a \pm \theta_b)|+_a+_b\rangle - \sin(\theta_a \pm \theta_b)|-_a-_b\rangle$$
$$+ \cos(\theta_a \pm \theta_b)|+_a-_b\rangle + \cos(\theta_a \pm \theta_b)|-_a+_b\rangle]. \tag{2.20}$$

Au niveau de la configuration expérimentale, la seule différence réside dans le branchement du compteur de coïncidence. Pour l'expérience d'interférence à deux photons, nous avons mesuré les coïncidences entre les deux sorties du PBS d'une des deux voies. Ici, le compteur de coïncidences sert à mesurer les coïncidences en sortie des systèmes d'analyse des deux voies. Pour des raisons techniques, nous ne mesurerons les coïncidences que pour l'état $|+_a+_b\rangle$, ce qui correspond à mesurer les coïncidences entre les deux détecteurs placés après les sorties en transmission des PBS.

Avant de poursuivre, il est important de remarquer que contrairement aux mesures d'interférence à deux photons, la mesure de la qualité d'intrication est sensible à la phase entre les deux composantes de l'état. Comme nous le décrivons dans l'ANN. E, il est impossible d'obtenir, à l'aide de systèmes d'analyses constitués par une lame $\lambda/2$ et un PBS, 100% de visibilité pour un état maximalement intriqué venant avec une phase, que nous écrivons $|\Psi^{\phi}\rangle = \frac{1}{\sqrt{2}}\left[|H_aV_b\rangle + e^{i\phi}|V_aH_b\rangle\right]$, ou encore $|\Psi^{\phi}\rangle = \alpha|\Psi^{+}\rangle + \beta|\psi^{-}\rangle$, avec $\alpha = \frac{1+e^{i\phi}}{2}$ et $\beta = \frac{1-e^{i\phi}}{2}$. Dans notre configuration, cette phase n'est due qu'à la propagation dans les fibres après le BS [9]. En effet, toutes les phases entre les deux modes de polarisation H et V accumulées avant le coupleur $50/50$, représentent une phase globale à l'état intriqué ($e^{i\phi_{global}}|\Psi^{\phi}\rangle$), qui n'intervient pas. Pour compenser la phase dans notre état, nous avons choisi d'utiliser un

---

9. Même si nos fibres ne sont pas à maintien de polarisation il existe quand même une petite biréfringence qui entraîne une légère différence de vitesse entre les deux modes de polarisation.

compensateur de Soleil-Babinet, que nous plaçons sur la voie a de notre source, juste avant la lame $\lambda/2$. Ainsi la phase totale de l'état est donnée par $\phi = \phi_a + \phi_b + \phi_{SB}$, où chaque terme représente respectivement la phase accumulée dans les fibres du bras a et b et la phase du Soleil-Babinet.

Comme nous le présentons dans l'ANN. E, pour ajuster la phase nous devons placer les deux analyseurs (a et b) dans une base diagonale/antidiagonale $\{D; A\}$ en tournant de $22{,}5°$ les deux lames $\lambda/2$. Dans cette configuration, la probabilité que les deux photons soient dans l'état $|+_a +_b\rangle$ est donnée par :

$$P_{++} = \left|\langle +_a +_b | \Psi^\phi \rangle\right|^2 = \frac{|\alpha|^2}{2} = \frac{1}{2}\cos^2\frac{\phi}{2}. \qquad (2.21)$$

De là, en ajustant la phase, nous faisons varier le taux de coïncidences, comme nous pouvons le voir sur la FIG. 2.17. La visibilité des franges d'interférence permet de définir la qualité de l'intrication, elle est dans notre cas de $99 \pm 2\%$ nette. Mais ce qui est intéressant dans cette mesure est de définir la phase du Soleil-Babinet qui nous permet d'obtenir un état $|\Psi^+\rangle$ pour un maximum de coïncidence ou un état $|\Psi^-\rangle$ qui correspond à un minimum. Pour la suite des mesures nous nous placerons sur un maximum, c'est-à-dire que nous analyserons l'état de Bell $|\Psi^+\rangle$.

Nous avons réalisé une seconde mesure qui consiste à vérifier l'invariance par rotation de l'état intriqué. Pour cela nous fixons l'orientation de la lame $\lambda/2$ du bras a et nous observons les oscillations en tournant la seconde lame $\lambda/2$ dans le bras b. Nous devons effectuer cette mesure selon deux bases, la base de création $\{H; V\}$ qui va nous permettre de caractériser la qualité du montage optique et selon la base complémentaire $\{D; A\}$ dont l'amplitude des oscillations va nous donner la qualité de l'intrication. Nous pouvons voir sur la FIG. 2.18 les résultats obtenus, qui prouvent l'excellente qualité de notre source avec $99 \pm 2\%$ de visibilité nette [10], et $83 \pm 1\%$ de visibilité brute dans toutes les bases.

Afin de vérifier que la qualité de l'intrication est reliée à la qualité d'indiscernabilité de nos paires, nous avons caractérisé l'intrication en fonction de la largeur des filtres. Comme nous pouvons le voir sur la FIG. 2.19, l'amplitude des oscillations décroît en augmentant la largeur du filtre. La visibilité est respectivement de 93% et 80% pour le filtre de $0.8\,\mathrm{nm}$ et sans filtre, ce qui est parfaitement similaire aux résultats obtenus pour la mesure d'interférences à deux photons.

2.5 Conclusion et améliorations possibles

Dans cette section nous avons présenté une source de paires de photons intriqués en polarisation, présentant une grande finesse spectrale, à $1310\,\mathrm{nm}$ basée sur une interaction non-linéaire de type-II. Avec cette configuration, nous avons obtenu une qualité d'intrication presque parfaite, stable dans le temps, et avec une bonne efficacité. Comme nous pouvons le voir dans la TABLE 5.1 (voir page 142), elle fait partie des meilleures sources en configuration guidée aux longueurs d'onde des télécommunications, ce qui prouve la pertinence de notre approche.

---

10. Nous ne retranchons que les coups sombres des APD pour calculer la visibilité nette.

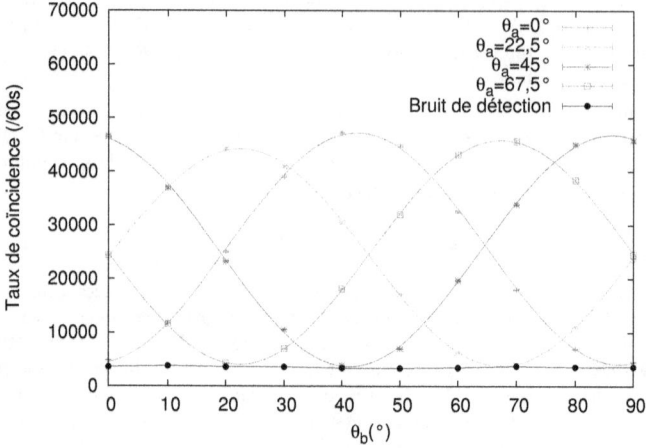

FIG. 2.18 : Résultats obtenus pour une mesure standard de la qualité d'intrication dans les bases $\{H; V\}$ et $\{D; A\}$. Il est important de noter que chacun des points est représenté avec ses barres d'erreur. Les lignes représentent les ajustements mathématiques des points expérimentaux.

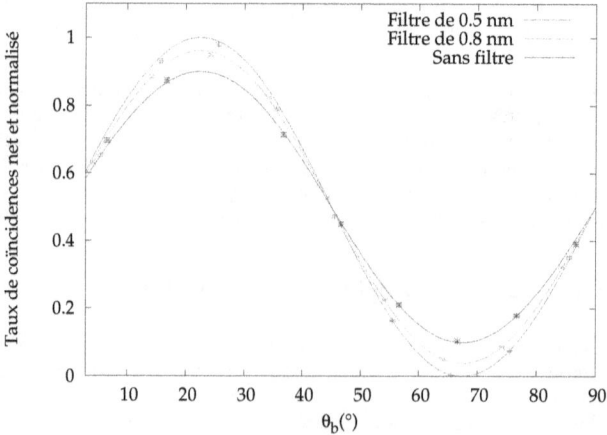

FIG. 2.19 : Mesure de la qualité d'intrication en fonction de la largeur du filtre. Pour toutes les mesures, nous avons pris $\theta_a = 22,5°$.

Toutefois, plusieurs améliorations peuvent être apportées à cette source pour la rendre commercialement viable :

- Elle pourrait être entièrement fibrée, en utilisant un laser fibré et un guide d'onde avec des "pigtails"[11]. De plus le compensateur de biréfringence en espace libre peut être remplacé par une fibre à maintien de polarisation. Ces fibres sont caractérisées par une longueur de battement définie par la distance de propagation nécessaire pour accumuler une phase de 2π entre les axes lent et rapide, ce qui correspond à une période spatiale de 1310 nm. Cette longueur est typiquement de 3 mm. Ainsi en utilisant 3,2 m de fibre à maintien de polarisation nous pouvons compenser les 1,4 mm de délai entre le H et V introduit par la biréfringence du cristal. L'emploi de ce compensateur de biréfringence rendrait la source plus compacte, avec moins de perte, mais au détriment de la simplicité d'accordabilité. Nous pouvons tout de même jouer avec la température de la fibre pour ajuster finement le recouvrement temporel.

- Des guides d'onde segmentés peuvent être placés en entrée et en sortie de l'échantillon pour accroître le taux de couplage fibre/guide en adaptant le mode du guide au mode de la fibre [Thyagarajan *et al.* 1994, Castaldini *et al.* 2009].

- Une autre amélioration consisterait à créer des paires de photons non dégénérés en longueur d'onde. Nous pourrions alors séparer les paires de façon déterministe en remplaçant le coupleur 50/50 par un démultiplexeur en longueur d'onde (WDM). Pour cela, il est nécessaire d'avoir deux accords de phase distinct, et d'employer une pompe à la longueur d'onde correspondant au point d'intersection des deux accords de phase, comme nous pouvons le voir sur la FIG. 2.20. Nous générons dans ce cas un état de la forme $|\Psi\rangle = |H\rangle_{\lambda_1}|V\rangle_{\lambda_2} + |V\rangle_{\lambda_1}|H\rangle_{\lambda_2}$, où λ_1 et λ_2 correspondent aux longueurs d'onde situées aux points d'intersection des courbes d'accord de phase. Plusieurs solutions sont données dans la littérature pour réaliser une telle interaction, nous pouvons citer par exemple le papier de T. Suhara en 2009 [Suhara *et al.* 2009], qui propose la réalisation d'un guide d'onde avec une période d'inversion du signe du coefficient non-linéaire Λ_1 sur la première moitié du guide d'onde suivi d'une période Λ_2 sur la deuxième. Dans le cas où il est impossible de remonter au temps de création de la paire, il est impossible de savoir quel accord de phase a été employé pour générer la paire. Il propose également, dans ce papier, une autre solution qui consiste à venir faire un dépôt sur la moitié du guide d'onde d'une couche de matériau, avec un indice proche de celui du $LiNbO_3$, pour modifier l'indice effectif des modes guidés, et par conséquence l'accord de phase. Nous avons proposé une autre solution en 2009 [Thyagarajan *et al.* 2009], qui consiste à réaliser une inversion apériodique du signe du $\chi^{(2)}$, c'est-à-dire qui comporterait deux fréquences dans l'espace de Fourier. La première fréquence permettant d'assurer le premier accord de phase et la seconde le deuxième. Des guides d'onde de ce type sont en cours de réalisation à l'université de Paderborn.

---

11. Le "pigtail" consiste à venir fixer des fibres au guide d'onde à l'aide d'une colle qui adapte l'indice du guide à celui de la fibre en silice.

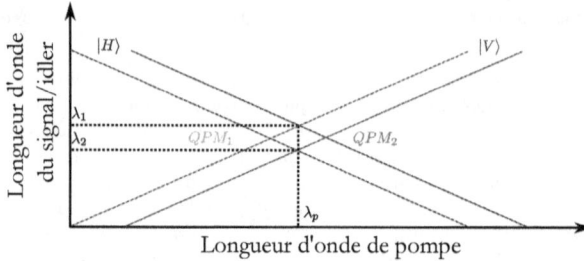

FIG. **2.20** : Schéma d'un principe du double accord de phase.

Cependant, cette source pèche par la faible efficacité de son interaction. Il devient alors difficile de générer des photons suffisamment fin spectralement pour être compatibles avec des mémoires quantiques disponibles à l'heure actuelle. Il est préférable pour un tel paradigme d'utiliser des interactions non-linéaires de type-0 beaucoup plus efficaces, comme nous allons le voir dans le CHAP. II.3.

Source de paires de photons intriqués en polarisation basée sur une interaction de type-0

Dans cette section, nous allons présenter une source de paires de photons intriqués en polarisation, émis à 1560 nm, en bande ultra-étroite. Cette source est basée sur une interaction non-linéaire de type-0, exploitant essentiellement des composants au standard des télécommunications. Nous commencerons par la description du principe employé pour générer l'intrication. Après une caractérisation de l'interaction non-linéaire utilisée pour générer nos paires, nous présenterons la source dans son intégralité, en partant du laser de pompe jusqu'à la sortie de la source. Pour finir, nous montrerons les résultats obtenus lors de la caractérisation de la qualité de l'intrication.

3.1 Principe de la source

Contrairement à la source précédente (voir CHAP. II.2) basée sur une interaction de type-II, nous avons choisi d'utiliser une interaction de type-0, qui permet de convertir un photon de pompe de polarisation V en une paire de photons de polarisation identique, en suivant les mêmes lois de conservation de l'énergie et de l'impulsion (voir l'ANN. A). Ce choix a été motivé par le fait que les interactions non-linéaires de type-0 sont beaucoup plus efficaces (environ 2 ordres de grandeurs), car elles exploitent le coefficient non linéaire d_{33} le plus important du LiNbO$_3$. Nous verrons par la suite que c'est le filtrage de la fluorescence paramétrique qui a aussi motivé ce choix.

Avec une telle interaction, nous générons un état $|V_aV_b\rangle$, avec a et b représentant respectivement le photon signal et idler. Il faut, à partir de cet état, générer un état intriqué. Pour cela nous nous sommes inspirés de l'observable l'énergie/temps [Franson 1989]. L'idée présenté en FIG. 3.1, est d'envoyer les deux photons sur un PBS avec une polarisation tournée d'un angle de 45° par rapport à ses axes. Nous obtenons ainsi en sortie quatre états équiprobables :

- $|H_aH_b\rangle$ lorsque les deux photons sont transmis ;
- $|V_aV_b\rangle$ lorsque les deux photons sont réfléchis ;
- $|H_aV_b\rangle$ et $|V_aH_b\rangle$ lorsque l'un des deux photons est transmis et l'autre réfléchi.

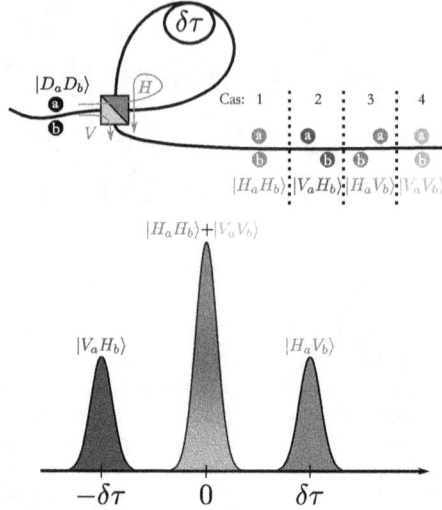

FIG. 3.1 : Schéma de principe de interféromètre de création d'intrication.

Nous bouclons ensuite la sortie transmise du PBS avec sa seconde entrée, à l'aide soit d'une fibre optique soit d'un jeu de miroir. Ainsi les photons transmis par le *PBS* vont à nouveau être transmis et sortir dans le même mode spatial que les photons projetés sur l'état de polarisation V, avec un retard temporel $\delta\tau$ défini par la longueur du bras. Il est important de remarquer que nous ne modifions pas les états de polarisation de nos photons définis précédemment. En effectuant une mesure de coïncidences entre les photons a et b en sortie du dispositif, et en définissant a comme "start" et b comme "stop"[1], nous obtenons alors trois pics de coïncidences, comme nous pouvons le voir sur la FIG. 3.1. Ces pics sont dus aux quatre états définis précédemment, et sont constitués par :

- un pic central, qui représente un délai nul entre les deux photons, et qui englobe les cas où les deux photons ont pris le même bras, c'est-à-dire les états $|H_aH_b\rangle$ et $|V_aV_b\rangle$;

- un pic à un temps $-\delta\tau$, qui représente le cas où le "stop" arrive avant le "start", ce qui correspond à l'état $|H_aV_b\rangle$;

- et pour finir, un pic à un temps $+\delta\tau$, qui représente les cas où le "stop" arrive après le "start", ce qui correspond à l'état $|V_aH_b\rangle$.

Il est important de remarquer que pour observer trois pics bien distincts, il faut que le délai $\delta\tau$ entre les deux bras soit plus grand que le temps de cohérence des photons. Dans le cas où le temps de cohérence est négligeable devant le jitter des détecteurs, $\delta\tau$ doit être supérieur au jitter des détecteurs τ_j.

---

1. Nous choisissons cette configuration pour clarifier la discussion.

En post-sélectionnant le pic central, nous obtenons donc un état

$$|\Phi\rangle = \frac{1}{\sqrt{2}} \left[|H_a H_b\rangle + |V_a V_b\rangle \right], \qquad (3.1)$$

qui est un état intriqué à condition que nous ne puissions pas définir le bras emprunté par la paire de photons. Dans notre configuration, où les paires sont générées par conversion paramétrique, cette condition nécessite l'emploi d'un laser de pompe bien plus cohérent que le délai $\delta\tau$. Nous pouvons donc résumer les conditions pour obtenir un état intriqué par la relation suivante :

$$\tau_c^{\text{laser}} \gg \delta\tau \gg max(\tau_c^{\text{photons}}, \tau_j), \qquad (3.2)$$

avec τ_c^{laser} et τ_c^{photons} représentant respectivement les temps de cohérence du laser et des photons, et τ_j la gigue temporelle des détecteurs (jitter). Cette relation est similaire dans le cas de l'énergie/temps, pour définir la différence de longueur des bras des interféromètres [Franson 1989].

Dans cette configuration, la phase de l'état intriqué est donnée par la différence de longueur entre le bras court et le bras long. Si cette phase varie aléatoirement au cours du temps, il devient alors impossible de l'analyser (voir ANN. E). Pour s'affranchir de ce problème, il est alors nécessaire de stabiliser la différence de longueur avec une précision meilleure que la longueur d'onde des photons.

Nous pouvons remarquer que la paire de photons en entrée du dispositif peut-être, ou non, dégénérée en longueur d'onde. Dans le cas de paires non-dégénérées il faut prendre en compte la dispersion chromatique dans le bras long de l'interféromètre. En effet, si la différence de vitesse de propagation entre les deux photons d'une paire n'est pas négligeable, nous obtenons, dans le cas où la paire a pris le bras long de l'interféromètre [2], un mauvais recouvrement temporel des deux photons en sortie qui trahit le chemin suivi. Il devient aussi plus complexe de stabiliser l'interféromètre.

De plus, il n'est pas nécessaire que les deux photons arrivent en même temps sur l'interféromètre pour obtenir l'intrication. La seule contrainte est que le temps entre les deux photons d'une paire reste constant sur l'ensemble des paires à intriquer.

Nous pouvons remarquer, que ce dispositif permet d'intriquer des photons de même polarisation quelle que soit leur longueur d'onde et le temps relatif entre les deux, mais aussi des photons de polarisation croisée. En effet si nous partons d'un état $|H_a V_b\rangle$, après une rotation de polarisation de 45°, nous obtenons en sortie de notre dispositif exactement le même état intriqué que celui donné en EQ. (3.1). Nous pouvons ainsi intriquer des photons de polarisations croisées, voire de longueurs d'onde différentes. Ceci lève une contrainte forte par rapport à la source précédente et, de plus, cela permet de s'affranchir du dispositif de compensation de biréfringence (voir FIG.2.11). Dans le cas où les photons sont parfaitement indiscernables sur toutes les autres observables, nous observerons le phénomène d'interférence à

---

2. Notons que dans notre configuration nous négligeons la dispersion chromatique dans le bras court.

deux photons en polarisation décrit précédemment, ce qui nous assure que les deux photons auront à coup sûr la même polarisation. Dans ces conditions, nous nous affranchissons des pertes introduites par les contributions dans les pics latéraux. Remarque : pour cette configuration l'utilisation d'un coupleur 50/50 reste bien plus simple, cependant cette idée doit être approfondie pour encoder de l'information sur deux observables, temps/polarisation.

De façon plus générale, si la condition définie par l'EQ. (3.2), nous pouvons intriquer tous les états d'entrée dont la polarisation est définie par :

$$|\psi\rangle_{\mathrm{in}} = (\alpha_a|H_a\rangle + \beta_a|V_a\rangle)(\alpha_b|H_b\rangle + \beta_b|V_b\rangle),$$

en respectant les relations de normalisation $|\alpha_i|^2 + |\beta_i|^2 = 1$. Nous obtenons alors en sortie avec post-sélection du pic central, un état de la forme :

$$|\Phi\rangle = \alpha|H_aH_b\rangle + \beta|V_aV_b\rangle, \tag{3.3}$$

avec $\alpha = \dfrac{\alpha_a\alpha_b}{\sqrt{|\alpha_a\alpha_b|^2 + |\beta_a\beta_b|^2}}$ et $\beta = \dfrac{\beta_a\beta_b}{\sqrt{|\alpha_a\alpha_b|^2 + |\beta_a\beta_b|^2}}$.

Il faut alors seulement vérifier $\alpha = \beta = \frac{1}{\sqrt{2}}$, pour obtenir un état maximalement intriqué.

3.2   Configuration expérimentale de la source

Comme nous l'avons vu précédemment, le temps de cohérence du laser de pompe doit être plus important que celui de la paire de photons générés. Pour s'assurer de la bonne cohérence du laser, nous avons choisi de le stabiliser sur une transition du rubidium (Rb) proche de 780 nm. Le choix n'est pas anodin, puisque cette longueur d'onde de pompe permet, via la conversion paramétrique, de générer des paires de photons dégénérés à 1560 nm, ce qui correspond à la norme ITU-T 21 [3]. Nous commencerons donc notre description par la stabilisation du laser de pompe, puis nous nous intéresserons aux caractéristiques de l'interaction non-linéaire. Pour finir, nous présenterons la réalisation de l'interféromètre d'intrication.

3.2.1   Stabilisation du laser de pompe

Pour pomper notre cristal, nous utilisons une diode laser à 780 nm montée dans une cavité de type Littman-Metcalf [Littman & Metcalf 1978], suivie d'un amplificateur (MOPA), qui permet d'atteindre une puissance de 1,5 W [4]. Comme nous l'avons vu précédemment, nous devons nous assurer que le laser de pompe est bien plus cohérent que la différence de temps entre les deux chemins de la boucle de délai biréfringente. Ceci afin de ne pas pouvoir définir le temps de création de la

---

3. Le sigle ITU correspond à l'union internationale des télécommunications, qui définit et attribut les plages de communications qu'elles soient optiques ou électroniques [Gilbert *et al.* 2001].
4. Marque : Toptica Photonics, modèle : TA100.

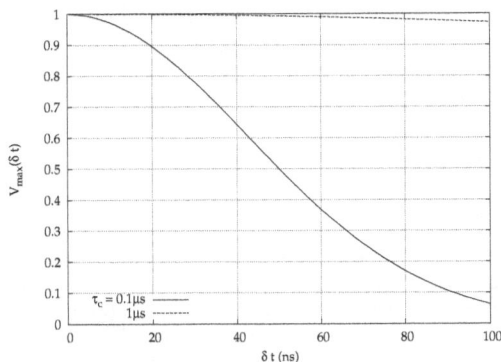

FIG. 3.2 : Limite de visibilité en fonction de δt pour le laser sans et avec stabilisation.

paire. Si nous supposons que le temps de cohérence du laser de pompe est de forme gaussienne :

$$f_{coh}(t) = e^{-\dfrac{t^2}{2\sigma_p^2}}, \qquad (3.4)$$

où σ_p l'écart type donné par le temps de cohérence du laser. Dans ce cas, la visibilité des interférences dans les mesures de type inégalité de Bell est limité par l'intégrale de recouvrement temporelle de deux photons séparé par un temps δt correspondant au délai de la boucle biréfringente, ce qui donne :

$$V_{max}(\delta t) = \frac{\int_{-\infty}^{\infty} dt\, f_{coh}(t) f_{coh}(t + \delta t)}{\int_{-\infty}^{\infty} dt\, f_{coh}(t)^2} = e^{-\dfrac{\delta t^2}{4\sigma_p^2}} \qquad (3.5)$$

Le laser présente un temps de cohérence d'environ 100 ns de largeur à mi-hauteur, ce qui correspond à $\sigma_p = 42,5$ ns. Comme nous pouvons le voir sur la FIG.3.2 la visibilité chute rapidement pour δt supérieur à quelques ns. Pour s'affranchir de ce problème nous avons stabilisé le laser à l'aide d'un montage par spectroscopie saturée d'une transition hyperfine du rubidium. Tous les détails sur la méthode de stabilisation sont donnés dans l'ANN. F. À l'aide de ce dispositif nous atteignons un temps de cohérence supérieur à 1μs, ce qui correspond à $\sigma_p = 424,7$ ns. Ainsi comme le montre la FIG.3.2, nous obtenons une visibilité supérieure à 99% pour des $\delta t < 60$ ns. Nous verrons par la suite que la stabilisation est indispensable au bon fonctionnement de la source.

3.2.2 Caractérisation classique de l'interaction non-linéaire

Nous cherchons à réaliser une source de paires de photons intriqués en polarisation dégénérés aux longueurs d'onde des télécommunications, présentant une largeur

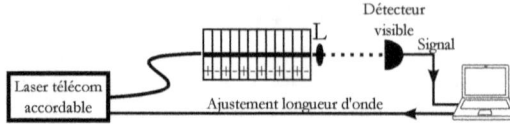

FIG. 3.3 : Schéma expérimental de caractérisation des guides d'onde par génération de
seconde harmonique.

spectrale qui soit compatible avec l'utilisation de mémoires quantiques. Dans un premier temps, la largeur spectrale visée est de 500 MHz. Nous avons choisi de travailler
à la dégénérescence afin de n'avoir à utiliser qu'un seul filtre pour réduire le spectre
des photons. Ce filtre sera placé directement en sortie du générateur. Par la suite,
ce filtre sera remplacé par un autre de 40 MHz de largeur spectrale.

Il est donc nécessaire de trouver un guide d'onde capable de générer des paires de
photons dégénérés à partir d'une excitation à 780 nm. Pour cela, un échantillon de
4 cm a été réalisé au sein du laboratoire, comportant 10 périodes d'inversion du signe
de $\chi^{(2)}$ comprises entre 16,3 μm et 17,3 μm. Pour chaque période il y a 5 différentes
largeurs de guides comprises entre 4 μm et 8 μm. Pour trouver la bonne configuration, nous pouvons réaliser, comme précédemment, une expérience de mesure de
spectres de fluorescence (voir FIG. 2.2), mais ici nous allons utiliser une autre méthode plus simple à mettre en œuvre. Nous allons caractériser l'accord de phase de nos
guides par génération de seconde harmonique, qui consiste à convertir deux photons
d'énergie $\hbar\omega$ en un photon d'énergie $2\hbar\omega$. Comme pour la fluorescence paramétrique,
l'efficacité de cette interaction dépend de l'accord de phase, qui s'écrit :

$$2\overrightarrow{k_\omega} + \frac{2\pi}{\Lambda} \cdot \overrightarrow{u} = \overrightarrow{k_{2\omega}}. \tag{3.6}$$

Cette équation est parfaitement identique à l'EQ. (2.2), pour $\omega_s = \omega_i$ qui correspond
au point de dégénérescence de l'accord de phase.

Pour réaliser cette mesure nous avons besoin d'un laser accordable aux longueurs
d'onde des télécommunications pour pomper le cristal. Au sein du laboratoire, nous
disposons de deux lasers télécoms accordables[5], ce qui permet de couvrir la plage
de longueurs d'onde comprise entre 1490 nm et 1630 nm. À l'aide d'un ordinateur,
nous contrôlons la longueur d'onde du laser, et faisons l'acquisition de l'intensité
de la seconde harmonique en sortie du guide d'onde à l'aide d'un puissance-mètre
optique opérant dans le visible, comme nous pouvons le voir sur la FIG. 3.3. La
longueur d'onde de pompe associée au pic d'intensité nous informe sur la longueur
d'onde de dégénérescence de la fluorescence paramétrique, et par la même occasion
sur la longueur d'onde de pompe nécessaire pour réaliser cette interaction. Dans
notre configuration, où nous voulons employer un laser de pompe à 780 nm, il est
nécessaire d'ajuster l'accord de phase pour obtenir un pic de seconde harmonique
à 1560 nm. Nous avons trouvé cette condition pour une période de 16,3 μm, dans

---

5. Marque : Photonetics ; model : Tunics +.

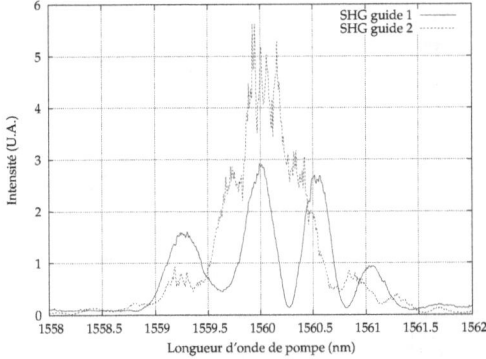

FIG. 3.4 : Courbe d'intensité de seconde harmonique en fonction de la longueur d'onde de pompe, pour deux guides d'onde.

un guide de 5 μm, à une température de 88 °C, comme nous pouvons le voir sur la FIG. 3.4.

Par cette mesure, nous pouvons aussi déterminer la qualité des guides. Certains des guides ont plusieurs accords de phase ce qui se traduit par plusieurs pics de seconde harmonique. C'est par exemple le cas du guide 1 sur la FIG. 3.4. Ceci est dû à une erreur dans le processus de fabrication, lors de la réalisation de la période du poling. Ces guides d'onde ont alors une très faible efficacité de conversion, et ne seront donc pas utilisés.

Contrairement à la mesure de fluorescence, cette méthode présente l'avantage d'être plus simple et plus rapide à mettre en œuvre, tout en étant plus précise. En contrepartie, nous ne pouvons pas obtenir la courbe d'accord de phase complète, mais celle-ci peut être définie par simulation, comme nous pouvons le voir sur la FIG. 3.5. De plus, une mesure de fluorescence est nécessaire pour déterminer la largeur spectrale d'émission, qui est dans ce cas de 40 nm (voir FIG. 3.6).

Pour finir, nous avons estimé le taux de conversion du guide d'onde, qui est d'environ 3×10^{-8}, par une mesure standard d'efficacité. Cela correspond à une brillance de $2, 7 \times 10^{4}$ paires s^{-1} GHz^{-1} mW^{-1}.

3.2.3 Caractéristique du filtre

Pour le filtrage, nous avons choisi d'utiliser une cavité réalisée à l'aide de deux filtres de Bragg séparés par une longueur d'onde[6], le tout inscrit dans une fibre, on parle alors de filtre de Bragg à saut de phase (PSFBG). Pour ajuster la longueur de la cavité, nous modifions sa température. L'ajustement se fait à l'aide

---

6. Marque : AOS GmbH. Ce filtre a été fait sur mesure pour les besoins de notre expérience.

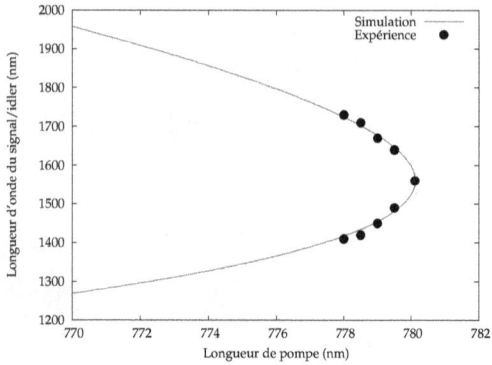

FIG. **3.5** : Courbes d'accord de phase données par simulation numérique et par l'expérience de la FIG. 3.4, en fonction de la longueur d'onde de pompe. Ces courbes
correspondent à un guide de 5 μm de large, pour une période d'inversion de
16,3 nm et une température 88 °C. Notons que pour la simulation nous avons
un paramètre ajustable qui est la différence d'indice entre le guide d'onde et
le substrat, car elle n'est pas totalement maîtrisée à la fabrication. Pour cet
échantillon nous avons ajusté les points expérimentaux avec $\Delta n = 0,0287$.

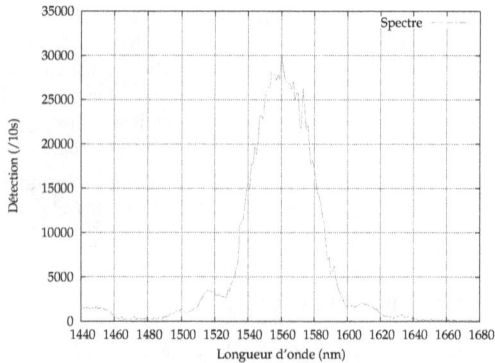

FIG. **3.6** : Spectre d'émission de notre guide pour une pompe à 780 nm.

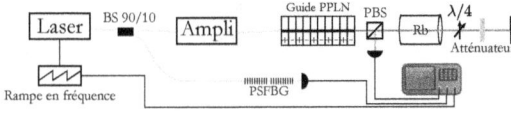

FIG. 3.7 : Schéma expérimental pour la caractérisation du filtre de Bragg à saut de phase.

d'une résistance variable. Une deuxième résistance, communément appelée thermo-résistance, sert alors à mesurer la température de la fibre, qui est ajustée à l'aide d'un Peltier. L'alimentation du Peltier est alors contrôlée à l'aide d'un pont de Sauty, qui s'équilibre lorsque la valeur de la résistance ajustable est identique à la valeur de la thermo-résistance. Le contrôle du filtre est alors complètement passif.

Contrairement à une cavité standard, ce filtre est quasiment insensible aux vibrations et aux variations de pression. De plus, étant entièrement fibré, il est très simple de l'insérer au sein de notre montage. Le principal inconvénient des cavités à fibre est la biréfringence, qui induit deux longueurs de cavité en fonction de la polarisation (une longueur de cavité pour l'axe rapide de la fibre et une autre pour l'axe lent).

Nous disposons, à l'heure actuelle d'un premier filtre avec une largeur spectrale de 500 MHz, ce qui correspond pour une longueur d'onde de 1560 nm à une largeur de 4,1 pm. Pour la caractérisation de ce filtre, nous ne disposons d'aucun appareil de mesure avec une résolution aussi fine. Nous avons alors décidé de réaliser l'expérience présentée sur la FIG. 3.7 qui consiste à utiliser un laser fibré à 1560 nm, accordable en longueur d'onde (λ_l) [7] afin de mesurer la transmission du filtre en fonction de la longueur d'onde du laser. Pour mesurer précisément cette longueur d'onde nous réalisons, dans le même temps, une mesure d'absorption saturée sur une cellule de Rb. Pour cela, à l'aide du guide d'onde nous convertissons une partie de la puissance du laser en photons de longueur d'onde $\lambda_l/2$, par génération de seconde harmonique. Nous envoyons les photons ainsi générés dans un dispositif d'absorption saturée sur une cellule de Rb. Nous pouvons donc mesurer à la fois la transmission du filtre et vérifier la longueur d'onde du laser, le but étant d'obtenir un maximum de transmission pour la longueur d'onde correspondant à la transition hyperfine du Rb qui nous sert à stabiliser le laser de pompe (voir SEC. II.3.2.1).

Les résultats obtenus sont représentés sur la FIG. 3.8. Comme nous le pensions, le filtre est sensible à la polarisation de la lumière incidente. Les transmissions selon les axes rapide et lent sont respectivement représentés par la courbe rouge et la courbe verte. Nous pouvons remarquer que non seulement la position du pic de transmission varie en fonction de la polarisation mais également sa largeur. Afin d'avoir le filtrage le plus fin possible nous avons choisi d'utiliser le filtre selon son axe rapide. Nous ajustons alors le filtre, en jouant avec sa température, sur la transition hyperfine utilisée pour stabiliser le laser de pompe à l'aide de la mesure d'absorption saturée représentée par la courbe bleue sur la FIG. 3.8. Nous avons répété la même expérience à intervalles réguliers sur plusieurs semaines et confirmé la stabilité du filtre.

---

7. Le laser employé est une diode laser montée dans une cavité Littman-Metcalf, dont la longueur d'onde est ajustable à l'aide d'un piezo. Marque : Toptica Photonics ; model : DL100 pro design.

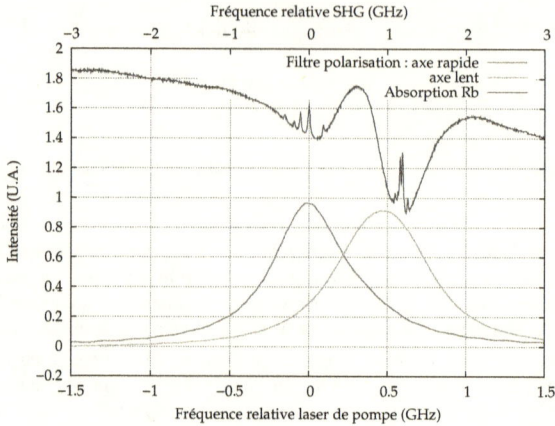

FIG. 3.8 : Spectres en transmission du filtre de 500 MHz, selon les axes de polarisation
lent et rapide du filtre.

Pour finir la caractérisation du filtre, nous avons mesuré une transmission de
50% à 1560 nm, avec une réjection de 30 dB sur une plage de quelques nm autour
du pic de transmission.

Comme nous l'avons vu précédemment, la
largeur spectrale de l'émission de notre guide
d'onde est d'environ 40 nm (voir FIG. 3.6).
Pour rejeter tous les photons émis en dehors
de la bande d'intérêt nous utilisons un second filtre fibré accordable sur 30 nm autour
de 1550 nm avec une largeur spectrale d'environ 1 nm, et présentant une réjection de 40 dB
et une transmission de 80% [8] (voir FIG. 3.9).
Les deux filtres sont alors placés en série.

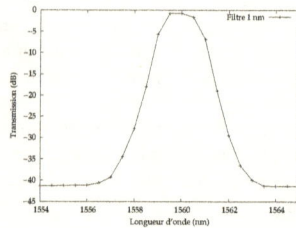

3.2.4 Réalisation et stabilisation de l'interféromètre de création de l'intrication

FIG. 3.9 : Transmission du filtre de
1 nm en fonction de la longueur d'onde.

Nous allons maintenant nous intéresser à l'interféromètre de création de l'intrication. Il existe beaucoup de configurations expérimentales permettant de le réaliser,
que ce soit en espace libre, ou en fibre optique. Pour la réalisation en espace libre,
nous pouvons par exemple utiliser le compensateur de biréfringence présenté dans la
source du CHAP. II.2 (voir FIG. 2.7). Pour la configuration fibrée, contrairement au

8. Marque : Newport Corporation ; model : TBF-1550-1.0-FCUPC.

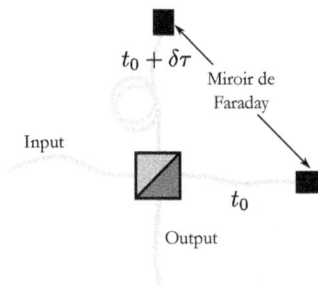

$t_0 + \delta\tau$

Miroir de
Faraday

Input

t_0

Output

FIG. 3.10 : Schéma de principe pour la réalisation de l'interféromètre à l'aide de miroirs de Faraday.

coupleur 50/50, il n'existe pas de PBS complétement intégré, nous pouvons cependant trouver dans le commerce des PBS connectorisés ("pigtail"), avec de très faibles pertes d'insertion. À l'aide d'un tel composant [9], plusieurs configurations sont possibles. Nous pouvons par exemple connecter les deux sorties du PBS à des miroirs de Faraday fibrés (voir FIG. 3.10), cette configuration est alors parfaitement identique à la méthode employée pour créer les time-bin dans la source décrite dans le CHAP. II.4. Nous avons choisi d'utiliser une autre méthode, qui consiste à relier l'une des sortie du PBS avec son entrée libre, comme nous l'avons mentionné précédemment (voir SEC. II.3.1). Ceci permet de s'affranchir des miroirs de Faraday, et par conséquent de réduire les pertes. De plus, par cette méthode, le bras court a une distance nulle, ce qui va simplifier la stabilisation des bras de l'interféromètre.

Avant la réalisation de l'interféromètre, nous devons définir la différence de longueur des bras, ainsi qu'un protocole pour stabiliser la phase.

Estimation de la longueur des bras de l'interféromètre

Avant de réaliser l'interféromètre, il est primordial de calculer la différence de chemin optique nécessaire pour vérifier la condition de non recouvrement des états de sortie présentée dans l'EQ. (3.2) (voir page 107), qui se résume par $\delta\tau \gg \tau_c$, avec $\delta\tau$ et τ_c correspondant respectivement à la différence temporelle entre les deux bras et au temps de cohérence de nos photons.

Il nous faut donc calculer le temps de cohérence des photons. Pour cela partons de la transmission de notre filtre qui est définie par une Lorentzienne [10], qui s'écrit comme suit :

$$f(\tilde{\nu}) = A_{\nu_O} \frac{\left(\frac{\Delta\nu}{2}\right)^2}{\left(\frac{\Delta\nu}{2}\right)^2 + \tilde{\nu}^2},\qquad(3.7)$$

9. Marque : OzOptics ; model : FOBS-22P-1111-PBS.
10. Cela vient du fait que notre filtre est une cavité.

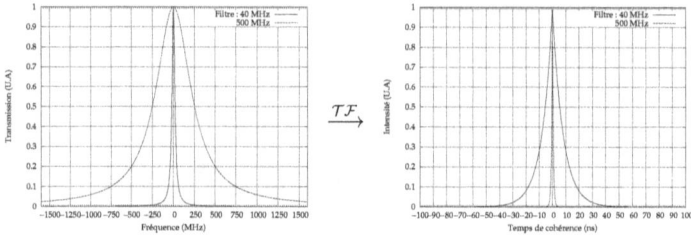

FIG. 3.11 : Exemple de la transformée de Fourier fréquence/temps pour des filtres de 500 MHz et 40 MHz.

où $\Delta\nu$, $\tilde{\nu}$ et A_{ν_O} représentent respectivement la largeur à mi-hauteur du filtre (en fréquence), la fréquence relative par rapport à la fréquence centrale du filtre ν_0 ($\tilde{\nu} = \nu_0 - \nu$), et la transmission du filtre à la fréquence ν_0. En calculant la transformée de Fourier de cette fonction, nous obtenons la fonction de répartition temporelle des photons, qui s'écrit :

$$F(\tilde{t}) = \mathcal{TF}\left[f(\tilde{\nu})\right] = A_{t_0} e^{-|\tilde{t}|\pi\Delta\nu}. \tag{3.8}$$

En prenant la largeur à mi-hauteur de cette fonction, nous obtenons le temps de cohérence de nos photons :

$$\tau_c = \frac{2\ln 2}{\pi}\frac{1}{\Delta\nu} \approx 0,44\frac{1}{\Delta\nu}. \tag{3.9}$$

Ainsi, pour un filtre de 500 MHz nous obtenons un temps de cohérence de 883 ps, ce qui nécessite, en espace libre, d'avoir une différence de longueur entre le bras court et le bras long supérieure à 27 cm. En passant à un filtre de 40 MHz, ce que nous voudrions faire par la suite, cette distance devra être supérieure à 3,3 m, car le temps de cohérence s'étend alors à 11 ns (voir FIG. 3.11). Suite à cette constatation, le choix d'une configuration fibrée nous est apparue plus simple à mettre en œuvre.

Avant de poursuivre la description du dispositif, il est intéressant de définir plus précisément la différence de longueur minimale entre les deux bras. Pour cela, nous devons calculer le produit de convolution de la fonction temporelle de nos photons (EQ. (3.8)) avec elle même, ce qui traduit le recouvrement temporel des différents états de sortie de l'interféromètre en fonction de la différence temporelle entre les bras. Le recouvrement normalisé est alors défini par :

$$F^r(\delta\tau) = \frac{\int_{-\infty}^{\infty} dt\, F(\delta t - t) F(t)}{\int_{-\infty}^{\infty} dt\, F(t)^2} = \left(\pi\,|\delta\tau\Delta\nu| + 1\right) e^{-\pi|\delta\tau\Delta\nu|}. \tag{3.10}$$

Ainsi, pour avoir moins de 1% de recouvrement ($F^r(\delta\tau) = 0,01$), il faut satisfaire $\delta t = \frac{2,11}{\Delta\nu}$, ce qui correspond respectivement pour des cavités de 500 MHz et de 40 MHz à un $\delta\tau$ de 4,22 ns et 52,8 ns, soit 1,27 m et 15,8 m en espace libre (voir FIG. 3.12). En résumé, pour satisfaire la relation (3.2), il faut :

$$\left(\tau_c^{\text{laser}} = 10\,\mu\text{s}\right) \gg \delta\tau > \frac{2,11}{\Delta\nu}. \tag{3.11}$$

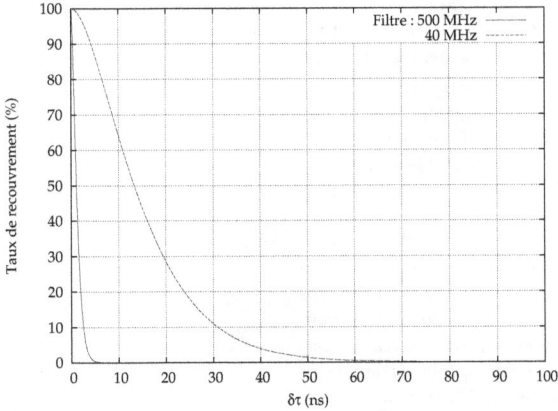

FIG. 3.12 : Taux de recouvrement des pics satellites sur le pic centrale en fonction de $\delta\tau$ pour deux différentes largeurs de filtre, à savoir 500 et 40 MHz.

Pour notre expérience, nous avons choisi d'utiliser, pour faire la boucle de délai, 6,5 m de fibre à maintien de polarisation afin de s'affranchir du contrôle de la polarisation. Ceci correspond à un délai de 31,4 ns. Nous pouvons remarquer que la longueur de la fibre est bien supérieure à celle nécessaire. Ceci nous permettra de tester la stabilité de notre interféromètre en vue d'utiliser dans le futur des filtres de 40 MHz.

Contrainte sur la stabilisation d'un interféromètre à fibre

Pour obtenir une bonne qualité d'intrication, nous devons avoir une phase constante entre le bras court et long de l'interféromètre. Pour notre configuration, les variations de longueur optique de la fibre viennent des vibrations, mais surtout des variations thermiques de la fibre, qui modifient son indice. Nous devons donc estimer la stabilité en température que nous devons atteindre pour avoir une variation de phase négligeable. Nous n'avons malheureusement pas trouvé dans la littérature d'équation régissant la variation de l'indice effectif des modes guidés en fonction de la température de la fibre. Nous pouvons cependant faire une estimation de cette variation en utilisant l'équation de Sellmeier dans la silice pure (voir ANN. G). Ceci revient à supposer que la variation d'indice en fonction de la température est essentiellement due à la silice en négligeant les éléments dopants et le profil d'indice de la fibre. Nous avons représenté, sur la FIG. 3.13, $\dfrac{\partial n(\lambda, T)}{\partial T}$ en fonction de la température pour la longueur d'onde de nos photons (1560 nm). Comme nous pouvons le voir, la variation d'indice est de l'ordre de $10^{-6}\,\mathrm{K}^{-1}$. Ainsi, pour avoir une stabilité de $\lambda/100$ [11] avec 6,5 m de fibre, nous devons stabiliser la température de la fibre à mieux que $2,4 \times 10^{-3}$ K, ce qui est très difficile à réaliser expérimentalement.

Il va donc falloir stabiliser la phase de notre interféromètre activement en ajustant la longueur de la fibre par contrainte mécanique. Il faut alors utiliser un laser de référence stable en fréquence pour analyser les fluctuations de la phase et rétroagir sur la fibre. Cette méthode est couramment employée en interférométrie, mais contrairement à un interféromètre classique construit autour d'un coupleur 50/50, nous ne pouvons pas observer de franges d'interférences directement à la sortie du dispositif (à cause du PBS). Pour mesurer la phase relative entre les deux bras, il

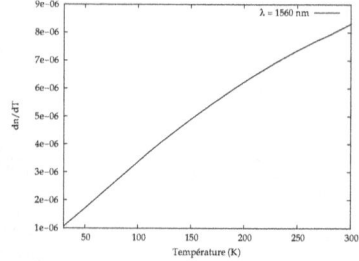

FIG. 3.13 : $\dfrac{\partial n(\lambda, T)}{\partial T}$ en fonction de T pour $\lambda = 1560$ nm.

nous faut utiliser un système d'analyse de la polarisation, constitué d'une lame $\lambda/2$ et d'un PBS. En effet si nous injectons un laser de référence dans le dispositif avec une polarisation $D = \frac{1}{\sqrt{2}}[H + V]$, nous obtenons en sortie du dispositif un état $\frac{1}{\sqrt{2}}\left[H + e^{i\phi_{int}}V\right]$, où ϕ_{int} représente la différence de phase entre les bras court et long. En tournant de 45° l'état de polarisation à l'aide de la lame $\lambda/2$, nous obtenons alors un état $\frac{1+e^{i\phi_{int}}}{2}H + \frac{1-e^{i\phi_{int}}}{2}V$. En mesurant l'intensité selon la polarisation H à l'aide du PBS nous voyons apparaître les franges d'interférence en $\cos^2 \frac{\phi_{int}}{2}$, comme dans un interféromètre classique, et donc nous pouvons stabiliser la phase à l'aide d'une détection synchrone sur un minimum ou un maximum d'intensité ($\phi_{int} = 0, \pi$), sachant qu'en ces points la dérivée est nulle.

Remarque : le réglage de la polarisation du laser injecté dans l'interface n'est pas critique, car seule la visibilité des franges varie en fonction de la polarisation d'entrée, cette visibilité est maximale pour les états D et A et nulle pour les états H et V.

Pour ajuster la longueur de la fibre dans l'interféromètre, nous avons enroulé celle-ci sur deux demi-disques en métal (voir FIG. 3.15). L'un des demi-disques est fixe tandis que l'autre est placé sur une platine de translation équipée d'une vis micrométrique pour mettre sous contrainte la fibre. De plus un actionneur piezo nous permet d'ajuster finement l'écartement entre les disques, avec une résolution de 1 nm et un déplacement maximum de 15 μm. Dans cette configuration l'allongement optique est donné par $\Delta L_{op} = 2.n(1560).N.\delta L$ où N et δL représentent respectivement le nombre de tours et l'écartement des disques. Ainsi, nous arrivons à une résolution de 3 nm par tour.

Il faut maintenant choisir le laser de référence qui va nous servir à stabiliser la phase de l'interféromètre. Ce choix est délicat. Par exemple, nous ne pouvons pas utiliser le laser de pompe du cristal, car à 780 nm les fibres standards des télécommunications sont multimodes. La longueur optique de l'interféromètre étant dépendante

---

11. Cette stabilité est nécessaire pour observer une visibilité proche de 100% dans les franges d'interférence d'une mesure de caractérisation d'intrication.

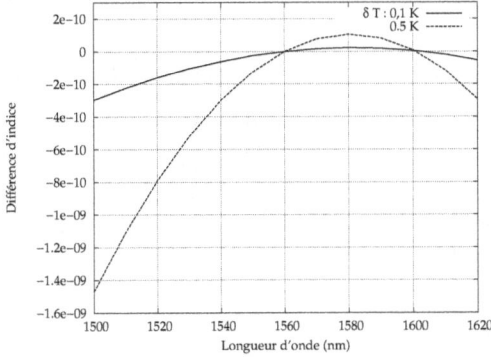

FIG. 3.14 : δn en fonction de λ_{ref} pour $T_0 = 25\,^\circ\text{C}$, $\lambda_{s,i} = 1560\,\text{nm}$ et pour différent δT.

de l'indice effectif, nous aurions une longueur optique différente pour chaque mode guidé. De plus, pour choisir la longueur d'onde du laser de référence nous devons prendre en compte la dispersion chromatique, mais aussi la différence de variation d'indice en fonction de la température pour la longueur d'onde des photons et la longueur d'onde du laser de référence. Il est évidemment inenvisageable de prendre la même longueur d'onde que nos paires de photons pour le laser de référence.

Commençons par la dispersion chromatique. Elle est due à la variation d'indice effectif en fonction de la longueur d'onde, et elle dépend de la variation d'indice naturelle du matériau, la silice, mais aussi du profil d'indice de la fibre. Dans notre cas, la dispersion chromatique n'est pas gênante pour nos paires de photons, car ils sont dégénérés en longueur d'onde. Mais elle devient un problème pour la stabilisation de l'interféromètre avec un laser de référence à une autre longueur d'onde λ_{ref}. En effet, lorsque nous allons allonger la fibre, l'allongement perçu par les deux longueurs d'onde ne sera pas le même. Ainsi la correction de la variation de phase à λ_{ref} ne nous assure pas que nous corrigerons correctement la phase à $\lambda_{i,s}$. Dans les fibres standards la dispersion chromatique à 1560 nm est de 20 ps d'élargissement temporelle par nm de largeur spectrale et par km de fibre. En prenant le déplacement maximal du piezo, nous avons un allongement de la fibre de 30 μm par tour, ce qui correspond pour cette longueur à une dispersion de 600 zs nm^{-1},[12] et donc à une différence de longueur optique de 125 pm nm^{-1}. Cette variation étant 4 ordres de grandeur plus faible que la longueur d'onde de nos photons nous pouvons la considérer comme négligeable pour une longueur d'onde de référence comprise entre 1500 et 1600 nm.

Pour estimer la différence de variation d'indice entre deux longueurs d'onde en fonction de la température, nous avons utilisé l'équation de Sellmeier dans la silice (voir ANN. G). Nous cherchons donc à calculer la différence de variation d'indice

---

12. zs correspond à des zeptosecondes, ce qui a pour ordre de grandeur 10^{-21}.

entre deux longueurs d'onde entrainée par un changement de température, ce qui est donné par :

$$\delta n = (n(\lambda_{s,i}, T_0 + \delta T) - n(\lambda_{s,i}, T_0)) - (n(\lambda_{\text{ref}}, T_0 + \delta T) - n(\lambda_{\text{ref}}, T_0)) \qquad (3.12)$$

Comme nous pouvons le voir sur la FIG. 3.14, nous obtenons pour une température $T_0 = 25$ °C un $|\delta n|$ inférieur à 2×10^{-10} pour des variations de températures inférieures à $0,5$ K et pour des longueurs d'onde λ_{ref} comprises entre 1530 nm et 1610 nm. Ceci correspond, pour une fibre de 6,7 m, à une erreur de longueur de propagation de 1,3 nm, ce qui est négligeable devant la longueur d'onde de nos photons (erreur inférieure à $\lambda_{s,i}/1200$).

En reprenant la variation de l'indice en fonction de la température présentée à la FIG. 3.13, nous pouvons calculer le déplacement nécessaire pour corriger ces fluctuations de température. Il vient :

$$\left. \frac{\partial n(1560\,\text{nm}, T)}{\partial T} \right|_{T=298\,\text{K}} * \delta T * L = 52\,\mu\text{mK}^{-1}. \qquad (3.13)$$

De là, en stabilisant l'interféromètre à mieux que 0.5 K ce qui est tout à fait raisonnable, nous pouvons corriger les variations de phase en réalisant un tour autour du dispositif de traction.

Pour stabiliser la température de l'interféromètre, nous l'avons fixé sur une plaque de métal de 1 cm d'épaisseur, qui va nous servir de réservoir de chaleur, tout en assurant une fixation solide des éléments. Sous la plaque nous avons collé une résistance chauffante, dont l'alimentation est contrôlée par un régulateur proportionnelle intégrale dérivée (PID), et la température est mesuré à l'aide d'une sonde semi-conductrice de type AD590. Pour s'affranchir au maximum des fluctuations de température des salles d'expérience, nous avons placé le tout dans une boite quasi-étanche, thermiquement isolée à l'aide de polystyrène extrudé. Nous arrivons ainsi à une stabilité en température de ± 0.1 K.

Stabilisation de l'interféromètre

Il nous faut maintenant trouver un laser de référence, avec une fréquence très stable, et une longueur d'onde comprise entre 1530 nm et 1610 nm. Après une recherche dans la littérature des différentes méthodes de stabilisation dans cette gamme de longueur d'onde, nous avons choisi de travailler à 1590 nm, et de stabiliser le laser sur la transition D1 du ^{85}Rb [Bertinetto et al. 1993, Awaji et al. 1995, Ahtee et al. 2009]. Cette transition étant à 795 nm, nous plaçons avant le montage d'absorption saturée autour d'une cellule de Rb, un guide d'onde pour convertir la longueur du laser, par génération de seconde harmonique (voir FIG. 3.16). Pour être exact, nous utilisons pour stabiliser le laser le "cross-over" entre les transitions $|5S_{1/2}, F = 2\rangle \rightarrowtail |5P_{1/2}, F = 1\rangle$ et $|5S_{1/2}, F = 2\rangle \rightarrowtail |5P_{1/2}, F = 2\rangle$. A l'aide d'une détection synchrone commerciale nous générons un signal d'erreur en appliquant une petite modulation sinusoïdale d'intensité aux bornes de la diode à une fréquence de 30 kHz, et une amplitude permettant de changer la fréquence du laser par ± 1 MHz. Le signal

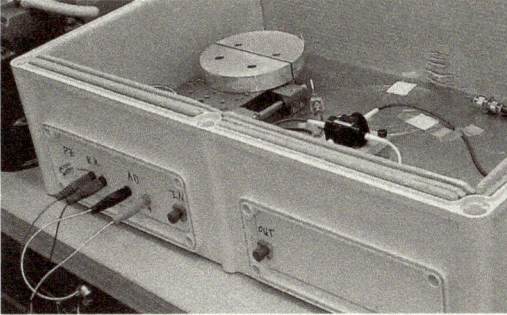

FIG. 3.15 : Photographie de l'interféromètre de création d'intrication. © A. Martin, F. Kaiser, A. Issautier, O. Alibart, et S. Tanzilli, LPMC, CNRS (2011).

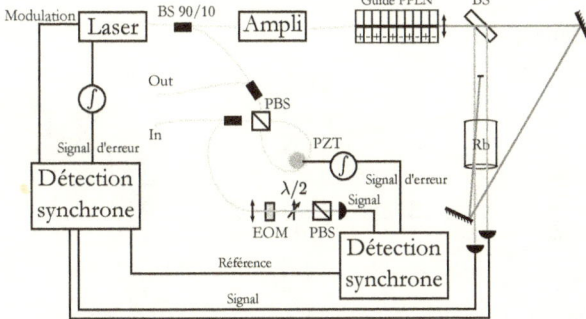

FIG. 3.16 : Montage expérimental de stabilisation de l'interféromètre de création d'intrication.

d'erreur rétroagit sur le courant de la diode après avoir été intégré. Par ce dispositif, nous nous assurons que le laser a une stabilité de 100 kHz.

L'autre partie de la puissance du laser est injectée dans l'interféromètre de création d'intrication. Nous employons des multiplexeurs en longueur d'onde de type bande C/bande L (WDM) [13] pour injecter en même temps nos paires de photons et le laser de stabilisation. Notons que la direction de propagation du laser est opposée à la direction de propagation des paires de photons dans le but d'isoler au mieux les photons du laser, des paires de photons intriqués. De plus, pour réduire la probabilité qu'un photon du laser sorte de la source suite à une réflexion sur un élément, nous rajoutons le filtre de 1 nm décrit plus haut après l'interféromètre.

À l'aide du système d'analyse constitué d'une lame $\lambda/2$ à 22,5°et d'un PBS, nous mesurons les variations de phase de l'interféromètre. Une deuxième détection synchrone, utilisant pour référence la modulation du laser de stabilisation, génère un signal d'erreur pour rétroagir sur la position du piezo et ainsi corriger les variation de phase de l'interféromètre. Nous pouvons remarquer sur la FIG. 3.16 qu'un modulateur électro-optique (EOM) est placé juste avant le système d'analyse. Cet élément va nous permettre de modifier la phase de notre état intriqué. En effet, la phase totale du laser de stabilisation avant le dispositif d'analyse est alors donnée par $\phi_{\text{tot}} = \phi_{\text{int}} + \phi_{\text{EOM}}$. Sachant que nous stabilisons sur $\phi_{\text{tot}} = 0$, en modifiant la phase de l'EOM, nous agissons de façons indirecte sur la phase de l'interféromètre à l'aide de la boucle de stabilisation. Ainsi, nous pouvons contrôler la phase de l'état intriqué en modifiant la phase de l'EOM.

Il ne nous reste maintenant plus qu'à vérifier que tous ces éléments fonctionnent bien tous ensemble en réalisant une caractérisation de la qualité de l'intrication via un test de type inégalité de Bell.

3.2.5   Source complète

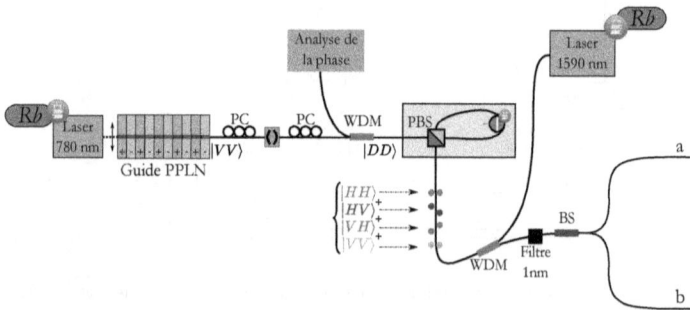

FIG. 3.17 : Schéma complet de la source.

13. Ces WDM permettent de multiplexer des longueurs comprises entre 1528 nm et 1563 nm avec des longueurs d'ondes allant de 1570 à 1610 nm.

Maintenant que nous avons décrit précisément et séparément chaque élément, voyons la source dans son ensemble, et comment l'agencement de ces différents éléments est implémenté. Comme nous pouvons le voir sur la FIG.3.17, nous partons du laser de pompe stabilisé sur une transition du Rb, suivi du guide d'onde pour générer les paires de photons dégénérés à 1560 nm. Ces photons sont récoltés à l'aide d'une fibre optique, et ils n'en sortiront plus jusqu'au système d'analyse d'intrication. Dans un premier temps, les paires passent par le filtre de 500 MHz, après être passées par des boucles de Lefèvre qui permettent de contrôler leur polarisation. Ainsi nous nous assurons que l'état de polarisation des photons est bien selon l'axe rapide du filtre. Un deuxième contrôleur de polarisation est placé entre la cavité et l'interféromètre de préparation d'intrication. Il nous permet de rentrer avec un état $|DD\rangle$ par rapport aux axes du PBS de l'interféromètre. Dans le même temps, le laser de stabilisation nous permet de contrôler la phase de l'interféromètre. Deux WDM bande C/bande L nous permettent de multiplexer et démultiplexer la longueur d'onde du laser et la longueur d'onde de nos photons. En sortie de l'interféromètre, nous plaçons le filtre de 1 nm de largeur spectrale, qui permet de filtrer les photons du laser de stabilisation réfléchis sur les différents composants optiques, ainsi que les photons générés en dehors de la plage de filtrage du filtre. La source se termine naturellement par un coupleur 50/50, qui nous permet de séparer les paires de photons selon deux voies labellisées a et b.

Pour finir, nous avons estimé les pertes du montage global qui sont d'environ :

- 3 dB au couplage guide/fibre ;

- 3 dB au niveau du PSFGB ;

- 3 dB dans l'interféromètre, en incluant les WDM permettant de multiplexer le laser de stabilisation et nos paires de photons ;

- 2 dB dans les différentes fibres et le filtre de 1 nm.

Nous avons donc 11 dB de pertes entre le guide et le coupleur 50/50. Pour calculer les pertes agissant sur les paires de photons réellement intriqués, il ne faut pas oublier que dans 50% (3 dB) des cas, les photons sortent de la boucle de délai biréfringente sans être intriqués. Par ailleurs, dans 50% des cas les photons ne sont pas séparés par le coupleur 50/50 de sortie. Le total des pertes pour les photons intriqués est alors de 28 dB.

3.2.6 Estimation du débit de la source

Nous pouvons maintenant estimer le débit maximum de la source. Pour cela, nous allons commencer par traiter le cas général et nous calculerons par la suite le débit propre à notre source en fonction de la puissance de pompe.

Afin de réduire la probabilité d'émission de doubles paires, nous devons avoir en sortie du guide d'onde moins de 0,1 paire par fenêtre spectrale d'intérêt et par fenêtre de détection. En définissant la brillance B de la source, qui correspond au nombre de paires émises par unité de temps (s) par largeur spectrale (Hz) et par puissance de pompe (W), et la largeur spectrale de notre source $\Delta\nu$, nous pouvons estimer la puissance maximum de la pompe, qui est donnée par :

$$P_p^{\mathrm{max}} = \frac{0,1}{B\Delta\nu\delta\tau},\tag{3.14}$$

où $\delta\tau$ représente la fenêtre temporelle de mesure. Plaçons nous dans le cas où la fenêtre temporelle de mesure est égale au temps de cohérence des photons qui est lui même supérieur au jitter des détecteurs. Dans cette configuration, en utilisant l'EQ. (3.9), nous définissons que la puissance maximum de pompe est :

$$P_p^{\mathrm{max}} = \frac{0,1}{0.44\,B}.\tag{3.15}$$

Comme nous pouvons le voir, cette puissance ne dépend plus que de la brillance de l'interaction non-linéaire pour un nombre de paires donné par fenêtre temporelle d'intérêt que nous avons pris égal à 0,1. Ainsi dans ce régime quelle que soit la largeur spectrale du filtre la puissance de pompe reste constante. Ainsi, pour notre guide qui a une brillance de 8,8 paires $\mathrm{W^{-1}\,Hz^{-1}\,s^{-1}}$, nous n'avons besoin que de 26 mW couplés dans le guide pour atteindre le régime de 0,1 paires par fenêtre d'intérêt.

Pour les expériences qui vont suivre, nous injectons dans le guide environ 3 mW de puissance de pompe. Ainsi nous avons environs 0,01 paires par temps de cohérence des photons, ce qui permet de réduire la probabilité d'émission de doubles paires. Nous avons ainsi environs 26×10^3 paires intriquées par seconde en sortie de la source.

3.3   Caractérisation de la source

3.3.1   Mesure de coïncidences

Contrairement à la source à 1310 nm du CHAP. II.2, nous n'allons pas pouvoir utiliser de détecteur Germanium car leur efficacité est quasiment nulle à 1560 nm. Pour cette raison, nous avons utilisé deux détecteurs InGaAs [14]. Nous ouvrons le premier détecteur aléatoirement durant 100 ns avec un taux de répétition de 1 MHz. Lorsque nous obtenons une détection, le second détecteur est alors lui-même ouvert durant 100 ns. Nous avons ajouté un délai optique avant le second détecteur pour que le second photon de la paire arrive durant le temps d'ouverture. Pour accroître la probabilité de détecter une coïncidence, la tension de biais du second détecteur est augmentée pour atteindre une efficacité de détection de 25%. Nous n'avons pas changé l'efficacité de détection du premier détecteur car cela augmenterait la probabilité de bruit, ce qui provoquerait la saturation du détecteur. Nous avons alors une probabilité de détection 1% s^{-1} pour le premier détecteur, et une probabilité de détecter une coïncidence de 0,25% s^{-1}. Cette probabilité peut être améliorée par le remplacement des détecteurs par deux autres basés sur la technologie des supraconducteurs. Ces derniers opèrent en régime passif et montrent environ 10% d'efficacité.

En utilisant, comme précédemment, le *TAC* pour réaliser l'histogramme des coïncidences en fonction du temps, nous voyons apparaître les trois pics comme attendu, voir FIG. 3.18. De cette mesure, nous pouvons tirer plusieurs informations.

---

14. Plus d'informations sur les détecteurs sont données dans l'ANN. C.

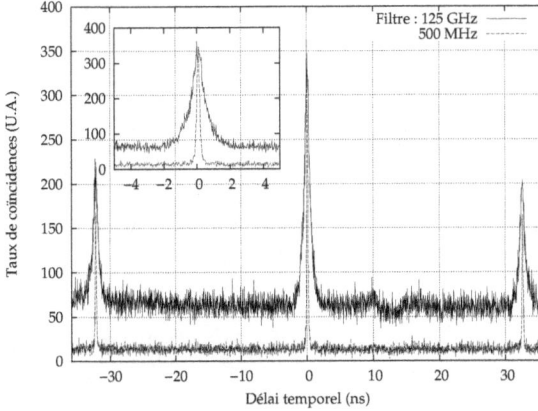

FIG. 3.18 : Histogramme de coïncidences en fonction du temps pour deux largeurs de filtres. L'encadré à gauche est un zoom sur le pic central.

La première est la différence de temps entre les bras long et court, qui correspond au délai temporel entre le pic central et les pics latéraux, qui est de 32,6 ns. Cela correspond à une distance de 6,7 m de fibre. La deuxième information est la hauteur relative des pics, qui nous indique du bon alignement de la polarisation en entrée de l'interféromètre. Pour cela, il faut que la hauteur des deux pics latéraux correspondent à la moitié de la hauteur du pic central, ce qui est le cas comme nous pouvons le voir. La dernière information est la cohérence temporelle de nos photons. En effet, comme nous pouvons le voir sur la FIG. 3.18, la largeur des pics dépend de la largeur spectrale de nos photons. Pour le filtre de 125 GHz (1 nm), le temps de cohérence des photons est de $\tau_c = 0,44\frac{1}{\delta\nu} = 3,5\,ps$, ce qui est 2 ordres de grandeur inférieur au jitter des détecteurs. Donc, la largeur des pics pour ce filtre nous donne des informations uniquement sur la gigue temporelle des détecteurs. Plus précisément, sur le produit de convolution des deux jitters. La largeur des pics est d'environ de 210 ps, ce qui correspond à un jitter moyen pour les deux détecteurs de 148 ps. Dans le cas du filtre de 500 MHz, le temps de cohérence, qui est de 883 ps, n'est plus négligeable devant le jitter des détecteurs. Dans ce cas là, la largeur du pic est définie par le produit de convolution des jitters des deux détecteurs avec l'enveloppe temporelle des photons définie par l'EQ. (3.8). Ceci se traduit mathématiquement par :

$$f_{\text{pic}}(t) = ((f_{\text{Det1}} * f_{\text{Det2}}) * f_{\text{photons}})(t), \qquad (3.16)$$

où f_{Deti} et f_{photons} représentent respectivement le temps de réponse des détecteurs et l'enveloppe temporelle de nos photons. En supposant que toutes les fonctions sont gaussiennes, nous obtenons que le temps de cohérence est donné par :

$$\tau_c = \sqrt{\Delta t_{500\,\text{MHz}}^2 - \Delta t_{125\,\text{GHz}}^2} = 824\,ps, \qquad (3.17)$$

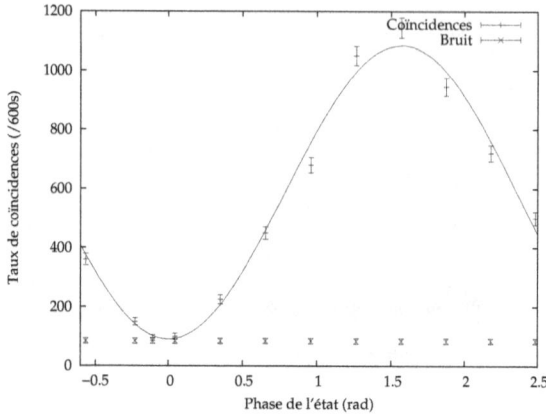

FIG. 3.19 : Ajustement de la phase de l'état intriqué.

où $\Delta t_{500\,\mathrm{MHz}}$ et $\Delta t_{125\,\mathrm{GHz}}$ représentent respectivement la largeur à mi-hauteur des pics de coïncidences pour un filtre de 500 MHz (850 ps) et 125 GHz (210 ps). Comme nous pouvons le voir, en approximant par des gaussiennes, nous retrouvons bien un temps de cohérence proche de celui estimé précédemment. Notons que les résultats ne sont pas parfaits car nous sommes en limite de résolution du TAC.

3.3.2   Caractérisation de l'intrication

Comme pour la source précédente, nous plaçons sur chaque sortie de la source un système d'analyse de polarisation constitué d'une lame $\lambda/2$ et d'un PBS (voir SEC. II.2.4.3. Nous mesurons alors les coïncidences entre les deux sorties en transmissions des PBS à l'aide de deux photodiodes à avalanche de type InGaAs. Un TAC nous permet de post-sélectionner le pic central où les photons doivent être intriqués.

La première mesure va consister à aligner la phase de l'interféromètre à l'aide de l'EOM. En effet, l'application d'une tension aux bornes de L'EOM entraîne une modification de phase entre la composante H et V du laser de référence qui est aussitôt compensée par interféromètre à l'aide du dispositif d'asservissement. Afin de mesurer la variation de phase de l'état intriqué, nous disposons les deux lames $\lambda/2$ à 22,5°. Nous observons alors des oscillations en fonction de la phase de l'état, comme le montre la FIG. 3.19. La visibilité nette des franges d'interférence est de 96% ± 6% ce qui montre la bonne qualité de notre état intriqué.

Pour confirmer ces résultats, nous avons ajusté la phase à 0 rad et réalisé une mesure standard d'intrication qui consiste à prouver l'invariance par rotation de l'état. Pour cela, nous avons placé l'un des analyseurs dans la base $\{H, V\}$ puis

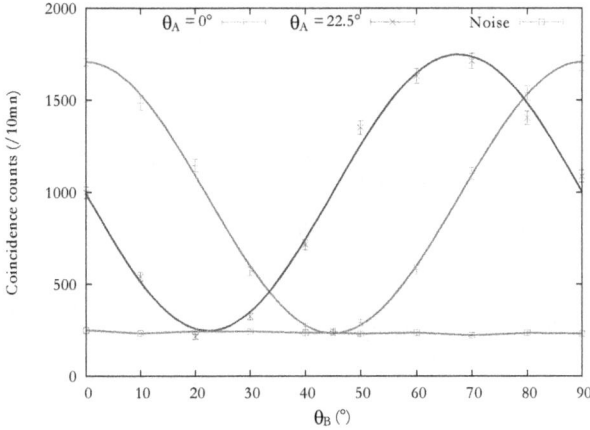

FIG. **3.20** : Mesure standard de la qualité d'intrication de la source.

$\{D, A\}$ et mesuré les variations de coïncidences en fonction de l'angle d'analyse du second analyseur. Comme nous pouvons le voir sur la FIG. 3.20, nous observons bien des oscillations selon les deux bases avec pour chacune d'entre elles une visibilité nette de $98\% \pm 5\%$ et brute de $76 \pm 4\%$. De plus, nous avons défini que le paramètre de Bell était égal à 2.80 ± 0.04, ce qui prouve la très bonne qualité d'intrication de nos paires.

3.4 Conclusion

Nous venons de présenter une nouvelle source de paires de photons intriqués en polarisation aux longueurs d'onde des télécommunications, présentant une qualité d'intrication presque parfaite. Mais nous avons surtout développé un outil pour générer de l'intrication en polarisation à partir de paires de photons. Nous n'avons à l'heure actuelle testé qu'une seule configuration expérimentale avec des paires de photons de même polarisation, de même longueur d'onde et avec un recouvrement temporel parfait. Toutefois les calculs montrent que nous pouvons utiliser cet interféromètre pour générer de l'intrication à partir de paires de photons n'ayant pas ces caractéristiques "idéales". En effet, il devrait fonctionner aussi bien pour des photons de polarisations croisées, non-dégénérés en longueur d'onde et sans recouvrement temporel (tant que l'écart temporel qui les sépare reste constant sur l'ensemble des paires).

Comme nous venons de le démontrer, nous arrivons à stabiliser l'interféromètre à fibre pour des photons à la longueur d'onde de 1560 nm, à l'aide d'un laser à 1590 nm, ce qui n'a jamais été réalisé auparavant. Ceci offre une autre application pour cet interféromètre, qui est la stabilisation de laser. Ainsi il devient possible de stabiliser des lasers qui ont des longueurs d'onde ne correspondant pas à des transitions atomiques pour un coût inférieur au prix d'un étalon.

De plus, nous avons à l'heure actuelle démontré de l'intrication en polarisation avec des photons de 500 MHz de large, ce qui représentent la source la plus fine spectralement en configuration guidée. Nous espérons d'ici peu passer à une largeur spectrale de 40 MHz. Cette source pourra alors être utilisée dans un projet plus ambitieux de réseau embryonnaire de communication quantique, qui a pour but de stocker l'un des photons de la source dans une mémoire quantique basée sur un cristal dopé au thulium. Ce cristal permet de stocker des photons à 793 nm, ayant 40 MHz de largeur spectrale. Ceci nécessite une conversion cohérente de fréquence de l'un des photons à l'aide d'une interface basée sur la génération de somme de fréquences [Tanzilli *et al.* 2005, Ramelow *et al.* 2011].

Source de paires de photons intriqués en time-bin basée sur une interaction non-linéaire de Type-II

Nous allons présenter dans ce chapitre une source de paires de photons intriqués en time-bin à 1538 nm basée sur une interaction non-linéaire de type-II qui permet d'émettre des paires de photons de polarisations croisées. De cette façon, nous pouvons produire l'état de Bell singulier $|\Psi^-\rangle$ à l'aide d'une boucle de délai biréfringente. Dans un premier temps, nous allons présenter le principe de la source puis les résultats que nous avons obtenues sur les mesures de l'intrication produite.

4.1 Principe de la source

Dans cette source, nous allons exploiter la polarisation pour générer des paires de photons intriqués en time-bin. Pour cela, nous utilisons une interaction non-linéaire de type-II pour générer des paires de photons de polarisations croisées, comme ce fût le cas dans la source décrite dans le CHAP. II.2. Les photons en sortie du guide d'onde sont dans l'état $|\psi\rangle = |H, V\rangle$. Nous pouvons alors séparer les paires de façon déterministe à l'aide d'un PBS, et venir introduire un délai entre les deux photons pour créer une séparation de type time-bin, comme le montre la FIG. 4.1. Nous préparons ainsi les deux photons dans deux time-bins différents, le photon de polarisation H étant dans le time-bin court (s) et le photon de polarisation V dans le long (l). Les paires de photons sont alors dans l'état

$$|\psi\rangle = e^{i\phi}|H, s\rangle|V, l\rangle,$$

où ϕ représente la phase entre le bras long et le bras court de la boucle de délai biréfringente. Comme nous pouvons le remarquer, cette phase est globale, ce qui nous amène naturellement à ne pas la considérer. En sortie de la boucle, nous tournons la polarisation de nos photons de 45° à l'aide d'une lame $\lambda/2$. Nous obtenons alors l'état

$$|\psi\rangle = |\tfrac{1}{\sqrt{2}}[H+V],s\rangle|\tfrac{1}{\sqrt{2}}[V-H],l\rangle.$$

En séparant les photons appairés à l'aide d'un PBS orienté selon la base $\{H; V\}$, nous obtenons l'état

$$|\psi\rangle = \frac{1}{2}\left[|V,l\rangle_b|V,s\rangle_b - |H,l\rangle_a|H,s\rangle_a + |V,l\rangle_b|H,s\rangle_a - |H,l\rangle_a|V,s\rangle_b\right],$$

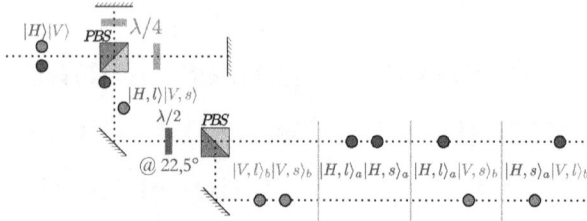

FIG. 4.1 : Schéma de principe de la source.

où a et b labellisent les deux sorties du PBS dirigées respectivement vers Alice et Bob (voir FIG. 4.1). Ainsi, l'information sur l'état de polarisation n'est plus pertinente car elle est associée à une voie. En venant sélectionner les cas où les deux photons sortent par des voies différentes, nous obtenons l'état de Bell en time-bin de la forme :

$$|\Psi^-\rangle = \frac{1}{\sqrt{2}} \left[|s\rangle_a |l\rangle_b - |l\rangle_a |s\rangle_b \right].$$

Il est important de remarquer que cet état est parfaitement insensible aux fluctuations de phase de la boucle de délai, ce qui n'est pas le cas du schéma classique de préparation d'états intriqués en time-bin de type $|\Phi\rangle$ que nous avons présenté dans la SEC. I.2.2.

Avant de poursuivre plus en détails la description de la source, nous allons nous intéresser à l'analyse d'un tel état.

4.2 Analyse d'un état intriqué en time-bin de type anti-symétrique

Afin de simplifier l'écriture et la compréhension, nous allons employer la notation $|t\rangle$ pour définir les time-bin, avec $t \in \mathbb{N}$. Dans cette notation l'état $|s\rangle$ et $|l\rangle$ deviennent respectivement $|0\rangle$ et $|1\rangle$.

Pour analyser l'état $|\Psi^-\rangle = \frac{1}{\sqrt{2}} \left[|0\rangle_a |1\rangle_b - |1\rangle_a |0\rangle_b \right]$ nous utilisons, comme pour le time-bin standard, deux interféromètres déséquilibrés, l'un placé chez Alice et l'autre chez Bob. Nous allons considérer que le déséquilibre des deux interféromètres est le même et qu'il est égal au délai introduit entre les deux photons dans la boucle de délai biréfringente. Dans cette configuration, les interféromètres d'analyse sont définis par la transformation unitaire

$$U_{\text{int}}|t\rangle_i = \frac{1}{\sqrt{2}} \left[|t\rangle_i + e^{i\phi_i}|t+1\rangle_i \right], \tag{4.1}$$

avec $i = a$ ou b et où ϕ_i représente la différence de phase entre les bras long et court des interféromètres. En appliquant cette transformation à notre état nous obtenons :

$$
\begin{aligned}
U_{\text{int}}|\Psi^-\rangle = \ & \frac{1}{2\sqrt{2}}\Big[|0\rangle_a|1\rangle_b + e^{i\phi_a}|1\rangle_a|1\rangle_b + e^{i\phi_b}|0\rangle_a|2\rangle_b + e^{i(\phi_a+\phi_b)}|1\rangle_a|2\rangle_b \\
& -|1\rangle_a|0\rangle_b - e^{i\phi_a}|2\rangle_a|0\rangle_b - e^{i\phi_b}|1\rangle_a|1\rangle_b - e^{i(\phi_a+\phi_b)}|2\rangle_a|1\rangle_b\Big].
\end{aligned}
\tag{4.2}
$$

À partir de cette équation nous pouvons remarquer que nous avons trois temps d'arrivée différents chez Alice et chez Bob. De plus, en réalisant une mesure de corrélation temporelle au second ordre entre Alice et Bob, nous devons obtenir cinq pics de coïncidence. Ces cinq pics correspondent aux états :

- $|\psi_{T_{-2}}\rangle = -e^{i\phi_a}|2\rangle_a|0\rangle_b$;
- $|\psi_{T_{-1}}\rangle = -\frac{1}{\sqrt{2}}\left[|1\rangle_a|0\rangle_b + e^{i(\phi_a+\phi_b)}|2\rangle_a|1\rangle_b\right]$;
- $|\psi_{T_0}\rangle = \frac{1}{\sqrt{2}}\left[e^{i\phi_a}|1\rangle_a|1\rangle_b - e^{i\phi_b}|1\rangle_a|1\rangle_b\right]$;
- $|\psi_{T_{+1}}\rangle = \frac{1}{\sqrt{2}}\left[|0\rangle_a|1\rangle_b + e^{i(\phi_a+\phi_b)}|1\rangle_a|2\rangle_b\right]$;
- $|\psi_{T_{+2}}\rangle = e^{i\phi_b}|0\rangle_a|2\rangle_b$.

Nous pouvons remarquer que les pics aux temps T_0 et $T_{\pm1}$ peuvent donner des interférences. Plus précisément, le pic à T_0 doit toujours donner des interférences car les deux états qui y contribuent sont parfaitement indiscernables, même si l'on connaît le temps de création de la paire. Les oscillations des interférences sont de la forme $\cos^2\frac{\phi_a-\phi_b}{2}$. Pour les pics à $T_{\pm1}$, nous observons également des interférences à condition de ne pas pouvoir déterminer le temps de création des paires de photons, car dans ce cas il est impossible de discerner entre les deux états $|1\rangle_a|0\rangle_b$ et $|2\rangle_a|1\rangle_b$, ou $|0\rangle_a|1\rangle_b$ et $|1\rangle_a|2\rangle_b$. Comme nous l'avons vu dans le CHAP. II.3, cette condition est satisfaite à partir du moment où l'on vérifie la relation suivante :

$$
\tau_l \gg \delta t \gg \tau_c,
\tag{4.3}
$$

avec τ_l, δt et τ_c représentant respectivement le temps de cohérence du laser, la différence de temps entre deux time-bin et le temps de cohérence des photons individuels. Ainsi, en utilisant un laser continu suffisamment cohérent, nous pouvons observer des interférences de la forme $\cos^2\frac{\phi_a+\phi_b}{2}$ pour les pics à $T_{\pm1}$ en plus des interférences de la forme $\cos^2\frac{\phi_a-\phi_b}{2}$ pour le pic à T_0. Nous ne perdons alors qu'un quart des paires contrairement au schéma standard de l'énergie-temps (voir SEC. I.2.2) où nous perdons la moitié des paires.

4.3 Situation expérimentale

Nous allons maintenant nous intéresser à la réalisation expérimentale de la source. Dans un premier temps, nous allons présenter la source, puis nous verrons comment nous avons réalisé et ajusté les interféromètres d'analyse. Pour finir, nous présenterons les résultats obtenus.

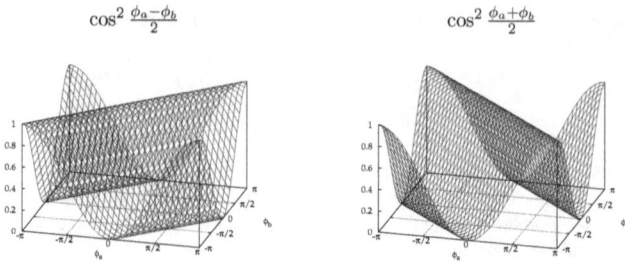

$$\cos^2 \frac{\phi_a - \phi_b}{2} \qquad\qquad \cos^2 \frac{\phi_a + \phi_b}{2}$$

4.3.1 La source

Nous avons choisi de réaliser l'expérience avec un laser opérant en régime continu afin d'observer des interférences sur les trois pics centraux. Nous avons utilisé pour cela le même laser de pompe que pour la source décrire dans le CHAP. II.3, réglé cette fois à la longueur d'onde de 769 nm. Ce laser possède un temps de cohérence (τ_l) de 100 ns, et comme nous l'avons démontré dans la SEC. II.3.2.1, nous pouvons observer des interférences de type Franson avec une perte de visibilité de moins de 2% tant que le temps entre deux time-bin (δt) est inférieur à 5 ns. Nous devons donc réaliser une boucle de délai biréfringente et deux interféromètres déséquilibrés avec des différences temporelles entre leurs bras long et court inférieures à 5 ns.

Pour générer les paires de photons de polarisation croisée nous avons utilisé le même échantillon que pour la source présentée au CHAP. II.2. Nous avons simplement employé une période d'inversion de 9 μm afin de générer des paires de photons dégénérés à 1538 nm, contrairement à l'expérience précédente où nous avons utilisé une période de 6.60 μm pour obtenir un accord de phase à 1310 nm. Nous n'allons donc pas refaire toute la description de la caractérisation de l'interaction non-linéaire sachant que seules les longueurs d'onde changent.

Les photons à 1538 nm générées dans le guide d'onde sont directement couplés à la sortie dans une fibre monomode, comme le montre la FIG.4.2. Ils sont alors filtrés à l'aide d'un filtre de Bragg à fibre optique possédant une largeur à mi-hauteur de 200 pm. De fait, nous réduisons la largeur spectrale des photons initialement de 3 nm à 0,2 nm. Ils ont ainsi un temps de cohérence (τ_c) d'environ 17 ps. Pour finir la description de la partie génération de paires de photons, nous disposons d'un guide d'onde montrant une brillance de $5 \cdot 10^4$ paires par s, par mW de pompe, et par GHz de largeur spectrale. Les 5 mW de puissance de pompe couplés dans le guide nous permette donc de générer $6,3 \times 10^{-3}$ paires par ns, ce qui nous assure que la probabilité d'émettre des double paires reste très faible.

Nous introduisons ensuite le délai entre les deux photons de la paire à l'aide de la boucle de délai biréfringente. Elle est constituée d'un PBS fibré et de deux miroirs de Faraday fibrés. Par ce dispositif, les photons sont séparés à l'aide du PBS et sont envoyés vers les miroirs de Faraday qui les réfléchissent en tournant leurs polarisations de 90 °. Ainsi, nous récupérons toutes les paires de photons par

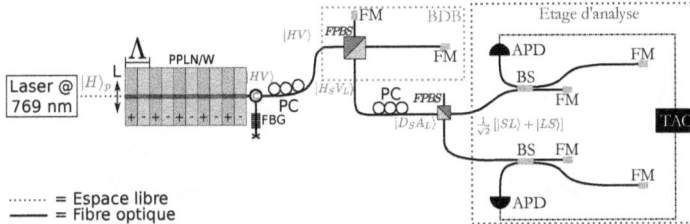

FIG. 4.2 : Schéma expérimental de la source complète, avec la génération des paires basée sur une interaction non-linaire de type-II, la préparation de l'état à l'aide de la boucle de délai biréfringente (BDB), et l'analyse de l'état par les deux interféromètres déséquilibrés. (FBG : filtre de Bragg de 200 pm à 1538 nm ; PC : controleur de polarisation ; FPBS : cube polarisant fibré ; FM : Miroir de Faraday ; BS : coupleur 50/50.)

la quatrième voie du PBS. Par ailleurs, 20 cm de fibre supplémentaires sont placés sur l'une des deux voies afin d'obtenir un délai entre les deux photons d'environs 2 ns. Nous avons choisi ce délai car il est supérieur aux jitters des détecteurs qui sont d'environ 200 ps et qu'il est bien inférieur au temps de cohérence du laser. Ainsi, nous satisfaisons parfaitement la relation (4.3).

En sortie de la source, un second PBS fibré est placé après un contrôleur de polarisation qui tourne la polarisation des photons de 45°. Nous séparons ainsi les paires de photons qui sont envoyés vers Alice et Bob pour être analysés à l'aide de deux interféromètres déséquilibrés.

4.4 Réalisation des interféromètres d'analyse

Pour analyser l'état intriqué en time-bin, nous avons dû réaliser deux interféromètres déséquilibrés avec une différence de longueur de bras égale à la longueur de la boucle de délai biréfringente utilisée pour la préparation du time-bin. Pour réaliser ces interféromètres, nous avons utilisé des coupleurs 50/50 et des miroirs de Faraday fibrés, comme le montre la FIG.4.2. L'avantage de cette configuration réside dans le fait que les interféromètres sont parfaitement insensibles aux variations de biréfringence dans les fibres [Tittel *et al.* 1998]. Il est donc inutile de contrôler la polarisation voire de compenser les variations de biréfringence des fibres qui composent les interféromètres ceci étant assuré de façon "plug & play" par les miroirs de Faraday.

La principale difficulté réside dans l'assemblage des interféromètres. En effet, comme nous l'avons vu précédemment, nos photons possèdent un temps de cohérence de 17 ps (correspondant environs à une longueur de cohérence de 3 mm dans une fibre), il faut donc que l'erreur de différence de temps de parcours entre les bras court et long des dispositifs de préparation et d'analyse soit bien inférieure

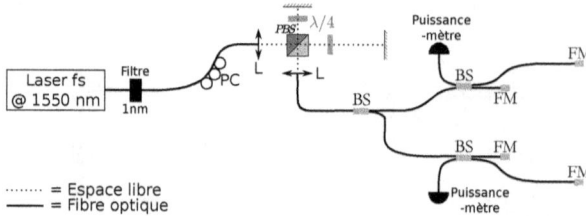

FIG. 4.3 : Schéma de l'expérience de mesure de la longueur des interféromètres.

à 17 ps, afin de ne pas pouvoir discerner par où sont passés les photons. Dans notre configuration fibrée, ceci revient à couper les fibres avec une précision bien meilleure que 3 mm avant de les souder. Ceci est très délicat, voir impossible, sans un bon appareil de mesure tel qu'un réflectomètre optique temporel ("Optical Time Domain Reflectometer" OTDR). Malheureusement, nous ne disposons pas d'un tel appareillage. Nous avons développé notre propre méthode expérimentale qui est présentée en FIG.4.3. Elle consiste à utiliser un laser impulsionnel en régime picoseconde[1] et une boucle de délai biréfringente motorisée identique à celle utilisée pour la source décrite dans le CHAP. II.2. Ainsi, nous pouvons générer deux impulsions séparées par un temps ajustable que nous injectons dans les interféromètres d'analyse. Nous plaçons alors en sortie des interféromètres d'analyse des photo-détecteurs. Si la différence de temps entres les deux impulsions est parfaitement identique à la différence temporelle entre le bras long et court des interféromètres d'analyse nous devons observer un phénomène d'interférence, comme nous pouvons voir sur la FIG.4.4. Par cette méthode, nous avons pu ajuster la différence de longueur des interféromètres avec une précision de l'ordre de 0,3 mm, ce qui correspond à une perte de visibilité de l'ordre de 2% sur la mesure d'intrication.

Toutefois, la meilleure méthode, pour s'assurer que les deux interféromètres d'analyse sont identiques, consiste à réaliser un expérience de type énergie-temps standard. Pour cela, nous avons contourné la boucle de délai biréfringente et directement envoyé les paires de photons en sortie du filtre sur le PBS fibré afin de les séparer, comme nous pouvons le voir sur la FIG. 4.5. Deux APD InGaAS connectées à un TAC sont placées en sortie des interféromètres. L'une des deux APD fonctionne en "free-running"[2] et ses détections sont utilisées pour déclencher la seconde[3].

Comme nous pouvons le voir sur la FIG. 4.6, nous obtenons dans cette configuration, trois pics de coïncidences bien distincts, ce qui confirme que le δt des interféromètres est suffisamment important. De plus, l'écartement entre les pics est

---

1. Pour l'expérience nous avons employé un laser impulsionnel émettant des impulsions de 100 fs avec une largeur spectrale de 80 nm autour de 1550 nm. Les miroirs de Faraday ne fonctionnant pas pour toute la largeur spectrale du laser, nous l'avons filtré à l'aide d'un filtre de 1 nm. Nous obtenons ainsi un laser émettant des impulsions d'environs 3 ps à 1538 nm.
2. Marque : IdQuantique, modèle : ID210.
3. Marque : IdQuantique, modèle : ID201.

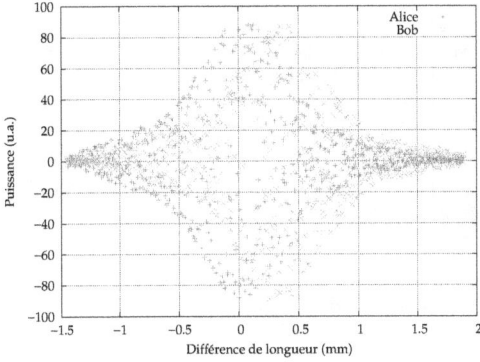

FIG. 4.4 : Différence de longueur optique entre les interféromètres d'analyse d'Alice et Bob.

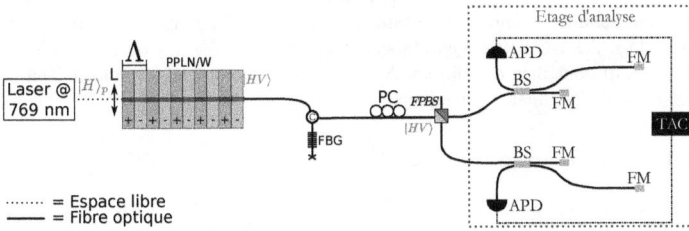

FIG. 4.5 : Schéma expérimental de la source en configuration énergie-temps "standard".

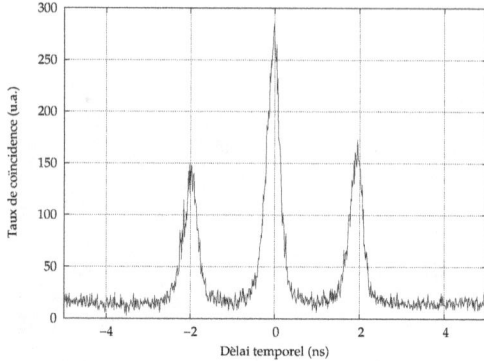

FIG. 4.6 : Histogramme des coïncidences entre Alice et Bob pour la source émettant des états de Bell de type $|\Phi\rangle$.

bien de 2 ns comme désiré.

Pour finir, nous réalisons une expérience de type Franson [Franson 1989] en sélectionnant seulement les événements dans le pic central. Par le biais d'un régulateur PID, nous faisons varier continûment la température de l'interféromètre d'Alice et donc sa phase ϕ_a, tandis qu'un second régulateur stabilise la température de celui de Bob pour garder sa phase ϕ_b constante. Ainsi, nous pouvons étudier la variation du taux de coïncidences en fonction de la variation de phase des interféromètres. Comme le montre la FIG. 4.7, nous obtenons des oscillations parfaites avec une visibilité nette (brut) de 98±2% (96±2%).

Par cette mesure, nous confirmons de façon indiscutable que les deux interféromètres d'analyse sont quasi-identiques en terme de différence de longueur. De plus, nous sommes maintenant certains que, pour les deux interféromètres, le taux de couplage des coupleurs d'entrée sont bien 50/50 et que les pertes sur les bras long et court sont bien équilibrées. Nous analysons donc bien un état de Bell $|\Phi\rangle$, autrement dit maximalement intriqué.

4.4.1   Les Résultats

Nous allons maintenant caractériser la qualité de l'intrication de la source présentée dans la FIG.4.3. Nous tenons juste à préciser avant de donner les résultats que seul les interféromètres d'analyse sont contrôlés en température, afin de stabiliser leur phase. La boucle de délai biréfringente est simplement posée sur la table sans plus de soin.

Tout d'abord, nous avons mesuré l'histogramme des coïncidences entre Alice et Bob. Comme nous pouvons le voir sur la FIG.4.8, nous observons bien les cinq pics de coïncidence que prédisait la théorie présentée plus haut. De plus, nous pouvons

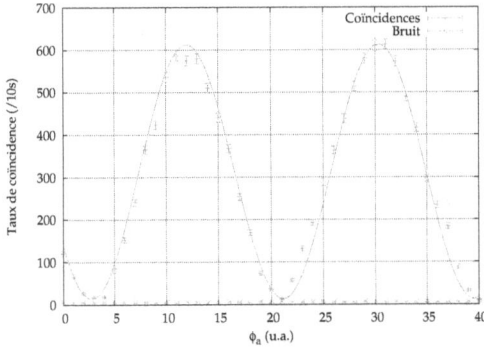

FIG. 4.7 : Mesure d'interférence à deux photons en fonction de la phase de l'interféromètre d'Alice pour la source émettant des états de Bell de type $|\Phi\rangle$.

remarquer que la séparation entre les pics est constante avec une durée de 2 ns et le rapport des taux de coïncidences entre les trois pics centraux et les pics satellites est de $1/2$.

Nous disposons donc trois fenêtres temporelles d'analyse pour sélectionner les événements donnant des coïncidences aux temps T_{-1}, T_0 et T_{-1}, afin d'étudier les évolutions des taux de coïncidences pour les trois pics en même temps, et ce en fonction de la phase des interféromètre d'Alice (ϕ_a) et Bob (ϕ_b). Comme nous pouvons le voir sur les FIG.4.9 et 4.10, nous observons bien des interférences à deux photons pour les trois pics de coïncidences. Les visibilités nette (brute) de ces interférences sont de 97±3% (87±2%), ce qui permet de confirmer la pertinence de notre approche. De plus, nous pouvons remarquer qu'en jouant avec la phase ϕ_b nous faisons varier la phase entre les oscillations pour les pics à $T_{\pm 1}$ et le pic à T_0. Ainsi, comme le montre la FIG.4.9 lorsque ϕ_b est égale à 0 toutes les oscillations sont en phase, tandis que lorsque ϕ_b est égale à $\pi/2$, ce qui est le cas pour la FIG. 4.10, une oscillation (T_0) est en opposition par rapport aux deux autres ($T_{\pm 1}$).

4.5 Conclusion

Nous venons de présenter une source de paires de photons intriqués en "time-bin" basée sur une interaction non-linéaire de type-II. En tirant parti de l'état de polarisation croisé des paires de photons en sortie du guide d'onde, nous avons avons pu séparer les paires de façon déterministe afin de générer des états intriqués en time-bin de type $|\Phi\rangle$. Nous avons vérifié la bonne qualité d'intrication des paires de photons à l'aide d'une expérience d'interférence à la Franson, qui nous a donné des oscillations avec une visibilité nette de $98 \pm 2\%$. Ceci prouve la bonne qualité des interféromètres d'analyse.

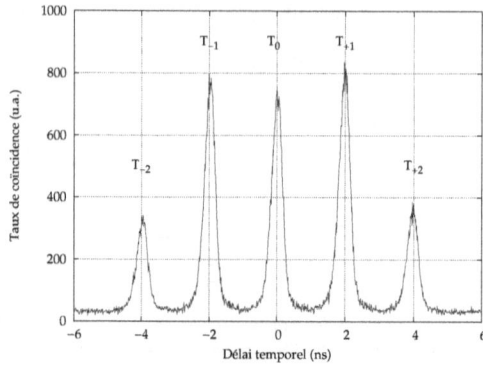

FIG. 4.8 : Histogramme de coïncidence entre Alice et Bob.

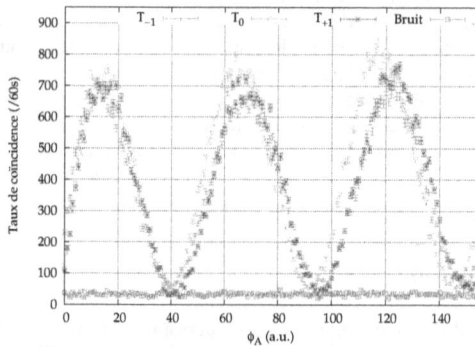

FIG. 4.9 : Mesures d'interférence à deux photons pour les trois pics de coincidences $T_{\pm 1}$ et T_0 en fonction de ϕ_a pour $\phi_b = 0 \mod \pi$.

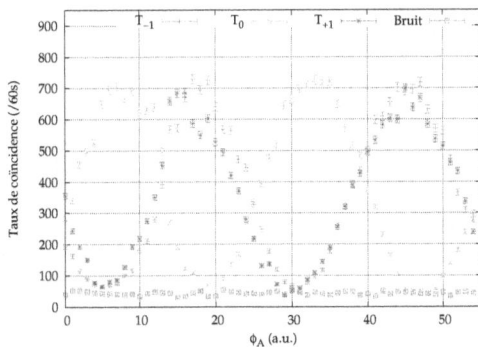

FIG. 4.10 : Mesures d'interférence à deux photons pour les trois pics de coincidences $T_{\pm 1}$ et T_0 en fonction de ϕ_a pour $\phi_b = \pi/2 \mod \pi$.

De plus, pour la première fois, nous avons pu générer des états intriqués en time-bin de type $|\Psi\rangle$ à l'aide d'une boucle de délai biréfringente. Cette configuration expérimentale présente l'avantage d'être parfaitement insensible aux variations de phase de l'étage de préparation, contrairement au schéma de time-bin standard. De plus, la source peut-être utilisée avec un laser fonctionnant en régime continu ou en régime impulsionnel sans aucune modification expérimentale. La caractérisation de la qualité d'intrication en régime continu nous a permis d'observer des franges d'interférences à deux photons pour les trois pics centraux de l'histogramme de coïncidences avec une visibilité nette de 97±3%, ce qui prouve la pertinence de notre approche. Nous avons donc pu observer des interférences sur les 3/4 des paires de photons, contrairement au schéma de l'énergie-temps standard qui ne permet d'exploiter que la moitié des paires.

Pour finir, cette source est entièrement basée sur des composants standards des télécommunications, ce qui fait d'elle une source simple, compacte et complètement compatible avec les réseaux de communication classique. De plus, la bonne qualité de ces composants nous a permis d'obtenir moins de 5 dB de pertes à la propagation pour les photons voyageant depuis le guide d'onde jusqu'aux détecteurs.

CHAPITRE 5

Conclusion

Dans cette partie, nous venons de présenter trois sources de paires de photons intriqués aux longueurs des télécommunications, deux sur l'observable polarisation et une sur l'observable time-bin. La génération des paires de photons, pour toutes ces sources, se fait à l'aide du phénomène non-linéaire de conversion paramétrique dans des guides d'onde intégrés sur un substrat de niobate de lithium périodiquement polarisé. Nous tirons ainsi avantage de l'optique intégré pour confiner les trois champ électro-magnétiques mis en jeu sur une grande longueur d'interaction. Ceci permet d'accroître grandement les efficacités de génération et donc les brillances de nos sources. De plus, la configuration guidée nous permet de venir récolter les paires de photons directement en sortie des générateurs à l'aide d'une fibre optique monomode, gage de compacité et de stabilité pour les sources.

Nous avons présenté deux sources basées sur une interaction non-linéaire de type-II qui permet de générer des paires de photons de polarisations croisées. La première source, émettant à 1310 nm, basée sur l'observable polarisation consistait en un étage de compensation de discernabilité afin d'obtenir des paires de photons possédant un parfait recouvrement des modes temporel, spatial et fréquentiel. Les paires sont ensuite séparées à l'aide d'un simple coupleur 50/50 pour obtenir l'état intriqué de type $|\Psi\rangle$. Avec cette source, nous avons obtenu une visibilité nette de $99 \pm 2\%$ dans une mesure de type inégalité de Bell, ce qui prouve la très bonne qualité d'intrication de notre source. Comme nous pouvons le voir sur la TABLE 5.1, cette source fait partie des meilleures sources d'intrication en polarisation aux longueurs d'onde des télécommunications basées sur des interactions non-linéaires en configuration guidée. Elle pèche seulement par l'efficacité de l'interaction non-linéaire de type-II qui est deux ordres de grandeur plus faible que les interactions de type-0. En contrepartie, elle compense cette faible efficacité par sa simplicité, sa stabilité et sa compacité. De plus, la configuration fibrée retenue fait que cette source est parfaitement compatible avec les réseaux de communication classiques.

La seconde source basée sur cette interaction (la troisième dans l'ordre de la discussion) permet de générer des états intriqués en time-bin à la longueur d'onde de 1538 nm. À l'aide d'un laser continu très cohérent, nous avons pu générer des états de Bell de type $|\Phi\rangle$ en séparant les paires de façon déterministe à l'aide d'un PBS. Nous avons montré dans cette configuration des interférences de type Franson avec une visibilité nette de $98 \pm 2\%$. De plus, l'utilisation d'une boucle de délai biréfringente nous a permis de générer des états intriqués de type $|\Psi\rangle$, ce qui est à notre connaissance la première source permettant d'émettre ce type d'état. Nous avons observé des interférences de Franson avec une visibilité de $97 \pm 2\%$. Cette configuration présente l'avantage d'être parfaitement insensible aux fluctuations de

Référence	Configuration/type	Efficacité	Qualité
[Takesue *et al.* 2005]	1 G/PPLN type-I	$3,6 \times 10^{-6}$	82%
[Lee *et al.* 2006]	FDD	$3,2 \times 10^{-32}$	98,3%
[Suhara *et al.* 2007]	1 G/PPLN type-II	$5,3 \times 10^{-10}$	90%
[Jiang & Tomita 2007]	2 G/PPLN type-I	2×10^{-9}	$93,5 \pm 2,6\%$
[Kawashima *et al.* 2009]	1G/PPLN type-1	$2,7 \times 10^{-7}$	83%
[Medic *et al.* 2010]	FDD	N.C	$99,4 \pm 1,2\%$
Nous [Martin *et al.* 2010]	1 G/PPLN type-II	$1,1 \times 10^{-9}$	$99 \pm 2\%$
[Zhong *et al.* 2010]	1 G/PPKTP type-II	6×10^{-9}	97.2%

TABLE 5.1 : Tableau comparatif des sources de paires de photons intriqués en polarisation aux longueurs d'onde des télécommunications basées sur des interactions non-linéaires en configuration guidée. Pour chaque source nous donnons la configuration, le type de milieu non-linéaire, l'efficacité de conversion, et la qualité d'intrication. (FDD : fibre à dispersion décalée).

Référence	Configuration/type	Régime	État de Bell	Qualité
[Brendel *et al.* 1999]	$KNbO_3$/bulk	Pulsé	$|\Phi\rangle$	84%
[Tanzilli *et al.* 2002]	PPLN/W	CW	$|\Phi\rangle$	97%
[Thew *et al.* 2002]	PPLN/W	Pulsé	$|\Phi\rangle$	95%
[Marcikic *et al.* 2004]	LBO/bulk	Pulsé	$|\Phi\rangle$	78%
[Takesue & Inoue 2005b]	FDD	Pulsé	$|\Phi\rangle$	99%
[Pomarico *et al.* 2009]	PPLN/W OPO	CW	$|\Phi\rangle$	94%
Nous (2011)	PPLN/W	CW	$|\Phi\rangle$	98%
Nous (2011)	PPLN/W	CW	$|\Psi\rangle$	97%

TABLE 5.2 : Tableau comparatif des sources de paires de photons intriqués en time-bin aux longueurs d'onde des télécommunications basées sur des interactions non-linéaires.

phase de l'étage de préparation. De plus, elle peut fonctionner avec un laser en régime continu ou impulsionnel sans aucune modification expérimentale. Ainsi, sa simplicité, sa compacité, sa stabilité, et son implémentation entièrement fibrée font de cette source une candidate parfaite pour la réalisation d'échange de clef en dehors du laboratoire.

Ces deux sources présentent des largeurs spectrale d'environ 25 GHz, ce qui est suffisamment fin pour s'affranchir des problèmes de dispersion chromatique et des modes de polarisation dans les fibres. Cependant, de telles largeurs spectrales restent encore trop importantes en vue du stockage cohérent dans des mémoires quantiques, qui ont des acceptances spectrales de quelque dizaines de MHz, voir de quelque GHz pour les plus larges. Afin de répondre à cette problématique nous avons réalisé une source de paires de photons intriqués en polarisation, dégénérés à 1560 nm, et possédant une largeur spectrale de 500 MHz. Pour cette source, qui est selon nous, notre réalisation la plus aboutie, nous avons utilisé une interaction de type-0, plus efficace, pour générer des paires de polarisation identique. Ces photons sont ensuite filtrés à l'aide d'un filtre de Bragg à saut de phase inscrit dans une fibre, proposant une largeur de 500 MHz. Ce filtre présente l'avantage d'être simple d'utilisation et très stable. À l'aide d'un astucieux montage, basé sur une boucle de délai biréfringente, nous avons converti l'intrication en time-bin donnée naturellement par la conversion non-linéaire, en intrication en polarisation. L'un des défis de cette source est d'avoir pu réaliser une boucle de délai biréfringente fibrée introduisant un délai de 32 ns entre les deux polarisations stabilisée à mieux que $\lambda/200$. Nous avons ainsi pu obtenir des états intriqués en polarisation avec une qualité presque parfaite (visibilité nette de $98 \pm 5\%$). Comme nous pouvons le voir dans la TABLE 5.3 cette source fait partie des meilleures réalisations de sources de paires de photons intriqués en polarisation émettant en bande étroite.

Référence	Configuration	Obs.	$\Delta\nu$ (MHz)	λ (nm)	Paires$/(\text{s} \cdot \text{mW} \cdot \text{MHz})^{(a)}$	V
[Kuklewicz et al. 2006]	KTP OPO	polar.	22	795	0.7	77%
[Halder et al. 2008]	PPLN/W	time-bin	1200	1560	446	NA
[Bao et al. 2008]	PPKTP OPO	polar.	9.6	780	6	97%
[Piro et al. 2009]	PPKTP	polar.	22	854	3	98%
[Pomarico et al. 2009]	PPLN/W OPO	time-bin	117	1560	17	94%
Nous (2011)	PPLN/W	polar.	540	1560	211	98%

TABLE 5.3 : Comparaison des source de paires de photons intriquées générées par conversion paramétrique et fine spectralement. Pour chaque source nous donnons la configuration, l'observable (obs.), la largeur spectrale ($\Delta\nu$), la longueur d'onde des photons (λ), la brillance normalisée et la qualité d'intrication nette V. $^{(a)}$: La brillance a était calculé comme proposé dans la Ref. [Pomarico et al. 2009].

Bibliographie

[Ahtee *et al.* 2009] V. Ahtee, M. Merimaa et K. Nyholm. *Fiber-Based Acetylene-Stabilized Laser*. IEEE Transactions on Instrumentation and Measurement, vol. 58, no. 4, pages 1211–1216, 2009.

[Aspect *et al.* 1981] A. Aspect, P. Grangier et G. Roger. *Experimental Tests of Realistic Local Theories via Bell's Theorem*. Phys. Rev. Lett., vol. 47, no. 7, pages 460–463, 1981.

[Aspect *et al.* 1982] A. Aspect, P. Grangier et G. Roger. *Experimental Realization of Einstein-Podolsky-Rosen-Bohm Gedankenexperiment : A New Violation of Bell's Inequalities*. Phys. Rev. Lett., vol. 49, no. 2, pages 91–94, 1982.

[Awaji *et al.* 1995] Y. Awaji, K. Nakagawa, M. de Labachelerie, M. Ohtsu et H. Sasada. *Optical frequency measurement of the $H_{12}C_{14}N$ Lamb-dip-stabilized 1.5-μm diode laser*. Opt. Lett., vol. 20, no. 19, pages 2024–2026, 1995.

[Baldi 1994] Pascal Baldi. *Génération de fluorescence paramétrique guidée sur le niobate et tantalate de lithium polarisés périodiquement. Étude préliminaire d'un oscilateur paramétrique optique intégré*. PhD thesis, Université de Nice - Sophia Antipolis, 1994.

[Bao *et al.* 2008] X.-H. Bao, Y. Qian, J. Yang, H. Zhang, Z.-B. Chen, T. Yang et J.-W. Pan. *Generation of Narrow-Band Polarization-Entangled Photon Pairs for Atomic Quantum Memories*. Phys. Rev. Lett., vol. 101, no. 19, page 190501, 2008.

[Bell 1964] J.S. Bell. *On the Einstein-Podolsky-Rosen Paradox*. Physics (Long Island City, N.Y.), vol. 1, pages 195–200, 1964.

[Bertinetto *et al.* 1993] F. Bertinetto, P. Gambini, R. Lano et M. Puleo. *Stabilization of the emission frequency of 1.54 μm DFB laser diodes to hydrogen iodide*. Photonics Technology Letters, IEEE, vol. 5, no. 4, pages 472–474, 1993.

[Bortz *et al.* 1995] M. L. Bortz, M. A. Arbore et M. M. Fejer. *Quasi-phase-matched optical parametric amplification and oscillation in periodically poled $LiNbO_3$ waveguides*. Opt. Lett., vol. 20, no. 1, pages 49–51, 1995.

[Brendel *et al.* 1999] J. Brendel, N. Gisin, W. Tittel et H. Zbinden. *Pulsed Energy-Time Entangled Twin-Photon Source for Quantum Communication*. Phys. Rev. Lett., vol. 82, no. 12, page 2594, 1999.

[Brouri *et al.* 2000] R. Brouri, A. Beveratos, J.-P. Poizat et P. Grangier. *Photon antibunching in the fluorescence of individual color centers in diamond*. Opt. Lett., vol. 25, no. 17, pages 1294–1296, 2000.

[Castaldini *et al.* 2009] D. Castaldini, P. Bassi, P. Aschieri, S. Tascu, M. De Micheli et P. Baldi. *High performance mode adapters based on segmented SPE :$LiNbO_3$ waveguides*. Opt. Express, vol. 17, no. 20, pages 17868–17873, 2009.

[Chanvillard *et al.* 2000] L. Chanvillard, P. Aschiéri, P. Baldi, D. B. Ostrowsky, M. de Micheli, L. Huang et D. J. Bamford. *Soft proton exchange on periodically poled LiNbO₃ : A simple waveguide fabrication process for highly efficient nonlinear interactions.* Appl. Phys. Lett., vol. 76, no. 9, pages 1089–1091, 2000.

[Chanvillard 1999] L. Chanvillard. *Interactions paramétriques guidées de grandes efficacité : utilisation de l'échange protonique doux sur niobate de lithium polarisé périodiquement.* PhD thesis, Université de Nice - Sophia Antipolis, 1999.

[Clausen *et al.* 2011] C. Clausen, I. Usmani, F. Bussieres, N. Sangouard, M. Afzelius, H. de Riedmatten et N. Gisin. *Quantum storage of photonic entanglement in a crystal.* Nature, vol. 469, no. 7331, pages 508–511, 2011.

[Clauser *et al.* 1969] J. F. Clauser, M. A. Horne, A. Shimony et R. A. Holt. *Proposed Experiment to Test Local Hidden-Variable Theories.* Phys. Rev. Lett., vol. 23, no. 15, pages 880–884, 1969.

[Clemmen *et al.* 2010] S. Clemmen, A. Perret, S. K. Selvaraja, W. Bogaerts, D. van Thourhout, R. Baets, Ph. Emplit et S. Massar. *Generation of correlated photons in hydrogenated amorphous-silicon waveguides.* Opt. Lett., vol. 35, no. 20, pages 3483–3485, 2010.

[Cohen *et al.* 2009] O. Cohen, J. S. Lundeen, B. J. Smith, G. Puentes, P. J. Mosley et I. A. Walmsley. *Tailored Photon-Pair Generation in Optical Fibers.* Phys. Rev. Lett., vol. 102, no. 12, pages 123603–4, 2009.

[Dousse *et al.* 2010] A. Dousse, J. Suffczynski, A. Beveratos, O. Krebs, A. Lemaitre, I. Sagnes, J. Bloch, P. Voisin et P. Senellart. *Ultrabright source of entangled photon pairs.* Nature, vol. 466, no. 7303, pages 217–220, 2010.

[Dyer *et al.* 2008] S. D. Dyer, M. J. Stevens, B. Baek et S.Woo Nam. *High-efficiency, ultra low-noise all-fiber photon-pair source.* Opt. Express, vol. 16, no. 13, pages 9966–9977, 2008.

[Einstein *et al.* 1935] A. Einstein, B. Podolsky et N. Rosen. *Can Quantum-Mechanical Description of Physical Reality Be Considered Complete ?* Phys. Rev., vol. 47, pages 777–780, 1935.

[Fiorentino *et al.* 2007] M. Fiorentino, S. M. Spillane, R. G. Beausoleil, T. D. Roberts, P. Battle et M. W. Munro. *Spontaneous parametric downconversion in periodically poled KTP waveguides and bulk crystals.* Opt. Express, vol. 15, no. 12, pages 7479–7488, 2007.

[Fouchet *et al.* 1987] S. Fouchet, A. Carenco, C. Daguet, R. Guglielmi et L. Riviere. *Wavelength dispersion of Ti induced refractive index change in LiNbO₃ as a function of diffusion parameters.* IEEE J. Light. Tech., vol. 5, no. 5, pages 700–708, 1987.

[Franson 1989] J. D. Franson. *Bell inequality for position and time.* Phys. Rev. Lett., vol. 62, no. 19, pages 2205–2208, 1989.

[Fujii *et al.* 2007] G. Fujii, N. Namekata, M. Motoya, S. Kurimura et S. Inoue. *Bright narrowband source of photon pairs at optical telecommunication wave-*

lengths using a type-II periodically poled lithium niobate waveguide. Opt. Express, vol. 15, no. 20, pages 12769–12776, 2007.

[Fulconis *et al.* 2007] J. Fulconis, O. Alibart, J. L. O'Brien, W. J. Wadsworth et J. G. Rarity. *Nonclassical Interference and Entanglement Generation Using a Photonic Crystal Fiber Pair Photon Source*. Phys. Rev. Lett., vol. 99, no. 12, page 120501, 2007.

[Gaebel *et al.* 2004] T. Gaebel, I. Popa, A. Gruber, M. Domhan, F. Jelezko et J. Wrachtrup. *Stable single-photon source in the near infrared*. New J. Phys., vol. 6, pages 98–98, 2004.

[Gilbert *et al.* 2001] S.L. Gilbert, W. C. Swann et T. Dennis. *Wavelength standards for optical communications*. SPIE, vol. 4269, pages 184–191, 2001.

[Halder *et al.* 2007] M. Halder, A. Beveratos, N. Gisin, V. Scarani, C. Simon et H. Zbinden. *Entangling independent photons by time measurement*. Nature Phys., vol. 3, no. 10, pages 692–695, 2007.

[Halder *et al.* 2008] M. Halder, A. Beveratos, R. T. Thew, C. Jorel, H. Zbinden et N. Gisin. *High coherence photon pair source for quantum communication*. New J. Phys., vol. 10, no. 2, page 023027, 2008.

[Harada *et al.* 2008] K.-I. Harada, H. Takesue, H. Fukuda, T. Tsuchizawa, T. Watanabe, K. Yamada, Y. Tokura et S.-I. Itabashi. *Generation of high-purity entangled photon pairs using silicon wirewaveguide*. Opt. Express, vol. 16, no. 25, pages 20368–20373, 2008.

[Hawthorn *et al.* 2001] C. J. Hawthorn, K. P. Weber et R. E. Scholten. *Littrow configuration tunable external cavity diode laser with fixed direction output beam*. Rev. Sci. Instrum., vol. 72, no. 12, page 4477, 2001.

[Hentschel *et al.* 2009] M. Hentschel, H. Hübel, A. Poppe et A. Zeilinger. *Three-color Sagnac source of polarization-entangled photon pairs*. Opt. Express, vol. 17, no. 25, pages 23153–23159, 2009.

[Hong *et al.* 1987] C. K. Hong, Z. Y. Ou et L. Mandel. *Measurement of subpicosecond time intervals between two photons by interference*. Phys. Rev. Lett., vol. 59, no. 18, pages 2044–2046, 1987.

[Jiang & Tomita 2007] Y.-K. Jiang et A. Tomita. *The generation of polarization-entangled photon pairs using periodically poled lithium niobate waveguides in a fibre loop*. J. Phys. B : At. Mol. Opt. Phys., vol. 40, no. 2, pages 437–443, 2007.

[Kawashima *et al.* 2009] J. Kawashima, M. Fujimura et T. Suhara. *Type-I Quasi-Phase-Matched Waveguide Device for Polarization-Entangled Twin Photon Generation*. IEEE Photon. Technol. Lett., vol. 21, no. 9, pages 566–568, 2009.

[Kim *et al.* 2000] Y.-H. Kim, S. P. Kulik et Y. Shih. *High-intensity pulsed source of space-time and polarization double-entangled photon pairs*. Phys. Rev. A, vol. 62, no. 1, page 011802, 2000.

[Kuklewicz *et al.* 2006] C. E. Kuklewicz, F. N. C. Wong et J. H. Shapiro. *Time-bin-modulated biphotons from cavity-enhanced down-conversion*. Phys. Rev. Lett., vol. 97, no. 22, page 223601, 2006. PMID : 17155802.

[Kurtsiefer et al. 2000] C. Kurtsiefer, S. Mayer, P. Zarda et H. Weinfurter. *Stable Solid-State Source of Single Photons.* Phys. Rev. Lett., vol. 85, no. 2, page 290, 2000.

[Kwiat et al. 1993] P. G. Kwiat, A. M. Steinberg et R. Y. Chiao. *High-visibility interference in a Bell-inequality experiment for energy and time.* Phys. Rev. A, vol. 47, no. 4, pages R2472–R2475, 1993.

[Kwiat et al. 1995] P. G. Kwiat, K. Mattle, H. Weinfurter, A. Zeilinger, A. V. Sergienko et Y. Shih. *New High-Intensity Source of Polarization-Entangled Photon Pairs.* Phys. Rev. Lett., vol. 75, no. 24, pages 4337–4341, 1995.

[Kwiat et al. 1999] P. G. Kwiat, E. Waks, A. G. White, I. Appelbaum et P. H. Eberhard. *Ultrabright source of polarization-entangled photons.* Phys. Rev. A, vol. 60, no. 2, pages R773–R776, 1999.

[Lee et al. 2006] K. F. Lee, J. Chen, C. Liang, X. Li, P. L. Voss et P. Kumar. *Generation of high-purity telecom-band entangled photon pairs in dispersion-shifted fiber.* Opt. Lett., vol. 31, no. 12, pages 1905–1907, 2006.

[Li et al. 2005] X. Li, P. L. Voss, J. E. Sharping et P. Kumar. *Optical-Fiber Source of Polarization-Entangled Photons in the 1550 nm Telecom Band.* Phys. Rev. Lett., vol. 94, no. 5, page 053601, 2005.

[Li et al. 2006] X. Li, C. Liang, K. F. Lee, J. Chen, P. L. Voss et P. Kumar. *Integrable optical-fiber source of polarization-entangled photon pairs in the telecom band.* Phys. Rev. A, vol. 73, no. 5, pages 052301–6, 2006.

[Lin & Agrawal 2006] Q. Lin et Govind P. Agrawal. *Silicon waveguides for creating quantum-correlated photon pairs.* Opt. Lett., vol. 31, no. 21, pages 3140–3142, 2006.

[Littman & Metcalf 1978] M. G. Littman et H. J. Metcalf. *Spectrally narrow pulsed dye laser without beam expander.* Appl. Opt., vol. 17, no. 14, pages 2224–2227, 1978.

[Lu & Ou 2000] Y. J. Lu et Z. Y. Ou. *Optical parametric oscillator far below threshold : Experiment versus theory.* Phys. Rev. A, vol. 62, no. 3, page 033804, 2000.

[Lvovsky et al. 2009] A. I. Lvovsky, B. C. Sanders et W. Tittel. *Optical quantum memory.* Nat. Photon., vol. 3, no. 12, pages 706–714, 2009.

[Marcikic et al. 2004] I. Marcikic, H. de Riedmatten, W. Tittel, H. Zbinden, M. Legré et N. Gisin. *Distribution of Time-Bin Entangled Qubits over 50 km of Optical Fiber.* Phys. Rev. Lett., vol. 93, no. 18, page 180502, Octobre 2004.

[Martin et al. 2009] A. Martin, V. Cristofori, P. Aboussouan, H. Herrmann, W. Sohler, D. B. Ostrowsky, O. Alibart et S. Tanzilli. *Integrated optical source of polarization entangled photons at 1310 nm.* Opt. Express, vol. 17, no. 2, pages 1033–1041, 2009.

[Martin et al. 2010] A. Martin, A. Issautier, H. Herrmann, W. Sohler, D. B. Ostrowsky, O. Alibart et S. Tanzilli. *A polarization entangled photon-pair source based on a type-II PPLN waveguide emitting at a telecom wavelength.* New J. Phys., vol. 12, no. 10, page 103005, 2010.

[Medic *et al.* 2010] M. Medic, J. B. Altepeter, M. A. Hall, M. Patel et P. Kumar. *Fiber-based telecommunication-band source of degenerate entangled photons.* Opt. Lett., vol. 35, no. 6, pages 802–804, 2010.

[Mohan *et al.* 2010] A. Mohan, M. Felici, P. Gallo, B. Dwir, A. Rudra, J. Faist et E. Kapon. *Polarization-entangled photons produced with high-symmetry site-controlled quantum dots.* Nat. Photon, vol. 4, no. 5, pages 302–306, 2010.

[Muller *et al.* 2009] A. Muller, W. Fang, J. Lawall et G. S. Solomon. *Creating Polarization-Entangled Photon Pairs from a Semiconductor Quantum Dot Using the Optical Stark Effect.* Phys. Rev. Lett., vol. 103, no. 21, pages 217402–4, 2009.

[Ou & Lu 1999] Z. Y. Ou et Y. J. Lu. *Cavity Enhanced Spontaneous Parametric Down-Conversion for the Prolongation of Correlation Time between Conjugate Photons.* Phys. Rev. Lett., vol. 83, no. 13, page 2556, 1999.

[Ou & Mandel 1988] Z. Y. Ou et L. Mandel. *Observation of Spatial Quantum Beating with Separated Photodetectors.* Phys. Rev. Lett., vol. 61, no. 1, pages 54–57, 1988.

[Piro *et al.* 2009] N. Piro, A. Haase, M. W. Mitchell et J. Eschner. *An entangled photon source for resonant single-photon-single-atom interaction.* J. Phys. B : At. Mol. Opt. Phys., vol. 42, page 114002, Juin 2009.

[Pomarico *et al.* 2009] E. Pomarico, B. Sanguinetti, N. Gisin, R. Thew, H. Zbinden, G. Schreiber, A. Thomas et W. Sohler. *Waveguide-based OPO source of entangled photon pairs.* New J. Phys., vol. 11, no. 11, page 113042, 2009.

[Pomarico *et al.* 2011] E. Pomarico, B. Sanguinetti, C.I. Osorio, H. Herrmann et R. Thew. *Engineering integrated pure narrow-band photon sources.* Arxiv preprint arXiv :1108.5542, 2011.

[Ramelow *et al.* 2011] S. Ramelow, A. Fedrizzi, A. Poppe, N.K. Langford et A. Zeilinger. *Polarization-entanglement conserving frequency conversion of photons.* Arxiv preprint arXiv :1106.1867, 2011.

[Saglamyurek *et al.* 2011] E. Saglamyurek, N. Sinclair, J. Jin, J. A. Slater, D. Oblak, F. Bussieres, M. George, R. Ricken, W. Sohler et W. Tittel. *Broadband waveguide quantum memory for entangled photons.* Nature, vol. 469, no. 7331, pages 512–515, 2011.

[Sanaka *et al.* 2001] K. Sanaka, K. Kawahara et T. Kuga. *New High-Efficiency Source of Photon Pairs for Engineering Quantum Entanglement.* Phys. Rev. Lett., vol. 86, no. 24, page 5620, 2001.

[Scholz *et al.* 2009] M. Scholz, L. Koch, R. Ullmann et O. Benson. *Single-mode operation of a high-brightness narrow-band single-photon source.* Appl. Phys. Lett., vol. 94, no. 20, page 201105, 2009.

[Sekatski *et al.* 2011] P. Sekatski, N. Sangouard, F. Bussieres, C. Clausen, N. Gisin et H. Zbinden. *Detector imperfections in photon-pair source characterization.* Arxiv preprint arXiv :1109.0194, 2011.

[Sharping *et al.* 2006] J. E. Sharping, K. F. Lee, M. A. Foster, A. C. Turner, B. S. Schmidt, M. Lipson, A. L. Gaeta et P. Kumar. *Generation of correlated photons in nanoscale silicon waveguides.* Opt. Express, vol. 14, no. 25, pages 12388–12393, 2006.

[Simon *et al.* 2010] C. Simon, M. Afzelius, J. Appel, A. Boyer de la Giroday, S. J. Dewhurst, N. Gisin, C. Y. Hu, F. Jelezko, S. Kröll, J. H. Müller, J. Nunn, E. S. Polzik, J. G. Rarity, H. De Riedmatten, W. Rosenfeld, A. J. Shields, N. Sköld, R. M. Stevenson, R. Thew, I. A. Walmsley, M. C. Weber, H. Weinfurter, J. Wrachtrup et R. J. Young. *Quantum memories.* Eur. Phys. J. D, vol. 58, no. 1, pages 1–22, 2010.

[Sohler 1989] W. Sohler. *Integrated optics in LiNbO₃.* Thin Solid Films, vol. 175, pages 191–200, 1989.

[Suhara *et al.* 2007] T. Suhara, H. Okabe et M. Fujimura. *Generation of polarization-entangled photons by Type-II quasi-phase-matched waveguide non-linear-optic device.* IEEE Photon. Technol. Lett., vol. 19, no. 14, pages 1093–1095, 2007.

[Suhara *et al.* 2009] T. Suhara, G. Nakaya, J. Kawashima et M. Fujimura. *Quasi-Phase Matched Waveguide Devices for Generation of Postselection-Free Polarization-Entangled Twin Photons.* IEEE Photon. Technol. Lett., vol. PP, no. 99, page 1, 2009.

[Takesue & Inoue 2004] H. Takesue et K. Inoue. *Generation of polarization-entangled photon pairs and violation of Bell's inequality using spontaneous four-wave mixing in a fiber loop.* Phys. Rev. A, vol. 70, no. 3, page 031802, 2004.

[Takesue & Inoue 2005a] H. Takesue et K. Inoue. *1.5-μm band quantum-correlated photon pair generation in dispersion-shifted fiber : suppression of noise photons by cooling fiber.* Opt. Express, vol. 13, no. 20, pages 7832–7839, 2005.

[Takesue & Inoue 2005b] H. Takesue et K. Inoue. *Generation of 1.5-μm band time-bin entanglement using spontaneous fiber four-wave mixing and planar light-wave circuit interferometers.* Phys. Rev. A, vol. 72, no. 4, page 041804, Octobre 2005.

[Takesue *et al.* 2005] H. Takesue, K. Inoue, O. Tadanaga, Y. Nishida et M. Asobe. *Generation of pulsed polarization-entangled photon pairs in a1.55-μm band with a periodically poled lithium niobate waveguide and anorthogonal polarization delay circuit.* Opt. Lett., vol. 30, no. 3, pages 293–295, 2005.

[Tanzilli *et al.* 2001] S. Tanzilli, H. de Riedmatten, W. Tittel, H. Zbinden, P. Baldi, M.P. De Micheli, D.B. Ostrowsky et N. Gisin. *Highly efficient photon-pair source using a Periodically Poled Lithium Niobate waveguide.* Electron. Lett., vol. 37, pages 26–28, 2001.

[Tanzilli *et al.* 2002] S. Tanzilli, W. Tittel, H. De Riedmatten, H. Zbinden, P. Baldi, M. De Micheli, D.B. Ostrowsky et N. Gisin. *PPLN waveguide for quantum communication.* Eur. Phys. J. D, vol. 18, no. 2, pages 155–160, 2002.

[Tanzilli *et al.* 2005] S. Tanzilli, W. Tittel, M. Halder, O. Alibart, P. Baldi, N. Gisin et H. Zbinden. *A photonic quantum information interface.* Nature, vol. 437, no. 7055, pages 116–120, 2005.

[Tanzilli 2002] Sébastien Tanzilli. *Optique intégrée pour les communications quantiques.* PhD thesis, Université de Nice - Sophia Antipolis, 2002.

[Thew *et al.* 2002] R. T. Thew, S. Tanzilli, W. Tittel, H. Zbinden et N. Gisin. *Experimental investigation of the robustness of partially entangled qubits over 11 km.* Phys. Rev. A, vol. 66, no. 6, page 062304, 2002.

[Thompson *et al.* 2006] J. K. Thompson, J. Simon, H. Loh et V. Vuletić. *A High-Brightness Source of Narrowband, Identical-Photon Pairs.* Science, vol. 313, no. 5783, pages 74 –77, 2006.

[Thyagarajan *et al.* 1994] K. Thyagarajan, C. W. Chien, R. V. Ramaswamy, H. S. Kim et H. C. Cheng. *Proton-exchanged periodically segmented waveguides in LiNbO₃.* Opt. Lett., vol. 19, no. 12, pages 880–882, 1994.

[Thyagarajan *et al.* 2009] K. Thyagarajan, J. Lugani, S. Ghosh, K. Sinha, A. Martin, D. B. Ostrowsky, O. Alibart et S. Tanzilli. *Generation of polarization-entangled photons using type-II doubly periodically poled lithium niobate waveguides.* Phys. Rev. A, vol. 80, no. 5, pages 052321-8, 2009.

[Tittel *et al.* 1998] W. Tittel, J. Brendel, B. Gisin, T. Herzog, H. Zbinden et N. Gisin. *Experimental demonstration of quantum correlations over more than 10 km.* Phys. Rev. A, vol. 57, no. 5, page 3229, Mai 1998.

[Wang *et al.* 2004] H. Wang, T. Horikiri et T. Kobayashi. *Polarization-entangled mode-locked photons from cavity-enhanced spontaneous parametric down-conversion.* Phys. Rev. A, vol. 70, no. 4, page 043804, 2004.

[Yoshizawa *et al.* 2003] A. Yoshizawa, R. Kaji et H. Tsuchida. *Generation of polarisation-entangled photon pairs at 1550 nm using two PPLN waveguides.* Electron. Lett., vol. 39, no. 7, page 621, 2003.

[Yuan *et al.* 2007] Z.-S. Yuan, Y.-A. Chen, S. Chen, B. Zhao, M. Koch, T. Strassel, Y. Zhao, G.-J. Zhu, J. Schmiedmayer et J.-W. Pan. *Synchronized Independent Narrow-Band Single Photons and Efficient Generation of Photonic Entanglement.* Phys. Rev. Lett., vol. 98, no. 18, page 180503, 2007.

[Zhong *et al.* 2009] T. Zhong, F. N. Wong, T. D. Roberts et P. Battle. *High performance photon-pair source based on a fiber-coupled periodically poled KTiOPO₄ waveguide.* Opt. Express, vol. 17, no. 14, pages 12019–12030, 2009.

[Zhong *et al.* 2010] T. Zhong, X. Hu, F. N. C. Wong, K. K. Berggren, T. D. Roberts et P. Battle. *High-quality fiber-optic polarization entanglement distribution at 1.3 nm telecom wavelength.* Opt. Lett., vol. 35, no. 9, pages 1392–1394, 2010.

Troisième partie

Relais quantique intégré

Dans cette partie, nous allons présenter la réalisation d'un relais quantique intégré sur un substrat de niobate de lithium. Son concept s'appuie sur la "téléportation locale", elle-même basée sur l'interférence à deux photons en régime de synchronisation. Après une brève introduction, nous décrirons le principe de l'interférence à deux photons en présentant les contraintes liées à l'utilisation de deux sources indépendantes pour générer chacun des photons impliqués. Dans un second temps, nous détaillerons et caractériserons de façon classique les éléments qui constituent notre relais intégré. Enfin, nous présenterons la caractérisation quantique du relais, basée sur une expérience d'interférence à deux photons réalisée au sein même de la puce.

Table des matières

CHAPITRE 1

Introduction

Nous avons vu dans le CHAP. I.3 qu'à l'heure actuelle, l'une des limites de la communication quantique est la distance de propagation. En effet, l'information étant encodée sur l'observable quantique d'une seule particule, en l'occurrence le photon, si nous perdons le photon, nous perdons son information, et comme nous le savons bien toute propagation entraîne des pertes plus ou moins importantes. Comme nous l'avons déjà mentionné, pour réduire au maximum ces pertes à la propagation, nous pouvons encoder l'information sur des photons aux longueurs d'onde des télécommunications et utiliser des fibres optique monomode. Dans cette configuration, les pertes sont d'environ $0.2\,\mathrm{dB/km}$. Le second facteur qui limite les distances de communication est le bruit dans les détecteurs de photons placés en bout de ligne. Comme nous l'avons démontré dans le CHAP. I.3, lorsque la distance entre les détecteurs et la source augmente, le taux de photons arrivant sur le détecteur diminue de façon exponentielle. Par contre, le bruit reste constant car il est intrinsèque aux détecteurs. Ainsi, passée une certaine distance, le taux de bruit des détecteurs devient plus important que le taux de photons détectés, ce qui empêche toute communication intelligible. De ce fait, les communications à l'aide de qbits (photons) uniques sur une simple ligne de communication sont, compte tenu des performances actuelles des détecteurs et des fibres, limitées à une distance de propagation de l'ordre de $100\,\mathrm{km}$; au-delà de cette distance, le rapport signal sur bruit de la ligne devient trop faible.

En communication quantique, les théorèmes de non-clonage et de réduction du paquet d'onde nous empêchent d'amplifier le signal comme dans les liens de communication classique. Pour s'affranchir de ce problème, l'une des solutions consiste à mettre en place des relais quantiques qui s'appuient sur les protocoles de téléportation d'état quantique (voir SEC. I.3.1) et de permutation d'intrication (voir SEC. I.3.2) [Bennett *et al.* 1993, Jacobs *et al.* 2002, Collins *et al.* 2005]. Comme nous l'avons vu, ces protocoles permettent de transférer l'état quantique d'un photon à un autre photon en consommant une paire de photons intriqués. Une mesure d'état de Bell est alors effectuée entre le qbit initial et l'un des qbits intriqués. Ainsi, d'un point de vue expérimental, la réussite de la mesure de Bell va générer un signal électrique que l'on peut utiliser pour déclencher les détecteurs en bout de ligne. Le temps d'ouverture des détecteurs est alors diminué, ce qui a pour effet de réduire la probabilité d'obtenir un coup de bruit. Ainsi par cette astuce, nous n'amplifions pas le signal de la ligne comme en communication classique, mais réduisons le bruit apparent, ce qui conduit à une amélioration du rapport signal/bruit, et permet donc d'atteindre des distances de communication plus importantes au prix d'une réduction du débit.

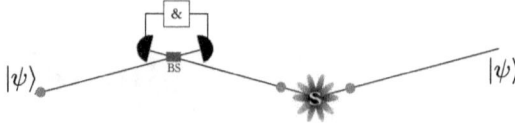

FIG. 1.1 : Schéma d'un relais quantique, avec une source de paires de photon intriquées (S)
et un coupleur 50/50 (BS) avec deux détecteurs de photons uniques connectés
à une porte & pour réaliser la mesure de Bell.

Pour réaliser un relais quantique, nous avons besoin d'une source de paires de
photons intriqués et d'un outil pour réaliser la mesure d'état de Bell. Comme nous
le démontrerons par la suite, nous pouvons projeter les qbits sur l'un des quatre
état de Bell, $|\Psi^-\rangle$, à l'aide d'un simple coupleur 50/50 et de deux détecteurs
de photons uniques connectés à une porte "ET" [Braunstein & Mann 1995]. Schématiquement, le protocole de relais quantique ressemble à la FIG.1.1. La détection d'une coïncidence entre les deux détecteurs, qui correspond à la mesure d'un
état $|\Psi^-\rangle$, génère une impulsion électrique qui va permettre de déclencher le détecteur en bout de ligne. Toutefois, si de nombreuses expériences de téléportation
[Bouwmeester et al. 1997, Pan et al. 1998, Marcikic et al. 2003] et de permutation
d'intrication [de Riedmatten et al. 2004a, Aboussouan et al. 2010] ont permis d'en
valider les principes, très peu ont montré de véritable augmentation des distances de
communication quantique en raison de nombreux points durs dans les configurations
retenues. Nous pensons notamment aux pertes de couplage entres les générateurs de
photons et les canaux de distribution fibrés, le maintien de la cohérence des états
au cours de la propagation, mais surtout la synchronisation des lasers de pompe alimentant les générateurs situés dans des locaux séparés spatialement. En effet, toute
source d'erreur associée au signal représente une façon de donner de l'importance
au bruit dans les détecteurs. Les réalisations les plus prometteuses pour accroître
les distances de communication via une configuration relais quantique ont été faites
par H. Takesue [Takesue & Miquel 2009].

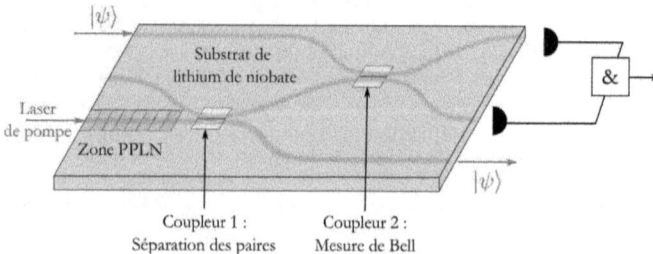

FIG. 1.2 : Représentation 3d de la puce relais quantique, où $|\psi\rangle$ représente le qbit à téléporter.

Pour tenter de répondre à ce défi, nous proposons dans ce qui suit l'étude, la réalisation et la mise en œuvre d'une puce relais quantique entièrement intégrée à la surface d'un substrat de niobate de lithium. Plus précisément, comme le montre la FIG.1.2, cette puce contient une source de paires de photons basée sur une interaction non-linéaire et deux coupleurs ajustables électro-optiquement. Le premier coupleur va permettre de séparer les paires, tandis que le second sera utilisé pour réaliser la mesure d'états de Bell entre un photon émis par la puce et un photon incident dont on cherche à téléporter l'état. Nous regroupons ainsi dans un seul composant de quelques centimètres de long tous les éléments nécessaires à la fonction relais quantique. Outre le défi technologique, qui consiste à intégrer sur une même puce, et ce pour la première fois, deux types d'interactions non-linéaires, l'une optique-optique et l'autre électro-optique, cette puce est une première étape dans l'intégration de fonctions quantiques reconfigurables pour les communications quantiques sur longue distance.

Toutefois, cette configuration toute intégrée présente l'inconvénient, qui peut aussi être perçu comme un avantage, que la mesure de l'état de Bell se produit au niveau de la source. Ainsi, contrairement à la configuration relais quantique usuelle (voir FIG. 1.3.b) où les trois photons mis en jeu se propagent sur un tiers de la distance totale, dans notre configuration seulement deux photons se propagent sur la moitié de la distance (voir FIG.1.3.c). Ceci a pour effet immédiat de réduire la distance maximale de communication, mais en contrepartie, cette configuration présente l'avantage de pouvoir faire se propager en même temps le photon unique portant l'information et l'impulsion classique (électrique ou optique) annonçant la réussite de la mesure de Bell. Ce schéma s'inscrit plus naturellement dans les protocoles de communication asynchrone classique où chaque bit d'information est accompagné d'un signal d'annonce.

Dans un premier temps, nous allons présenter le principe d'interférence à deux photons sur un coupleur, qui est à la base de la projection dans l'état de Bell $|\Psi^-\rangle$. Dans un second temps, nous présenterons dans les détails la puce relais quantique avec toutes les fonctions élémentaires qui la constituent. Après une caractérisation classique de tous ces éléments nécessaire à leur validation, nous présenterons les résultats obtenus lors d'une expérience d'interférence à deux photons sur le second coupleur de la puce entre un photon émis par la puce et un photon provenant d'une source externe de photons uniques, dans le but de simuler une véritable configuration relais quantique.

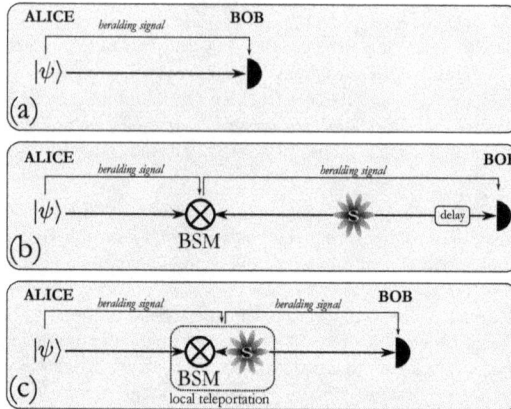

FIG. 1.3 : Comparaison de différents liens de communication basés sur la transmission de qbits uniques (réprésentés dans l'état générique $|\psi\rangle$) entre deux partenaires distants, Alice et Bob. La configuration (a) représente une ligne simple de communication où les qbits sont directement transmis d'Alice vers Bob. (b) représente une ligne avec un relais quantique "standard" mettant en jeu une source de paires de photons intriqué (S) et un dispositif pour réaliser une mesure d'état de Bell (BSM). Toutes les distances entre les différents éléments sont identiques afin d'optimiser la distance de communication. Les résultats de la mesure de Bell sont transmis à Bob à l'aide de deux bits d'information classiques afin qu'il effectue la transformation unitaire (non représentée) appropriée pour retrouver l'état initial. Un délai optique est alors nécessaire pour attendre l'arrivée du signal. Le dernier cas (c) correspond à une configuration où la source de paires de photons intriqués et la mesure de Bell sont situées au même endroit. Bien que cette configuration ne soit pas optimale en terme de distance de propagation, elle présente l'intérêt d'être intégrable et permet surtout que les bits classiques d'information se propagent en même temps que le qubit, ce qui simplifie la synchronisation de tous les éléments.

CHAPITRE 2

Interférence à deux photons

Nous allons présenter dans cette partie l'interférence à deux photons qui a été démontré expérimentalement pour la première fois par Hong, Ou, et Mandel (HOM) [Hong et al. 1987] et qui est depuis couramment utilisée dans la caractérisation des sources de paires de photons [Martin et al. 2009, Zhong et al. 2009] et vue comme l'étape clef de la validation du fonctionnement des relais quantiques. Nous allons dans un premier temps voir le principe de l'interférence à deux photons. Puis, nous aborderons les causes possibles de perte de visibilité pour des expériences d'interférence entre deux sources indépendantes. Pour finir, nous répondrons à la question : "Comment pouvons nous déterminer un des quatre états de Bell à l'aide de cette mesure pour réaliser un relais quantique ?"

2.1 Principe

Nous avons vu dans la partie précédente le principe d'interférence à deux photons en polarisation, qui consistait à faire interférer deux photons parfaitement identiques mais de polarisations croisées sur un PBS. Pour la réalisation du relais, nous utilisons le même principe physique, mais pour des photons qui diffèrent uniquement par leur position, que nous faisons interférer sur un coupleur 50/50. Autrement dit, seule l'observable change.

Commençons par décrire le comportement d'un coupleur pour un photon unique. Pour cela, nous labellisons par a et b les deux entrées du coupleur et par a' et b' les deux sorties, comme le montre la FIG. 2.1. Si nous considérons notre coupleur comme réversible et sans pertes, nous pouvons le décrire par ses coefficients de transmission et de réflexion en amplitude t et ir, avec le terme i rendant compte du déphasage de $\pi/2$ entre les faisceaux réfléchi et transmis. Ces deux coefficients doivent satisfaire les relations suivantes :

$$\begin{cases} |r|^2 + |t|^2 &= 1 \\ irt^* + (ir)^*t &= 0 \end{cases} \qquad (2.1)$$

où la première nous assure la conservation de l'énergie, et la seconde nous impose la phase que nous appliquons par convention à la réflexion.

Dans le cas où un photon est envoyé sur le coupleur par l'une de ses entrées, nous pouvons alors définir cet état à l'aide du formalisme de Fock, qui consiste à définir les états par le nombre de particules dans un mode du champ. Dans notre configuration, nous ne considérons que deux modes spatiaux du champ qui sont les voies du coupleur, ainsi les états sont définis par $|n_a, n_b\rangle$, où n_a et n_b représentent respectivement le nombre de photons dans la voie a et b. Nous utilisons alors

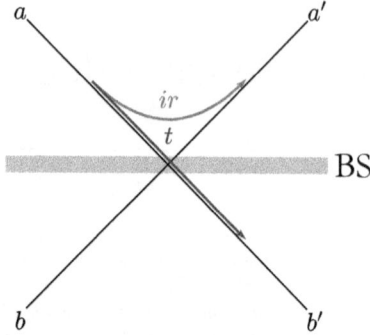

FIG. 2.1 : Schéma de principe du coupleur.

les opérateurs création et annihilation de photons pour faire évoluer l'état, définis respectivement par :

$$\begin{cases} \widehat{a}^\dagger |n_a\rangle &= \sqrt{n_a + 1}|n_a + 1\rangle \\ \widehat{a}|n_a\rangle &= \sqrt{n_a}|n_a - 1\rangle. \end{cases} \tag{2.2}$$

En utilisant cette notation, l'évolution des opérateurs création relatifs aux ports a et b du coupleur est décrite par :

$$\begin{aligned} \widehat{a}^\dagger &\xrightarrow{BS} ir\widehat{a'}^\dagger + t\widehat{b}^\dagger \\ \widehat{b}^\dagger &\xrightarrow{BS} ir\widehat{b}^\dagger + t\widehat{a'}^\dagger. \end{aligned} \tag{2.3}$$

Dans le cas où un seul photon arrive par l'une des voies du coupleur, nous obtenons comme état de sortie :

$$\begin{aligned} |1,0\rangle &\xrightarrow{BS} \left(ir\widehat{a'}^\dagger + t\widehat{b}^\dagger\right)|0,0\rangle &= ir|1,0\rangle + t|0,1\rangle \\ |0,1\rangle &\xrightarrow{BS} \left(ir\widehat{b}^\dagger + t\widehat{a'}^\dagger\right)|0,0\rangle &= ir|0,1\rangle + t|1,0\rangle, \end{aligned} \tag{2.4}$$

où $|0\rangle$ représente le vide dans le port considéré.

Supposons maintenant que deux photons arrivent sur le coupleur, un par la voie a, l'autre par la voie b. Si ces deux photons sont parfaitement indiscernables sur toutes les autres observables quantiques, qui sont :

- le temps d'arrivée sur le coupleur,
- la polarisation,
- la longueur d'onde,
- et la largeur spectrale, ou temps de cohérence,

l'état d'entrée s'écrit alors $|1,1\rangle$. Nous obtenons donc en sortie du coupleur l'état :

$$|1,1\rangle \xrightarrow{BS} \left((t^2 - r^2)\widehat{a'}^\dagger\widehat{b}^\dagger + irt\left(\widehat{a'}^{\dagger 2} + \widehat{b}^{\dagger 2}\right)\right)|0,0\rangle \tag{2.5}$$

Dans le cas d'un coupleur 50/50, nous avons $t = r = \frac{1}{\sqrt{2}}$. Ainsi l'état de sortie devient :

$$|1,1\rangle \xrightarrow{BS} \left(irt\left(\widehat{a'}^{\dagger 2} + \widehat{b'}^{\dagger 2}\right)\right)|0,0\rangle = \frac{i}{\sqrt{2}}\left(|2,0\rangle + |0,2\rangle\right). \tag{2.6}$$

Nous pouvons alors remarquer un phénomène d'interférence destructive pour les termes où les deux photons sortent par des voies distinctes. Les photons sortent donc toujours par paires par le même port de sortie mais de façon totalement aléatoire. L'état de l'EQ. (2.6) est également appelé état NOON à deux photons.

Par conséquent, avec $|1,1\rangle$ comme état d'entrée si l'on place deux détecteurs de photons en sortie du coupleur, ceux-ci n'enregistreront jamais de détection en coïncidence. On parle d'interférence à deux photons à la Hong, Ou, et Mandel [Hong *et al.* 1987]. Une telle mesure permet d'observer les fameux "Mandel dip", ou trou dans les coïncidences, qui peuvent s'obtenir en faisant varier le temps d'arrivée d'un photon par rapport à l'autre sur le coupleur, tout en enregistrant le taux de coïncidences sur les détecteurs. De là, la profondeur du trou, ou visibilité de l'interférence qualifie l'indiscernabilité des deux photons.

2.2 Estimation de la visibilité

Nous allons maintenant nous intéresser aux différentes causes possibles de discernablilité pour une expérience d'interférence à deux photons issus de deux sources indépendantes. Nous traiterons dans un premier temps le problème de l'incertitude sur le temps d'arrivée. Puis par la suite, nous étudierons l'influence de la statistique d'émission des sources.

2.2.1 Étude de la visibilité en fonction de l'incertitude sur le temps d'arrivée

La visibilité de l'interférence dépend de la qualité de l'indiscernabilité des deux photons mis en jeu, en ce qui concerne toutes les observables que sont la polarisation, la longueur d'onde, la largeur spectrale et le temps d'arrivée. Dans cette partie, nous allons supposer que les photons sont indiscernables sur toutes les observables autres que le temps d'arrivée, qui sera donc notre paramètre ajustable. Il est courant dans les expériences de prendre ce paramètre pour quantifier la visibilité, car il permet de définir le temps de cohérence des photons.

Pour étudier l'évolution de la visibilité en fonction de ce paramètre, nous devons dans un premier temps définir la fonction d'onde temporelle de nos photons. Pour cela nous prenons une gaussienne d'écart type $\sigma_{\tau_c}^2$, relié au temps de cohérence τ_c des photons par la relation $\sigma_{\tau_c} = \frac{\tau_c}{2\sqrt{2\ln 2}}$. Il vient :

$$f(t) = \frac{1}{\sqrt{2\pi}\sigma_{\tau_c}} e^{-\dfrac{t^2}{2\sigma_{\tau_c}^2}}. \tag{2.7}$$

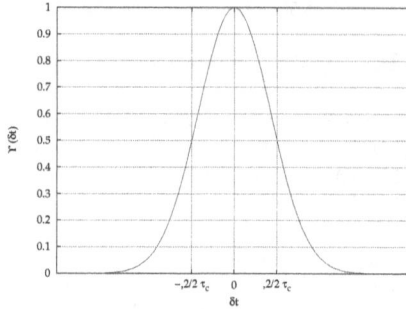

FIG. 2.2 : Probabilité d'interférence en fonction de δt.

Nous considérons que les deux photons ont la même distribution temporelle, ce qui est en accord avec l'hypothèse précédente sur la largeur spectrale identique des photons.

En modifiant le temps relatif d'arrivée des deux photons sur le coupleur, nous faisons varier leur recouvrement temporel. Ainsi, nous pouvons définir mathématiquement la variation de la probabilité d'obtenir une interférence par :

$$\Upsilon(\delta t) = \frac{(f(t) * f(t))(\delta t)}{\int_{-\infty}^{\infty} dt f(t) f(t)} = e^{-\frac{\delta t^2}{4\sigma_{\tau_c}^2}}, {}^{1} \tag{2.8}$$

où δt représente le temps relatif entre les deux photons. Nous remarquons alors que pour $\delta t = 0$, ce qui traduit un recouvrement temporel parfait entre nos deux photons, nous avons une probabilité de 100% d'observer une interférence. De plus, comme nous pouvons le voir sur la FIG. 2.2, la largeur à mi-hauteur de la cette fonction est donnée par $\sqrt{2}\tau_c$. Ainsi, comme annoncé précédemment, nous pouvons remonter au temps de cohérence des photons en étudiant la variation du taux de coïncidence en fonction du temps relatif entre les deux photons lorsqu'ils arrivent sur le coupleur. Plus précisément, la largeur à mi-hauteur du dip est donnée par $\sqrt{2}\tau_c$.

Dans ce calcul, nous avons fait implicitement la supposition que nous contrôlions sans erreur le temps d'arrivée de nos photons. Ceci est vrai dans un monde idéal, ou pour toutes les expériences où les deux photons qui interagissent sont issus du même processus de génération. Par exemple, dans le cas de la conversion paramétrique en optique non-linéaire, les photons sont toujours émis parfaitement en même temps et par paires. Dans le cas où les deux photons sont issus de deux interactions différentes, comme pour les expériences de relais, il demeure toujours une incertitude sur le temps d'arrivée des deux photons. Ainsi la probabilité d'observer une interférence

---

1. $(f(t) * f(t))(\delta t)$ représente le produit d'auto-convolution de la fonction $f(t)$.

est définie par $\Upsilon(\delta t + \Delta t)$ où Δt représente l'incertitude sur le temps relatif d'arrivée. Supposons que la distribution de fluctuation du temps d'arrivée est définie par une gaussienne d'écart type $\sigma_{\tau_{err}}$:

$$f_{err}(t) = \frac{1}{\sqrt{2\pi}\sigma_{\tau_{err}}} e^{-\frac{t^2}{2\sigma_{\tau_{err}}^2}}. \tag{2.9}$$

Nous verrons par la suite comment définir ce paramètre dans nos expériences.

Dans ces conditions, nous pouvons définir la probabilité d'interférence indépendamment de l'erreur sur le temps d'arrivée $\langle \Upsilon(\delta t) \rangle$, en calculant la moyenne de l'Eq. (2.8) :

$$\langle \Upsilon(\delta t) \rangle = \int_{-\infty}^{\infty} d\Delta t \, \Upsilon(\delta t + \Delta t) f_{err}(\Delta t) = \frac{1}{\sqrt{\frac{\sigma_{\tau_{err}}^2}{2\sigma_{\tau_c}^2} + 1}} e^{-\frac{1}{2}\frac{\delta t^2}{2\sigma_{\tau_c}^2 + \sigma_{\tau_{err}}^2}}. \tag{2.10}$$

Nous pouvons alors définir la visibilité maximum :

$$\boxed{V_{err}^{max} = \frac{1}{\sqrt{\gamma^2 + 1}}}, \tag{2.11}$$

avec $\gamma^2 = \frac{\sigma_{\tau_{err}}^2}{2\sigma_{\tau_c}^2}$. Comme le montre la FIG. 2.3, V_{err}^{max} tend vers 1 lorsque γ tend vers zéro. Ainsi pour maximiser la visibilité, il faut $\sigma_{\tau_c} \gg \sigma_{\tau_{err}}$, ce qui signifie que le temps de cohérence des photons doit être bien plus grand que l'incertitude sur le temps d'arrivée des photons.

De plus, nous pouvons remarquer que dans l'Eq. (2.10), que l'écart type de la gaussienne est donnée par :

$$\boxed{\sigma_{tot} = \sqrt{1 + \gamma^2}\sigma_{\tau_c}}. \tag{2.12}$$

Nous avons représenté sur la FIG. 2.4, la probabilité moyenne d'observer une interférence définie par l'EQ. (2.10) en fonction de γ, où nous voyons clairement une chute de la visibilité et l'élargissement de l'écart type lorsque γ augmente.

À la vue de ces résultats, pour maximiser l'interférence, il est important de connaitre l'incertitude sur le temps d'arrivée des photons, afin d'ajuster leur temps de cohérence par le filtrage spectral des photons. Il existe alors différents régimes de fonctionnement :

- **Le régime impulsionnel :** dans ce régime, nous employons un laser impulsionnel pour pomper les cristaux non-linéaires, comme le montre la FIG. 2.5. Ainsi les paires ne sont créées qu'au sein d'une impulsion, ce qui permet de réduire l'incertitude sur le temps d'arrivée pour chaque photon à la largeur

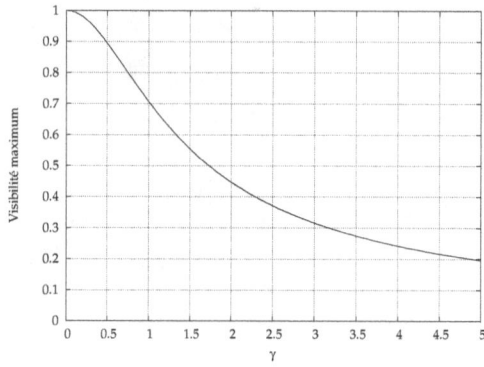

FIG. 2.3 : Visibilité maximum en fonction du paramètre γ.

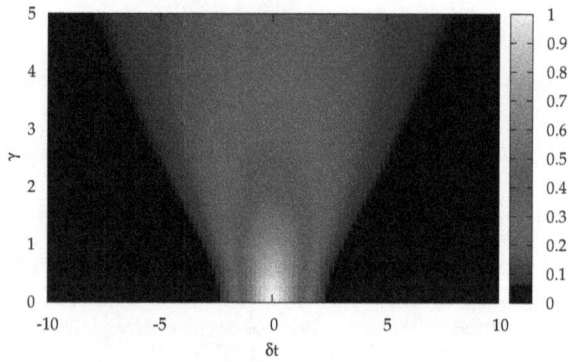

FIG. 2.4 : Visibilité en fonction de δt et γ.

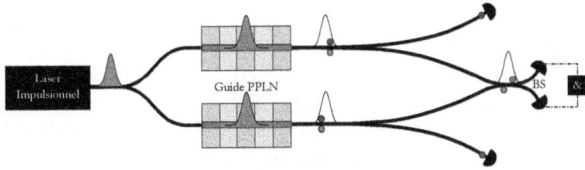

FIG. 2.5 : Schéma de principe d'une expérience d'interférence à deux photons basée sur deux guides d'onde.

temporelle de l'impulsion. Dans le cas d'impulsions de formes gaussiennes et de largeurs à mi-hauteur τ_p, nous obtenons $\sigma_{\tau_{err}} = \frac{\tau_p}{2\sqrt{\ln 2}}$.

Dans ce régime de fonctionnement plusieurs expériences ont été réalisés, nous pouvons par exemple citer le groupe de Genève qui observa des interférences à deux photons générés par deux cristaux massifs pompés par un laser impulsionnel de type femtoseconde [de Riedmatten *et al.* 2003]. L'une des caractéristiques intéressantes résidait dans le choix d'une longueur d'onde de 1310 nm, qui est l'une des fenêtres de télécommunications. Cette expérience a été étendue à la téléportation en laboratoire [Marcikic *et al.* 2003],à la téléportation sur 3×2 km [de Riedmatten *et al.* 2004a], à la permutation d'intrication [de Riedmatten *et al.* 2005], et à la téléportation au travers du réseau Swisscom [Landry *et al.* 2007]. La même expérience a été réalisée par le groupe de Vienne avec des photons visibles [Kaltenbaek *et al.* 2006]. Un point remarquable de cette réalisation est l'utilisation de deux lasers femtosecondes synchronisés, chacun servant de pompe à un cristal non-linéaire. Ainsi nous pouvons considérer que les deux sources sont parfaitement indépendantes.

D'autres expériences ont été réalisées avec des lasers émettant des impulsions picosecondes, nous pouvons par exemple citer l'expérience réalisée au sein de notre laboratoire basée sur deux guides d'onde permettant de générer des paires des photons aux longueurs d'onde des télécommunications (1536 nm) [Aboussouan Diegelma Aboussouan *et al.* 2010] (le schéma du montage est présenté en FIG. 2.5). Il existe également, pour ce type d'impulsions des expériences basées sur des interactions non-linéaires dans des fibres à dispersions décalées [Fulconis *et al.* 2007, Takesue 2007, Takesue & Miquel 2009].

- **Le régime continu :** l'interférence à deux photons peut aussi être réalisée avec un laser continu ou quasi-continu[2]. Dans ce cas, nous ne pouvons plus utiliser le laser comme horloge, seul le temps de détection des photons peut nous informer sur le temps de création et par conséquence sur le temps d'arrivée sur le coupleur. Ainsi l'incertitude sur le temps d'arrivée des photons n'est pas donnée par le laser mais par le jitter des détecteurs τ_j, $\sigma_{\tau_{err}} = \frac{\tau_j}{2\sqrt{\ln 2}}$.

Cette configuration expérimentale a été réalisée par le groupe de Genève [Halder *et al.* 2007]. Les paires de photons aux longueurs d'onde des télécommunications ont été

---

2. Nous employons le terme de quasi-continu pour les lasers qui ont une longueur temporelle d'impulsion supérieure au jitter des détecteurs, typiquement les lasers nanoseconde.

générées à l'aide de guides d'onde. Par ailleurs, afin d'avoir le plus faible jitter possible, des détecteurs supraconducteurs ont été employés.

Il existe une autre méthode qui consiste à modifier les conditions d'accord de phase des cristaux non-linéaires pour générer directement des états quantiques purs, sans filtrage. Les deux photons d'une paire ainsi générés n'ont alors aucune corrélation entre eux aussi bien en termes de fréquence que de temps de création. L'avantage de tels états est qu'il n'y a pas d'incertitude sur le temps de création de la paire autre que l'incertitude donnée par la limite de Fourier. Ces états purs ont été réalisés expérimentalement dans des cristaux non-linéaires massifs pompés par des lasers impulsionnels fonctionnant en régime femtoseconde. Nous ne donnerons pas plus de détails sur ces sources, mais le lecteur intéressé pourra se référer à [Grice *et al.* 2001] et [Mosley *et al.* 2008].

2.2.2 Étude de la visibilité en fonction de la statistique d'émission des photons

Depuis le début nous avons supposé que seulement deux photons arrivent sur le coupleur 50/50, chacun par un de ses ports, ce qui n'est pas le cas expérimentalement du fait que les sources de photons uniques sont imparfaites. Il nous faut donc étudier la dépendance de la visibilité en fonction des statistiques des photons qui arrivent sur le coupleur [Rarity *et al.* 2005]. Pour cela, nous nous plaçons dans la configuration expérimentale présentée en FIG. 2.5, où nous employons deux sources de paires de photons basées sur une interaction non-linéaire. Nous employons des filtres adaptés à notre régime de fonctionnement pour s'affranchir de la chute de visibilité due à l'incertitude sur le temps d'arrivée, comme discuté précédemment. De plus, nous considérons que nos photons sont parfaitement indiscernables sur toutes leurs observables hormis le mode spatial.

Il existe deux distributions, servant à décrire la statistique d'émission des paires en sortie d'un cristal non-linéaire, que sont les distributions de Poisson et de Bose-Einstein. Nous allons donc étudier la variation de visibilité pour ces deux distributions, puis nous verrons par la suite comment les relier aux configurations expérimentales.

Dans le cas d'une source en régime de Poisson, la probabilité qu'un cristal émette n paires par impulsion est alors donnée par :

$$P_{\mathrm{P}}(n,\overline{n}) = \frac{\overline{n}^n e^{-\overline{n}}}{n!}, \qquad (2.13)$$

où $\overline{n}$ correspond au nombre moyen de paires générées par impulsion dans la fenêtre spectrale considérée, qui dépend de l'efficacité de la conversion et de la puissance du laser de pompe. D'autre part, pour une source de type Bose-Einstein, la probabilité d'émission est donnée par :

$$P_{\mathrm{B-E}}(n,\overline{n}) = \frac{1}{\left(1+\overline{n}\right)\left(1+\frac{1}{\overline{n}}\right)^n}. \qquad (2.14)$$

Commençons d'abord par traiter le calcul de façon général, puis nous verrons ensuite l'influence des distributions sur la visibilité.

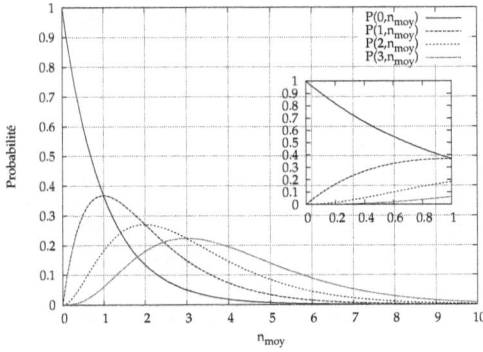

FIG. 2.6 : Probabilité d'obtenir une, deux ou trois paires de photons pour une distribution de Poisson en fonction du nombre moyen $\bar{n}$ de paires par impulsions.

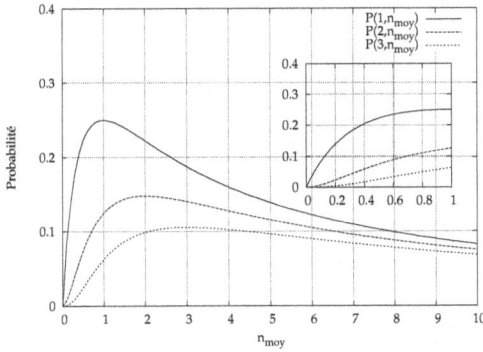

FIG. 2.7 : Probabilité d'obtenir une, deux ou trois paires pour une distribution de Bose-Einstein en fonction de $\bar{n}$.

Méthode de calcul de la visibilité

Nous devons donc définir la variation de la visibilité en fonction de $\bar{n}$. Pour cela nous partons de la définition de la visibilité, qui est donnée par :

$$V_{max} = \frac{\widetilde{\mathcal{P}}_c - \mathcal{P}_c}{\widetilde{\mathcal{P}}_c}, \tag{2.15}$$

où $\widetilde{\mathcal{P}}_c$ et $\mathcal{P}_c$ représentent respectivement la probabilité d'avoir une coïncidence pour deux photons discernables et indiscernables. Nous pouvons remarquer que dans le cas où seulement deux photons arrivent par des ports différents, nous avons $\mathcal{P}_c = 0$, ce qui donne bien une visibilité de 100%, comme attendue.

Il nous faut donc déterminer les probabilités $\widetilde{\mathcal{P}}_c$ et $\mathcal{P}_c$. Pour cela, commençons par définir les états quantiques qui arrivent par les voies a et b, ce que nous pouvons écrire à l'aide du formalisme des états de Fock sous la forme :

$$|\Psi_i\rangle_{\text{in}} = p_{0,i}|0_i\rangle_{\text{in}} + p_{1,i}|1_i\rangle_{\text{in}} + p_{2,i}|2_i\rangle_{\text{in}} + (O^3) \tag{2.16}$$

avec $|p_{0,i}|^2 = P_{0,i}$, $|p_{1,i}|^2 = P_{1,i}$ et $|p_{2,i}|^2 = P_{2,i}$ représentant respectivement les probabilités d'avoir 0, 1 où 2 photons. Nous considérons, pour cette étude, la probabilité d'avoir 3 photons comme négligeable, ce qui nous impose $P_{3,i} \ll 1$. Nous allons faire le calcul général et verrons par la suite comment définir la valeur de ces probabilités en fonction de la configuration expérimentale.

En considérant que les deux sources émettent des photons parfaitement identiques, nous obtenons comme état en entrée du coupleur :

$$|\Psi_a\Psi_b\rangle_{\text{in}} = \sum_{n_a=0}^{2} \sum_{n_b=0}^{2} p_{n,a}p_{m,b}|n,m\rangle_{\text{in}}. \tag{2.17}$$

Nous devons donc déterminer pour tous les états d'entrée $|n_a, n_b\rangle$, avec n_a et n_b représentant respectivement le nombre de photons sur la voie a et b, l'état en sortie du coupleur 50/50 associé, ce qui donne :

$$
\begin{aligned}
|0,0\rangle_{\text{in}} &\xrightarrow{BS} |0,0\rangle_{\text{out}} \\
|1,0\rangle_{\text{in}} &\xrightarrow{BS} \frac{1}{\sqrt{2}}\left[|1,0\rangle_{\text{out}} + i|0,1\rangle_{\text{out}}\right] \\
|0,1\rangle_{\text{in}} &\xrightarrow{BS} \frac{1}{\sqrt{2}}\left[|0,1\rangle_{\text{out}} + i|1,0\rangle_{\text{out}}\right] \\
|1,1\rangle_{\text{in}} &\xrightarrow{BS} \frac{i}{\sqrt{2}}\left[|2,0\rangle_{\text{out}} + |0,2\rangle_{\text{out}}\right] \\
|2,0\rangle_{\text{in}} &\xrightarrow{BS} \frac{i}{2}\left[|2,0\rangle_{\text{out}} - |0,2\rangle_{\text{out}} + i\sqrt{2}|1,1\rangle_{\text{out}}\right] \\
|0,2\rangle_{\text{in}} &\xrightarrow{BS} \frac{i}{2}\left[|0,2\rangle_{\text{out}} - |2,0\rangle_{\text{out}} + i\sqrt{2}|1,1\rangle_{\text{out}}\right] \\
|2,1\rangle_{\text{in}} &\xrightarrow{BS} \frac{1}{4}\left[-\sqrt{2}|2,1\rangle_{\text{out}} - i\sqrt{2}|1,2\rangle_{\text{out}} + i\sqrt{6}|3,0\rangle_{\text{out}} - \sqrt{6}|0,3\rangle_{\text{out}}\right] \\
|1,2\rangle_{\text{in}} &\xrightarrow{BS} \frac{1}{4}\left[-\sqrt{2}|1,2\rangle_{\text{out}} - i\sqrt{2}|2,1\rangle_{\text{out}} + i\sqrt{6}|0,3\rangle_{\text{out}} - \sqrt{6}|3,0\rangle_{\text{out}}\right] \\
|2,2\rangle_{\text{in}} &\xrightarrow{BS} \frac{1}{2\sqrt{2}}\left[-\sqrt{2}|2,2\rangle_{\text{out}} - \sqrt{3}|4,0\rangle_{\text{out}} - \sqrt{3}|0,4\rangle_{\text{out}}\right].
\end{aligned}
\tag{2.18}
$$

Nous pouvons alors calculer à l'aide des Eq. (2.17) et (2.18) l'état en sortie du coupleur, c'est-à-dire $|\Psi_a\Psi_b\rangle_{\text{in}} \xrightarrow{BS} |\Psi_a\Psi_b\rangle_{\text{out}}$. À partir de là, nous devons déterminer la probabilité d'avoir au moins un photon sur chaque voie en sortie du coupleur qui donne une coïncidence. Il vient :

$$
\begin{aligned}
P_{1,1} &= |\langle 1,1|\Psi_a\Psi_b\rangle_{\text{out}}|^2 = \tfrac{1}{2}\left[P_{2,a}P_{0,b} + P_{0,a}P_{2,b}\right] \\
P_{2,1} &= |\langle 2,1|\Psi_a\Psi_b\rangle_{\text{out}}|^2 = \tfrac{1}{8}\left[P_{2,a}P_{1,b} + P_{1,a}P_{2,b}\right] \\
P_{1,2} &= |\langle 1,2|\Psi_a\Psi_b\rangle_{\text{out}}|^2 = \tfrac{1}{8}\left[P_{2,a}P_{1,b} + P_{1,a}P_{2,b}\right] \\
P_{2,2} &= |\langle 1,2|\Psi_a\Psi_b\rangle_{\text{out}}|^2 = \tfrac{1}{4}P_{2,a}P_{2,b}.
\end{aligned}
\tag{2.19}
$$

En prenant en compte la probabilité de détection des détecteurs η_i, la probabilité de détecter une coïncidence en cas d'interférences est donnée par :

$$
P_c = \sum_{n_a=1,\,n_b=1}^{2} \eta_a\eta_b(1 + \delta(n_a - 2)(1 - \eta_a))(1 + \delta(n_b - 2)(1 - \eta_b))P_{n_a,n_b}, \tag{2.20}
$$

avec $\eta_i(1 + (1 - \eta_i))$ la probabilité de détecter deux photons, qui se traduit littéralement par : *la probabilité de détecter le "premier" photon, ou la probabilité de détecter le "second" sachant que nous n'avons pas détecté le "premier".*

Nous devons faire de même en considérant les photons émis par chaque source comme étant discernables. Pour simplifier les notations nous labellisons les photons venant de la source a par o et ce venant de la source b par •, ainsi nous écrivons l'état d'entrée sous la forme :

$$
|\Psi_a\Psi_b\rangle_{\text{in}} = \sum_{n_a=0}^{2}\sum_{n_b=0}^{2} p_{n,a}p_{m_b}|n_\circ, m_\bullet\rangle_{\text{in}}. \tag{2.21}
$$

Comme précédemment, nous devons définir les états de sortie en fonction du nombre de photons sur chaque voie, ce qui donne :

$$
\begin{aligned}
|0,0\rangle_{\text{in}} &\xrightarrow{BS} |0,0\rangle \\
|1_\circ,0\rangle_{\text{in}} &\xrightarrow{BS} \tfrac{1}{\sqrt{2}}\left[|1_\circ,0\rangle + i|0,1_\circ\rangle\right] \\
|0,1_\bullet\rangle_{\text{in}} &\xrightarrow{BS} \tfrac{1}{\sqrt{2}}\left[|0,1_\bullet\rangle + i|1_\bullet,0\rangle\right] \\
|1_\circ,1_\bullet\rangle_{\text{in}} &\xrightarrow{BS} \tfrac{1}{2}\left[i|2_{\circ\bullet},0\rangle + i|0,2_{\circ\bullet}\rangle + |1_\bullet,1_\circ\rangle - |1_\circ,1_\bullet\rangle\right] \\
|2_{\circ\circ},0\rangle_{\text{in}} &\xrightarrow{BS} \tfrac{i}{2}\left[|2_{\circ\circ},0\rangle - |0,2_{\circ\circ}\rangle + i\sqrt{2}|1_\circ,1_\circ\rangle\right] \\
|0,2_{\bullet\bullet}\rangle_{\text{in}} &\xrightarrow{BS} \tfrac{i}{2}\left[|0,2_{\bullet\bullet}\rangle - |2_{\bullet\bullet},0\rangle + i\sqrt{2}|1_\bullet,1_\bullet\rangle\right] \\
|1_\circ,2_{\bullet\bullet}\rangle_{\text{in}} &\xrightarrow{BS} \tfrac{1}{4}\left[\sqrt{2}|1_\circ,2_{\bullet\bullet}\rangle - \sqrt{2}|3_{\bullet\bullet\circ},0\rangle\right. \\
&\qquad\left. -2i|2_{\bullet\bullet},1_\bullet\rangle + i\sqrt{2}|0,3_{\circ\bullet\bullet}\rangle - i\sqrt{2}|2_{\bullet\bullet},1_\circ\rangle - 2|1_\bullet,2_{\bullet\circ}\rangle\right] \\
|2_{\circ\circ},1_\bullet\rangle_{\text{in}} &\xrightarrow{BS} \tfrac{1}{4}\left[\sqrt{2}|2_{\circ\circ},1_\bullet\rangle - \sqrt{2}|0,3_{\bullet\circ\circ}\rangle - 2i|1_\circ,2_{\bullet\circ}\rangle\right. \\
&\qquad\left. +i\sqrt{2}|3_{\circ\circ\bullet},0\rangle - i\sqrt{2}|1_\bullet,2_{\circ\circ}\rangle - 2|2_{\circ\circ},1_\circ\rangle\right] \\
|2_{\circ\circ},2_{\bullet\bullet}\rangle_{\text{in}} &\xrightarrow{BS} \tfrac{1}{8}\left[2|2_{\circ\circ},2_{\bullet\bullet}\rangle - 2|4_{\bullet\bullet\circ\circ},0\rangle + i2\sqrt{2}|3_{\bullet\circ\circ},1_\bullet\rangle - 2|0,4_{\bullet\bullet\circ\circ}\rangle\right. \\
&\qquad +2|2_{\bullet\bullet},2_{\circ\circ}\rangle - i2\sqrt{2}|1_\bullet,3_{\circ\circ\circ}\rangle + i2\sqrt{2}|1_\circ,3_{\bullet\bullet\bullet}\rangle \\
&\qquad\left. -2\sqrt{2}|3_{\bullet\bullet\circ},1_\circ\rangle - 4|2_{\circ\bullet},2_{\circ\bullet}\rangle\right].
\end{aligned}
\tag{2.22}
$$

Nous voyons donc apparaître tous les termes supplémentaires qui ne s'annulent plus par interférence, contrairement à ce que nous avons montré plus haut pour le cas où les photons sont indiscernables.

À l'aide des Eq. (2.21) et (2.22), nous pouvons définir les probabilités associées aux cas qui donnent des coïncidences. Il vient :

$$
\begin{aligned}
\widetilde{P}_{1,1} &= \tfrac{1}{2}\left[P_{1,a}P_{1,b} + P_{2,a}P_{0,b} + P_{0,a}P_{2,b}\right] \\
\widetilde{P}_{2,1} &= \tfrac{3}{8}\left[P_{1,a}P_{2,b} + P_{2,a}P_{1,b}\right] \\
\widetilde{P}_{1,2} &= \tfrac{3}{8}\left[P_{1,a}P_{2,b} + P_{2,a}P_{1,b}\right] \\
\widetilde{P}_{2,2} &= \tfrac{3}{8}P_{2,a}P_{2,b} \\
\widetilde{P}_{3,1} &= \tfrac{1}{4}P_{2,a}P_{2,b} \\
\widetilde{P}_{1,3} &= \tfrac{1}{4}P_{2,a}P_{2,b}
\end{aligned}
\qquad (2.23)
$$

Ainsi, la probabilité de détecter une coïncidence est donnée par :

$$
\widetilde{P}_c = \sum_{n_a=1,\,n_b=1}^{2} \eta_a\eta_b(1+\delta(n_a-2)(1-\eta_a))(1+\delta(n_b-2)(1-\eta_b))\widetilde{P}_{n_a,n_b}
$$
$$
+ \eta_b(1-(1-\eta_a)^3)\widetilde{P}_{3,1} + \eta_a(1-(1-\eta_b)^3)\widetilde{P}_{1,3}, \quad (2.24)
$$

où $(1-(1-\eta_i)^3)$ correspond à la probabilité d'avoir une détection sachant que nous avons 3 photons incidents sur le détecteur. Elle se transcrit littéralement par : *l'inverse de la probabilité de ne pas détecter 3 photons.*

Il ne nous reste plus qu'à définir la statistique des photons arrivant sur chaque voie du coupleur afin de pouvoir calculer la visibilité en fonction du nombre de paires émises par impulsion. Pour définir ces probabilités, nous pouvons considérer deux configurations expérimentales qui consistent à mesurer
i) soit des coïncidences doubles en ne considérant que les détecteurs en sortie du coupleur,
ii) soit des coïncidences quadruples en considérant tous les détecteurs (voir FIG. 2.5). Nous considérerons alors en entrée du coupleur soit des distributions de Poisson soit de Bose-Einstein. Mais expérimentalement nous pouvons aussi mesurer des quadruples coïncidences en employant les quatre détecteurs représentés sur le FIG. 2.5 [Mandel & Wolf 19, de Riedmatten *et al.* 2003, de Riedmatten *et al.* 2004b]. Ainsi, le déclenchement des détecteurs externes (qui ne sont pas en sortie du coupleur où a lieu l'interférence) permettent d'annoncer l'arrivée des deux autres photons sur le coupleur. Nous devons alors considérer des distributions de type sub-Poisson ou sub-Bose-Einstein.

Coïncidences doubles :

En configuration de coïncidences doubles, nous ne considérons que les détecteurs placés en sortie du coupleur 50/50. Dans cette configuration la statistique des paires arrivant sur chaque voie est donnée par la statistique de la source où le nombre moyen de photons $\overline{n}_i$ est réduit par les pertes sur la ligne. Ainsi nous devons définir $\mathcal{N}_i$ le nombre moyen de photons par impulsion arrivant sur le coupleur en considérant les pertes v_i à la propagation par $\mathcal{N}_i = \tilde{n}_i v_i$. Ainsi, la probabilité d'avoir n photons dans la voie i est donnée par :

$$P_{n,i} = P(n, \mathcal{N}_i), \tag{2.25}$$

où $P(n, \mathcal{N}_i)$ renvoie soit à l'EQ. (2.13) dans le cas d'une source possédant une distribution de type Poisson, soit à l'EQ. (2.14) si elle est de type Bose-Einstein.

Plaçons-nous dans le cas où $\mathcal{N}_i \ll 1$ et étudions le comportement des deux distributions :

- **Distribution de Poisson :**
  Nous avons

$$\left\{ \begin{array}{rcl} P_{0,i} & \approx & 1 \\ P_{1,i} & = & P_i = P_{\mathrm{P}}(1, \mathcal{N}_i) \\ P_{2,i} & \approx & \dfrac{P_i^2}{2}. \end{array} \right. \tag{2.26}$$

En supposant les termes d'ordre trois et supérieurs négligeables, nous pouvons simplifier les EQ. (2.20) et (2.24) sous la forme :

$$\begin{array}{rcl} P_c & \approx & \dfrac{P_a^2}{4} + \dfrac{P_b^2}{4} \\ \tilde{P}_c & \approx & \dfrac{P_a P_b}{2} + \dfrac{P_a^2}{4} + \dfrac{P_b^2}{4}. \end{array} \tag{2.27}$$

La visibilité maximum (voir EQ. (2.15)) est alors donnée par :

$$\boxed{V_{max} = \dfrac{1}{1 + \frac{\gamma_{ab}}{2} + \frac{1}{2\gamma_{ab}}}}, \tag{2.28}$$

où $\gamma_{ab} = \frac{P_a}{P_b}$ qui représente le rapport des probabilités d'émission des deux sources.

Nous pouvons donc conclure que nous pouvons obtenir 50% de visibilité au maximum pour deux sources avec des statistiques de Poisson. L'une des conditions pour atteindre 50% de visibilité est d'avoir le même nombre moyen de photons sur les deux voies du coupleurs 50/50 (voir FIG. 2.8).

- **Distribution de Bose-Einstein :**
  Nous avons :

$$\left\{ \begin{array}{rcl} P_{0,i} & \approx & 1 \\ P_{1,i} & = & P_i = P_{\mathrm{P}}(1, \mathcal{N}_i) \\ P_{2,i} & \approx & P_i^2. \end{array} \right. \tag{2.29}$$

En suivant la même procédure que précédemment, nous obtenons une visibilité maximum donnée par :

$$\boxed{V_{max} = \dfrac{1}{1 + \gamma_{ab} + \frac{1}{\gamma_{ab}}}}, \tag{2.30}$$

Nous pouvons alors conclure que pour deux sources définies par des distributions de Bose-Einstein, nous pouvons obtenir au maximum 33% de visibilité lorsque l'intensité des deux sources est identique.

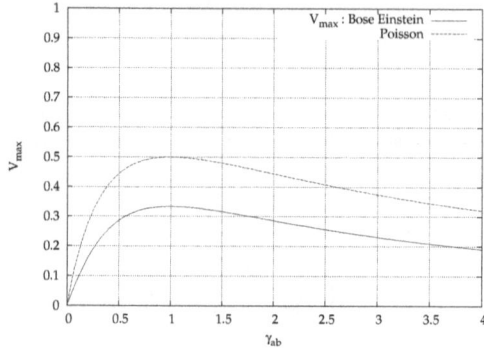

FIG. 2.8 : Visibilité maximum pour deux sources avec des distributions de Poisson ou de Bose-Einstein en fonction du paramètre γ_{ab}.

Dans cette configuration, il est impossible d'obtenir 100% de visibilité avec des sources ayant leur nombre de paires de photons défini par des distribution de Poisson ou de Bose-Einstein [3].

Coïncidences quadruples

Si nous mesurons les coïncidences entre les quatre détecteurs présentés sur la FIG. 2.5, nous modifions la statistique des photons qui arrivent sur le coupleur. Plus précisément, nous pouvons considérer nos deux sources comme des sources de photons uniques annoncés [Mandel & Wolf 1995, Alibart 2004, Fasel et al. 2004, Alibart et al. 2005]. Il nous faut alors définir les pertes entre le cristal non-linéaire et le second détecteur v_i' et son efficacité η_i' pour chaque voie, pour calculer la probabilité d'avoir n ($=0$, 1 ou 2) photons dans le bras i du coupleur, ce qui est donné par :

$$
\begin{aligned}
P_{0,i} &= (1-v_i)^2\varsigma_i'(2-\varsigma_i'))P(2,\overline{n}_i) + (1-v_i)\varsigma_i'P(1,\overline{n}_i)\\
P_{1,i} &= 2v_i(1-v_i)\varsigma_i'(2-\varsigma_i'))P(2,\overline{n}_i) + v_i\varsigma_i'P(1,\overline{n}_i)\\
P_{2,i} &= v_i^2\varsigma_i'(2-\varsigma_i')P(2,\overline{n}_i),
\end{aligned}
\tag{2.31}
$$

avec $\varsigma_i' = v_i'\eta_i'$, et $P(n,\overline{n}_i)$ étant défini soit par l'EQ. (2.13) soit par l'EQ. (2.14) en fonction du type de statistique. Par ce biais, nous réduisons la probabilité de n'avoir aucun photon sur le coupleur 50/50, comme nous pouvons le voir sur la FIG. 2.9. Ainsi la probabilité d'avoir en entrée $|2,0\rangle$ ou $|0,2\rangle$ sur le coupleur 50/50 est réduite.

---

3. Nous n'avons pas fait la démonstration pour une configuration hybride, c'est-à-dire avec une source définie par Poisson et l'autre par Bose-Einstein, mais il est assez simple de montrer que la visibilité sera de 40% dans ce cas.

Distribution de Poisson   Distribution de Bose-Einstein

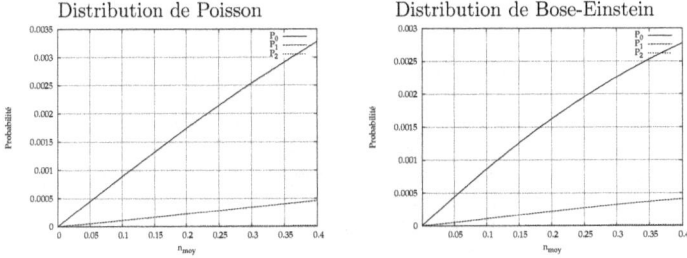

FIG. 2.9 : Représentation graphique du système (2.31) associé à des sources de photons uniques annoncés, avec $v_i = 0.1$ et $\varsigma_i' = 0.01$.

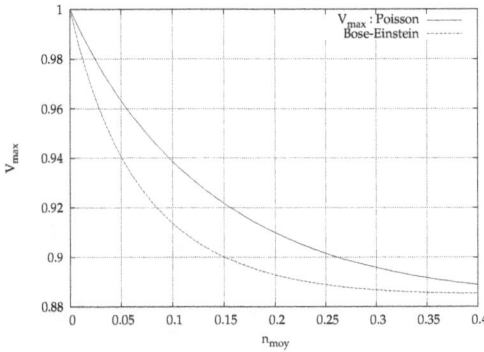

FIG. 2.10 : Visibilité maximum en fonction du nombre moyen de paires émises par les sources pour des distributions de Poisson et de Bose-Einstein.

En première approximation la visibilité est donnée par :

$$V_{max} \approx \frac{1}{1 + \dfrac{P_{2,a}P_{0,b}}{P_{1,a}P_{1,a}} + \dfrac{P_{0,a}P_{2,b}}{P_{1,a}P_{1,a}}}. \qquad (2.32)$$

Sur la FIG. 2.10, nous avons représenté V_{max} en fonction de $\bar{n}$. Pour cela nous avons considéré les deux sources comme identiques, montrant chacune 10 dB de pertes sur chaque voie, et quatre détecteurs possédant chacun 10% d'efficacité pour chaque détecteurs. Dans cette configuration, nous pouvons atteindre 100% de visibilité lorsque $\bar{n}$ tend vers 0. Pour avoir plus de 94% de visibilité il nous faut travailler avec moins de 0.05 paires par impulsion à la sortie du cristal non-linéaire.

2.3   Application au relais

Comme nous l'avons vu dans la partie I, nous devons réaliser, dans les protocoles de téléportation ou de swapping, une mesure d'état de Bell. Nous allons maintenant démontrer que cela est possible à l'aide de l'interférence à deux photons. Pour définir les états intriqués à l'aide de la notation de Fock, nous devons ajouter une nouvelle dimension qui va permettre de définir l'observable sur laquelle l'état intriqué est encodé ($|n_H, n_V\rangle$ pour l'intrication en polarisation ; $|n_s, n_l\rangle$ pour l'intrication en énergie temps ; *etc.*). Ainsi, nous définissons les états de Bell comme suit :

$$\begin{cases} |\Phi^{\pm}\rangle &= \dfrac{1}{\sqrt{2}}\left(|1,0\rangle_a |1,0\rangle_b \pm |0,1\rangle_a |0,1\rangle_b\right) \\ |\Psi^{\pm}\rangle &= \dfrac{1}{\sqrt{2}}\left(|1,0\rangle_a |0,1\rangle_b \pm |0,1\rangle_a |1,0\rangle_b\right) \end{cases} \tag{2.33}$$

Avec de tels états en entrée du coupleur 50/50, nous obtenons en sortie :

$$|\Phi^{+}\rangle = \frac{1}{2}\left(|2,0\rangle_{a'}|0,0\rangle_{b'} + |0,0\rangle_{a'}|2,0\rangle_{b'} + |0,2\rangle_{a'}|0,0\rangle_{b'} + |0,0\rangle_{a'}|0,2\rangle_{b'}\right) \tag{2.34}$$

$$|\Phi^{-}\rangle = \frac{1}{2}\left(|2,0\rangle_{a'}|0,0\rangle_{b'} + |0,0\rangle_{a'}|2,0\rangle_{b'} - |0,2\rangle_{a'}|0,0\rangle_{b'} - |0,0\rangle_{a'}|0,2\rangle_{b'}\right) \tag{2.35}$$

$$|\Psi^{+}\rangle = \frac{1}{\sqrt{2}}\left(|1,1\rangle_{a'}|0,0\rangle_{b'} + |0,0\rangle_{a'}|1,1\rangle_{b'}\right) \tag{2.36}$$

$$|\Psi^{-}\rangle = \frac{1}{2}\left(|0,1\rangle_{a'}|1,0\rangle_{b'} - |1,0\rangle_{a'}|0,1\rangle_{b'}\right) \tag{2.37}$$

Nous pouvons alors remarquer que seul l'état intriqué anti-symétrique $|\Psi^{-}\rangle$ donne une coïncidence (photons séparés spatialement, un dans a' et l'autre dans b'). Ainsi, la détection d'une coïncidence en sortie du coupleur 50/50 est la signature non ambiguë de la présence d'un état $|\Psi^{-}\rangle$ en amont du coupleur.

CHAPITRE 3

Intégration de la fonction relais

---

*Dans ce chapitre, nous allons présenter la puce photonique permettant de réaliser la fonction relais intégré. Après une brève introduction de la puce dans son ensemble, nous présenterons plus précisément chaque élément, c'est-à-dire la zone PPLN et les coupleurs directionnels intégrés et ajustables. Pour finir, nous présenterons la caractérisation en régime classique de ces différents éléments. Pour ce qui est de la fabrication de la puce, tous les détails sont données dans l'*ANN. H.

3.1 Présentation de la puce

Comme nous l'avons dit en introduction, nous cherchons à réaliser un relais entièrement intégré sur LiNbO₃. Pour réaliser cette fonction relais nous avons besoin d'une zone PPLN pour générer des paires de photons intriqués et de deux coupleurs 50/50, le premier servant à séparer les paires générées par interaction non-linéaire dans la zone PPLN, et le second servant à réaliser la mesure de Bell. Avant de fabriquer le composant nous devons définir un certain nombre de paramètres pour générer les bonnes longueurs d'onde dans la zone PPLN et pour obtenir des coupleurs montrant un ratio ajustable 50/50.

3.2 La zone de génération des paires

Pour la zone de génération de paires, nous devons définir le pas d'inversion du coefficient non-linéaire qui va nous permettre d'obtenir un quasi-accord de phase permettant d'obtenir des paires de photons dégénérés à 1536 nm (voir ANN. A pour la théorie de la conversion paramétrique). Pour cela, nous avons utilisé un programme de simulation numérique qui modélise l'interaction entre le guide PPLN et les champs de pompe, signal et idler. Les paramètres importants de la simulation sont :

- la variation d'indice des guides ;
- la forme des guides (largeur et profondeur) ;
- et la température.

Les deux premiers paramètres sont fixés par le procédé de fabrication, nous en donnerons plus de détails par la suite. Pour ce qui est de la température, nous la fixons à 100°C afin de réduire au maximum les effets photo-réfractifs au sein du matériau. Comme nous pouvons le voir en FIG. 3.1, qui représente les courbes

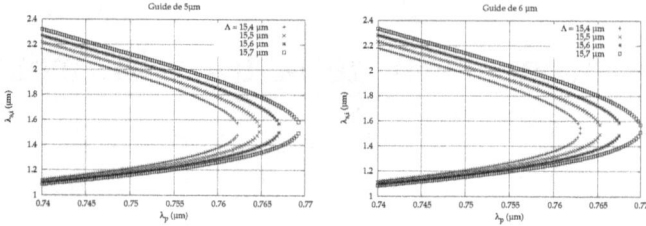

FIG. 3.1 : Différentes courbes de quasi-accord de phase de la longueur d'onde du signal et de l'idler en fonction de la longueur d'onde de pompe pour différentes périodes d'inversion réalisées par simulation numérique dans des guides de 5 et 6 µm de large, à une température de 100 °C. Notons que la description de la forme géométrique des guides est donnée dans la SEC. III.3.3.

de quasi-accord de phase simulées pour différents pas d'inversion et deux largeurs de guides, nous obtenons le bon accord de phase pour une période d'inversion de 15.5 µm.

3.3   Coupleur directionnel intégré ajustable

Nous allons décrire dans cette partie le principe du coupleur directionnel intégré [Miller 1969, Kogelnik & Schmidt 1976, Wooten *et al.* 2000]. Pour cela, nous allons commencer par présenter le couplage entre guides par onde évanescente puis nous expliquerons comment contrôler le couplage grâce à l'effet électro-optique.

3.3.1   Principe de couplage par onde évanescente

En regardant de plus près le profil des modes guidés dans un guide d'onde, nous pouvons observer qu'une partie plus ou moins importante du champ se propage en dehors du guide, que nous appelons champ évanescent. Ce champ est caractérisé par une décroissance exponentielle tendant vers 0 dont la largeur dépend de la différence d'indice entre le substrat et l'indice effectif du mode guidé. C'est cette petite partie du champ qui permet la réalisation des coupleurs directionnels. En effet si nous rapprochons deux guides d'onde parallèles de telle sorte qu'il y ait un recouvrement entre les queues des modes évanescents (voir FIG. 3.2), nous pouvons observer un échange d'énergie entre eux. Ainsi la lumière se couple d'un guide d'onde à l'autre. Cette méthode est couramment employée dans les fibres [Bures *et al.* 1983] et dans les guides [Kogelnik & Schmidt 1976, Wooten *et al.* 2000], depuis des années.

L'efficacité du couplage dépend alors d'un coefficient de couplage $\mathfrak{K}$ qui représente le taux de recouvrement des deux modes guidés. Il dépend donc de la distance entre les deux guides, de leur élévation d'indice, de leur géométrie, de la longueur d'onde

Profil latéral des modes guidés

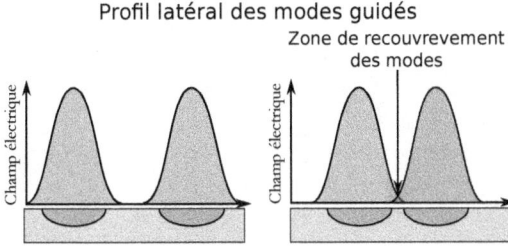

FIG. 3.2 : Principe du couplage par onde évanescente.

considérée et de la température du coupleur, car l'indice effectif des modes guidés dépend de tous ces paramètres.

Pour finir, la quantité d'énergie transférés entre deux guides dépend évidement de la distance de propagation sur laquelle le recouvrement a lieu. Nous devons donc étudier l'échange d'énergie au cours de la propagation. Pour cela, nous définissons E_1 et E_2 les champs électriques se propageant dans les deux guides selon la direction z, ayant respectivement des constantes de propagation β_1 et β_2, et des amplitudes ϵ_1 et ϵ_2. Nous avons donc :

$$
\begin{aligned}
E_1(z) &= \varepsilon_1 e^{-i\beta_1 z} \\
E_2(z) &= \varepsilon_2 e^{-i\beta_2 z}.
\end{aligned}
\tag{3.1}
$$

En supposant que les guides sont sans pertes, nous pouvons décrire l'évolution de l'amplitude des champs par le système d'équations suivant :

$$
\begin{aligned}
\frac{dE_1(z)}{dz} &= i\mathfrak{K}E_2(z) - i\beta_1 E_1(z) \\[2mm]
\frac{dE_2(z)}{dz} &= i\mathfrak{K}E_1(z) - i\beta_1 E_2(z),
\end{aligned}
\tag{3.2}
$$

avec $\mathfrak{K}$ le coefficient de couplage entre les deux guides. En fixant $E_2(0) = 0$, l'intensité lumineuse en fonction de la distance de propagation est donnée par :

$$
\begin{aligned}
|E_1(z)|^2 &= |E_1(0)|^2 \left[1 - \frac{4\mathfrak{K}^2}{4\mathfrak{K}^2 + \Delta\beta^2} \sin^2\left(\sqrt{4\mathfrak{K}^2 + \Delta\beta^2}\frac{z}{2} \right) \right] \\[2mm]
|E_2(z)|^2 &= |E_1(0)|^2 \left[\frac{4\mathfrak{K}^2}{4\mathfrak{K}^2 + \Delta\beta^2} \sin^2\left(\sqrt{4\mathfrak{K}^2 + \Delta\beta^2}\frac{z}{2} \right) \right],
\end{aligned}
\tag{3.3}
$$

où $\Delta\beta = \beta_1 - \beta_2$. Il découle de ces équations que le transfert d'énergie d'un guide à l'autre est régi par $\frac{4\mathfrak{K}^2}{4\mathfrak{K}^2 + \Delta\beta^2} \sin^2\left(\sqrt{4\mathfrak{K}^2 + \Delta\beta^2}\frac{z}{2} \right)$. Ce terme se décompose en une partie oscillante

$$
f(z) = \sin^2\left(\sqrt{4\mathfrak{K}^2 + \Delta\beta^2}\frac{z}{2} \right)
$$

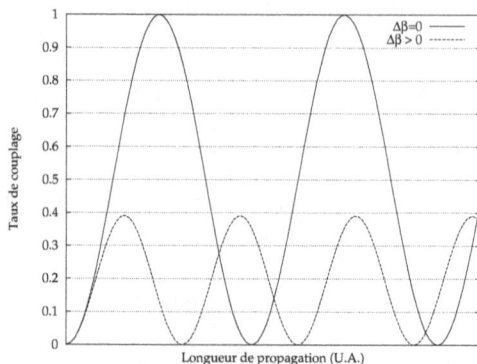

FIG. 3.3 : Taux de couplage en fonction de la distance de propagation pour $\Delta\beta = 0$ ou non.

et une partie constante

$$A = \frac{4\mathfrak{K}^2}{4\mathfrak{K}^2 + \Delta\beta^2}.$$

Ainsi pour avoir un échange total d'énergie entre les deux guides, nous devons avoir $A = 1$, ce qui impose $\Delta\beta = 0$ et $f(z) = 1$ ce qui est possible pour une longueur de couplage $L_c = \pi/2\mathfrak{K}$. $\beta_1 = \beta_2$ se traduit au niveau de la fabrication par la réalisation de deux guides parfaitement identiques en termes de géométrie et de différence d'indice. Dans le cas où $\Delta\beta \neq 0$, le transfert de 100% est impossible car $A < 1$ et la longueur de couplage est réduite ($L_c = \pi/\sqrt{4\mathfrak{K}^2 + \Delta\beta^2}$) comme nous pouvons le voir sur la FIG. 3.3. Notons que nous employons le terme taux de couplage pour définir la quantité (en pourcentage) d'énergie transférée d'un guide à l'autre à l'extrémité du coupleur.

3.3.2 L'effet électro-optique pour le contrôle des coupleurs

Comme nous venons de le voir, le taux de couplage dépend de la longueur des coupleurs et du coefficient de couplage qui varie en fonction de la distance entre les guides et de leurs profils d'indice. Tous ces paramètres sont fixés à la fabrication et ne peuvent pas être modifiés *a posteriori*, sauf l'indice des guides. Pour modifier l'indice, nous pouvons utiliser l'effet Pockels qui entraine une modification de l'indice du cristal selon l'axe du champ électrique appliqué. La variation d'indice est proportionnelle à l'amplitude du champ électrique ($\Delta n \propto E_{\text{el}}$).

Lorsque nous disposons des électrodes selon une configuration COBRA (voir FIG. 3.4) [Papuchon *et al.* 1975], c'est-à-dire que les deux électrodes sont posées chacune sur un des guides (les guides étant séparés par une distance d), nous créons des lignes de champs électriques dans les guides d'onde qui sont perpendiculaires

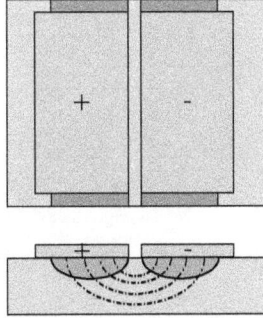

FIG. 3.4 : Électrodes en configuration COBRA avec la représentation des lignes de champs.

à la surface du substrat. La modification d'indice se faisant dans la direction des lignes de champs, seuls les modes TM du guide sont affectés, ce qui nous convient très bien car nos structures guidantes ne confinent que ces modes là (voir ANN. H). La variation d'indice est alors donnée par $\Delta n_Z = \chi^{(2)}_{ZZZ} E_{el}$, où Z représente l'axe cristallin perpendiculaire à la surface du substrat [1]. Nous en déduisons alors la variation d'indice en fonction de la tension appliquée aux électrodes, $\Delta n_Z = -\chi^{(2)}_{ZZZ} \frac{V_{el}}{d}$. Il est important de remarquer que lorsque nous appliquons la tension aux bornes des électrodes, l'indice est augmenté dans un guide et diminué dans l'autre, ce qui permet de créer un déphasage entre les deux guides. Si les deux guides voient leur indice évoluer de la même manière nous ne modifions que la constante de couplage entre les guides. Ainsi si la variation d'indice est faible et identique pour les deux guides, comme c'est le cas lorsque la modification de l'indice se fait en jouant sur la température, le taux de couplage ne change pas de façon significativement. Cette effet peut donc être négligé.

En supposant que nous avons des guides parfaitement identiques ($\Delta\beta = 0$), l'application d'une tension aux bornes des électrodes entraîne une modification des constantes de propagation, ce qui donne :

$$|\Delta\beta| \propto 2\chi^{(2)}_{ZZZ} \frac{V_{el}}{d}. \tag{3.4}$$

Il nous faut donc étudier la variation du taux de couplage en fonction de $\Delta\beta$ pour une longueur de coupleur fixe. Nous avons alors tracé en FIG. 3.5 la deuxième équation du système 3.3 en fonction de $\Delta\beta$, pour différentes longueurs normalisées $\frac{L}{L_c}$, où L et L_c représentent respectivement la longueur du coupleur et la longueur de couplage sans tension appliquée.

Nous pouvons remarquer pour cette configuration d'électrodes que l'état croisé [2]

---

1. (Voir FIG. A.1).
2. Afin que tout le monde emploie le même langage, nous parlons d'état croisé lorsque toute

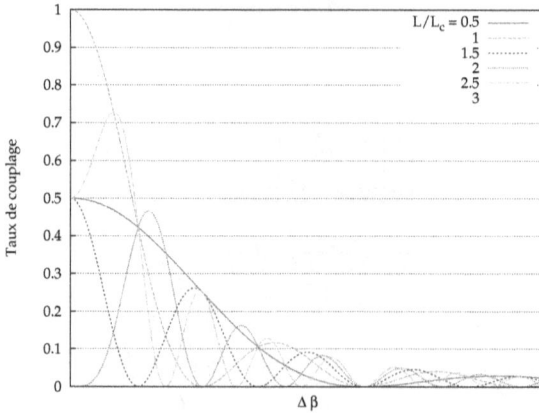

FIG. 3.5 : Variation du taux de couplage en fonction de $\Delta\beta$, pour différentes longueurs de couplages définies en $\frac{L}{L_c}$, ou L_c représente la longueur de couplage à $\Delta\beta = 0$. Ces courbes donnent une idée de la variation du taux de couplage en fonction de la tension appliquée aux bornes des électrodes.

ne peut être obtenu que pour des coupleurs ayant $\Delta\beta = 0$ et des longueurs normalisées $\frac{L}{L_c}$ impaires. Ainsi nous ne pourrons jamais atteindre cet état par l'application d'une tension. En contrepartie, l'état parallèle peut toujours être obtenu en appliquant une tension, quelle que soit la longueur du coupleur. En conséquence, si nous voulons réaliser un coupleur capable de passer d'un état croisé à un état parallèle avec tout les états intermédiaires, il faut obtenir à la fabrication un coupleur dans l'état croisé. Il est préférable pour la réalisation d'un tel coupleur de choisir une autre configuration d'électrodes, comme par exemple la configuration alternée [Kogelnik & Schmidt 1976, Wooten *et al.* 2000]. Mais ce type de configuration d'électrode est bien plus complexe à mettre en œuvre.

Pour la réalisation de notre relais quantique, nous cherchons seulement à réaliser des coupleurs 50/50. Nous avons représenté sur la FIG. 3.6 le taux de couplage (gradient de couleur) en fonction de la longueur du coupleur et du $\Delta\beta$. À l'aide de cette courbe, nous pouvons définir qu'il nous faut soit des longueurs de coupleur normalisées par L_c comprises entre 0,5 et 1,5 ou supérieures à 2, l'idée étant d'éviter les zone entre 0 et 0,5, et entre 1,5 et 2 qui ne permettent pas de réaliser des coupleurs 50/50. Il faut donc déterminer la longueur de couplage associée à notre technologie d'intégration des guides (voir ANN. H et choisir la longueur de coupleur la plus adaptée pour la réalisation sur un wafer de 3".

Notons que dans cette configuration où les électrodes sont placées directement

---

l'énergie qui rentre par un guide sort par l'autre, au contraire lorsque toute l'énergie reste dans le même guide nous parlons d'état parallèle.

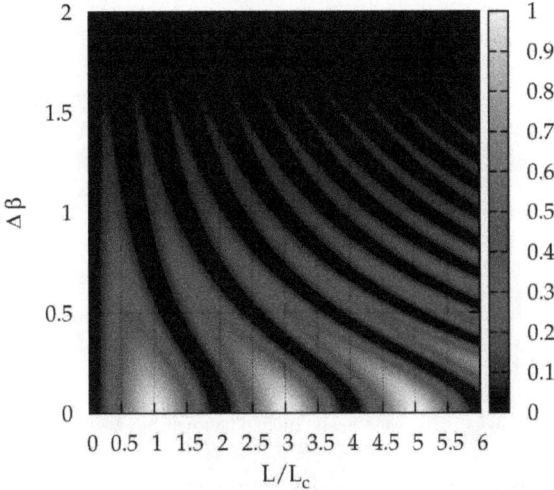

FIG. 3.6 : Variation du taux de couplage en fonction de $\Delta\beta$ et de la longueur normalisée du coupleur.

sur les guides nous devons placer une couche d'isolation en silice pour réduire les pertes à la propagation dues aux ondes évanescentes en contact avec le métal [Wooten *et al.* 2000].

De plus, l'application d'un champ électrique dans le $LiNbO_3$ entraine un déplacement des charges électriques. Par conséquent, si nous appliquons aux bornes des électrodes une tension constante, nous allons favoriser une accumulation d'électrons sous l'électrode positive, ce qui aura pour conséquence de réduire l'amplitude des lignes de champs et donc l'efficacité du coupleur. Ceci se traduit notamment par une lente dérive du taux de couplage.

Pour s'affranchir de ce problème, il faut inverser périodiquement la tension aux bornes des électrodes, par exemple en employant un générateur de fonction de type créneau. Lorsque nous inversons la tension, nous changeons le signe de $\Delta\beta$, ce qui n'a aucun effet sur le taux de couplage car les EQ. (3.3) ne dépendent que de $\Delta\beta^2$. En contrepartie, si le changement de signe de la tension s'effectue dans un temps plus court que le temps de migration des charges, les charges restent en mouvement dans le cristal sans venir perturber le champ électrique que nous appliquons. Il va donc falloir définir ce temps caractéristique de migration et appliquer une tension créneau ayant une période bien plus courte.

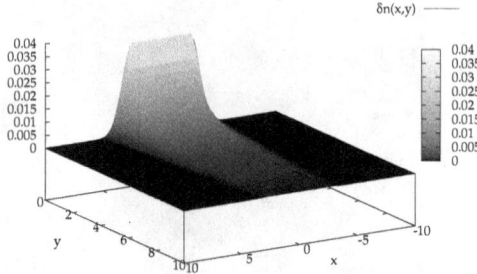

FIG. 3.7 : Représentation du profil d'indice de nos guides d'onde.

3.3.3   Choix des paramètres des coupleurs

Il nous faut maintenant définir les paramètres, c'est-à-dire la distance entre les deux guides et leur longueur, pour pouvoir réaliser les coupleurs de la puce relais. Nous avons déjà choisi la largeur des guides qui sera de 5 et 6 μm, car pour ces largeurs nous sommes sûrs que les guides sont monomodes aux longueurs d'onde des télécommunications. Le dernier paramètre, qui est le profil d'indice, est fixé par le protocole de fabrication est défini par :

$$\delta n(x,y) = \delta n_0 \, e^{-\left(\frac{y}{0.7}\right)^{0,6}} \cdot \left[\Pi\left(\frac{x}{w}\right) + H(-(x+w/2))e^{\left(\frac{x+w/2}{1,2}\right)^2} \right.$$
$$\left. +H(x-w/2)e^{\left(\frac{x-w/2}{1,2}\right)^2} \right], \quad (3.5)$$

où δn_0, et w représentent respectivement la différence d'indice et la largeur du guide définie à la fabrication (w représente la largeur du masque utilisé lors de la fabrication des guides)[3]. Nous pouvons voir sur la FIG. 3.7 que dans la largeur (x), le profil présente un plateau de largeur w puis une décroissance gaussienne d'une largeur de 1,2 μm à 1/e, et que dans la profondeur (y) le profil est donné par une exponentielle généralisée[4].

Il nous reste alors à définir la longueur de couplage en fonction de la distance entre les deux guides, que nous définissons à l'aide du paramètre d qui représente l'espacement bord à bord des guides (voir FIG. 3.8). Pour cela, nous avons utilisé le logiciel commercial *OptiBPM*. Ce logiciel utilise la méthode de propagation des

---

3. H(x) et $\Pi(x)$ représentent respectivement les fonctions de Heaviside et porte.
4. Toutes ces données sont issues d'études antérieures effectuées au laboratoire [Aumont 2003, Bertocchi 2006].

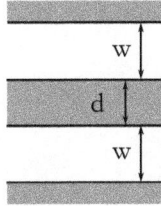

FIG. 3.8 : Schéma des grandeurs importantes pour la réalisation des masques.

faisceaux (BPM), qui consiste à simuler pas à pas la propagation de la lumière à travers une structure, aussi complexe soit-elle, en résolvant les équations de Maxwell. Il permet dans notre cas de visualiser la variation d'intensité lumineuse entre deux structures guidantes au cours de la propagation. Nous pouvons voir sur la FIG. 3.9 les résultats obtenus à l'aide de ce logiciel, pour des guides dont le profil est défini par l'EQ. (3.5) avec $w = 6\,\mu$m. Nous définissons ainsi la longueur de couplage L_c en prenant la distance de propagation nécessaire pour que toute l'énergie passe dans le second guide. Nous pouvons remarquer que la longueur de couplage augmente lorsque nous éloignons les deux guides. Ceci vient du fait que plus les guides sont éloignés plus le recouvrement des ondes évanescentes est faible.

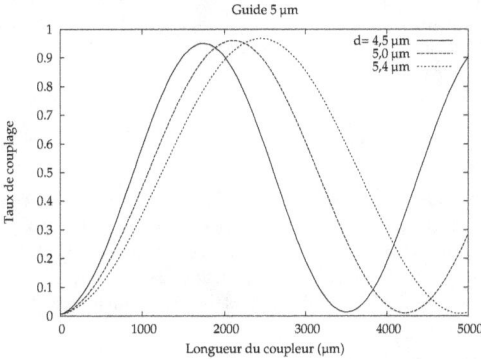

FIG. 3.9 : Taux de couplage en fonction de d pour des guides de largeur $w = 6\,\mu$m.

À l'aide de la FIG. 3.10, nous pouvons remarquer que L_c a une dépendance exponentielle en fonction de la distance d, ce qui est en accord avec la théorie.

Remarque : si nous passons en dessous de $3\,\mu$m d'écartement entre les guides, nous observons un recouvrement des profils d'indice des guides. Ceci a pour conséquence de modifier les propriétés des structures guidantes, entraînant de nouveaux profils pour les modes guidés. Dans ce cas, nous ne sommes plus dans une configu-

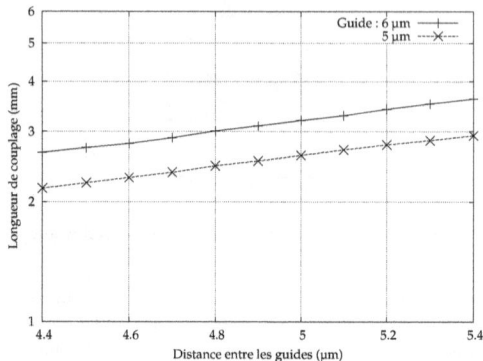

FIG. **3.10** : Longueur de couplage en fonction de la distance (d) entre les deux guides.

ration de couplage par onde évanescente.

Pour définir la taille des coupleurs, nous devons prendre en compte l'encombrement sur l'échantillon. En effet, nous devons réaliser des échantillons de longueur plus courte que la taille de l'échantillon considéré, qui comprend la zone PPLN avec les deux coupleurs ainsi que leurs virages qui vont permettre de rapprocher les guides (voir FIG. 3.11). Nous devons donc définir la taille de toutes ces zones, pour vérifier la relation suivante :

$$L_{PPLN} + 2L_v + 2L_C < L_{ech}, \tag{3.6}$$

où L_{PPLN}, L_v, L_C et L_{ech} représentent la longueur de la zone de poling, des virages, des coupleurs, et la longueur maximale de l'échantillon.

La première zone constituée d'un guide droit, correspond à la zone de poling d'une longueur L_{PPLN}. La longueur de cette zone est importante car elle définit l'efficacité de l'interaction non-linéaire. Une zone trop courte donnera une source peu brillante et émettant des photons sur un spectre très large (voir ANN. A). Pour avoir un bon compromis entre efficacité et encombrement, nous avons choisi une longueur de 1 cm.

Avant et après chaque coupleur, nous avons des virages qui vont rapprocher puis éloigner les deux guides d'onde. Nous avons le choix entre réaliser des virages courts mais présentant beaucoup de pertes, ou longs avec peu de pertes. Nous avons opté pour cette seconde solution, car dans nos expériences la minimisation des pertes est cruciale. D'anciens travaux dans l'équipe avaient permis de déterminer que des virages de forme sinusoïdale et de longueur L_v supérieure à 1 cm offraient le moins de pertes pour rapprocher deux guides d'onde écartés de 125 μm vers 5 μm [Bertocchi 2006] (voir FIG. 3.12). Nous allons donc utiliser des virages de 1 cm.

Comme nous pouvons le voir sur la FIG. 3.13, sur un wafer de 3" la taille ma-

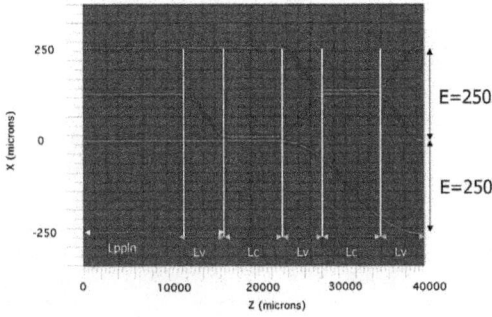

FIG. 3.11 : Représentation des guides du relais, en identifiant les paramètres de taille importants.

ximum des échantillons est soit de 54 mm, soit de 42 mm. Ainsi sur les échantillons les plus longs, nous pouvons réaliser des coupleurs allant jusqu'à 12 mm, tandis que nous sommes limités à 6 mm pour les échantillons courts. Nous avons alors choisi de réaliser des coupleurs avec un écartement bord à bord de 5 μm, et une longueur relative $\frac{L}{L_c}$ de 0,5 à 1,5 sur les échantillons courts et de 2 à 4 sur les échantillons longs.

3.4 Caractérisation classique des échantillons

Après l'étape de fabrication, nous devons déterminer les puces potentiellement utilisables pour la réalisation de relais quantiques. Ceci nécessite d'avoir sur une même puce une interaction non-linéaire permettant de générer des photons dégénérés en longueur d'onde, pour une longueur d'onde de pompe comprise entre 766,5 et 769,5 nm (afin d'être compatible avec nos filtres, voir plus loin). Mais il faut également obtenir deux coupleurs pouvant atteindre un taux de couplage de 50%. Il va donc falloir caractériser pour chaque puce les réponses de l'interaction non-linéaire et des coupleurs.

3.4.1 Caractérisation de l'interaction non-linéaire

Pour caractériser l'interaction non-linéaire, nous avons utilisé la même méthode que celle définie précédemment, (voir CHAP. II.3), qui consiste à réaliser une expérience de génération de seconde harmonique (SHG) pour définir le point de fonctionnement. Cette interaction est l'exact inverse du processus de conversion utilisé par la suite pour générer nos paires dégénérés en longueur d'onde.

Pour réaliser cette expérience, nous disposons d'un laser accordable aux longueurs

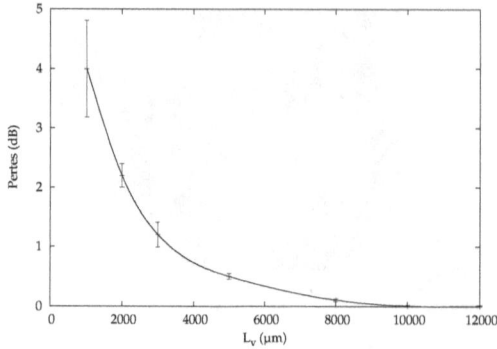

FIG. **3.12** : Pertes entraînées par un virage amenant à une déviation de 125 μm en fonction de sa longueur L_v.

d'onde des télécommunications [5] que nous injectons à l'aide d'une fibre optique standard dans l'entrée "3" de la puce, après amplification à l'aide d'un $EDFA$ [6]. En sortie de la puce une lentille adaptée à la longueur d'onde de 780 nm nous sert à collimater les photons générés par SHG. Nous plaçons alors un détecteur pour visible sur la sortie "C", qui correspond à la voie où l'intensité de SHG est généralement la plus importante. Ceci vient du fait que pour une longueur d'onde proche de 780 nm le confinement du mode guidé est beaucoup plus important, ce qui a pour effet de faire chuter le coefficient de couplage et par conséquence le taux de couplage. Nous scannons alors la longueur d'onde du laser pour obtenir le maximum de conversion, comme nous pouvons le voir sur la FIG. 3.15.

Pour réaliser ces mesures, nous chauffons l'échantillon à une température de 100°C, à l'aide d'une résistance chauffante asservie à l'aide d'un régulateur PID. Nous pourrons par la suite ajuster finement la température pour obtenir l'accord de phase désiré, entre 70°C, qui correspond à la température minimum où les effets photoréactifs sont négligeables, et 130°C, qui correspond à la température maximum accessible via notre régulateur PID. Comme le montre la FIG. 3.15, en réalisant des mesures à différentes températures, nous avons pu déterminer que position de l'accord de phase varie de 0,17 nm °C^{-1} pour la longueur de pompe. Ainsi toutes les puces ayant un maximum de conversion pour une longueur d'onde de pompe comprise entre 1529 et 1544 nm peuvent être utilisées, via l'ajustement de la température, pour réaliser l'expérience de relais (si leurs deux coupleurs fonctionnent en régime 50/50 bien entendu).

Pour finir la caractérisation de l'interaction non-linéaire au sein de la puce, nous

---

5. Marque : Photonetics, modèle : Tunics + SC. Ce laser permet de délivrer environ 10 mW entre 1470 et 1620 nm.
6. Marque : Keopsys, modèle : BenchTop Fiber Amplifier.

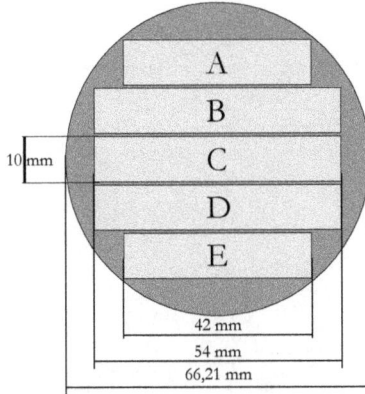

FIG. 3.13 : Représentation de la disposition des échantillons sur un wafer de 3".

avons réalisé une mesure du spectre d'émission de la fluorescence pour définir la largeur spectrale de l'interaction. Pour cela, nous avons employé un laser à 768 nm [7], dans une puce ayant son accord de phase permettant de générer des paires de photons dégénérés à cette longueur d'onde. Nous pouvons voir sur la FIG. 3.16 que l'interaction permet d'émettre des photons sur une largeur spectrale d'environ 100 nm, ce qui est plutôt conséquent. Cette valeur, en accord avec la théorie, vient du fait que la zone PPLN est très courte, moins de 1 cm.

7. Marque : Cohérent-Inc, modèle : Mira-900D.

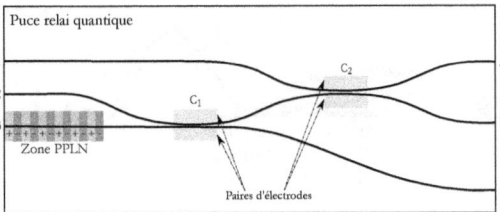

FIG. 3.14 : Représentation d'une puce relais. Nous labellisons les entrées de la puce de 1 à 3 et les sorties de A à C. De plus nous utilisons la notation C_1 pour le premier coupleur qui permet la séparation des paires générées dans la zone PPLN, et C_2 pour le second coupleur où va se produire l'interférence à deux photons.

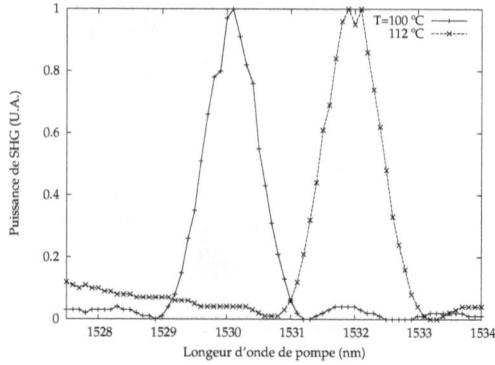

FIG. **3.15** : Exemple de courbe d'intensité de génération de seconde harmonique en fonction de la longueur d'onde de pompe pour une puce de 6 μm et un pas d'inversion Λ de 15,7 μm.

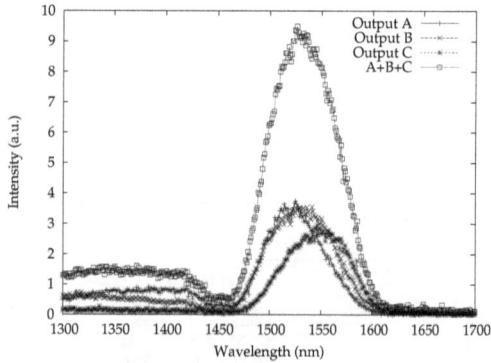

FIG. **3.16** : Exemple de spectre de fluorescence paramétrique d'une puce dans une condition d'accord de phase permettant de générer des paires de photons dégénérés en longueur d'onde. Pour obtenir le spectre complet, nous devons alors sommer les contributions des trois voies de sortie, A, B, et C (voir FIG. 3.14).

3.4.2 Caractérisation des coupleurs

Nous devons maintenant caractériser les deux coupleurs C_1 et C_2 de chaque puce ayant un accord de phase adapté à notre expérience. Pour cela, nous utilisons le même laser que précédemment sans l'EDFA, opérant à la longueur d'onde de 1535 nm, que nous injectons à l'aide d'une fibre optique monomode dans l'une des entrées de la puce. En sortie de la puce nous plaçons une lentille adaptée aux longueurs d'onde des télécommunications de telle sorte que nous obtenions trois faisceaux collimatés. Pour réaliser les mesures de puissance dans chaque voie, nous utilisons trois détecteurs calibrés au préalable. En injectant le laser dans la voie "3", le taux de couplage pour le coupleur C_1 est donné par :

$$T_{C_1} = \frac{P_A + P_B}{P_A + P_B + P_C}, \tag{3.7}$$

où P_i représente la puissance mesurée par le détecteur placé devant la sortie i. Par ailleurs, que le taux de couplage du coupleur C_2 est donné par :

$$T_{C_2} = \frac{P_A}{P_A + P_B}. \tag{3.8}$$

Dans le cas où nous couplons le laser dans l'entrée "2", les taux de couplage sont alors définis par :

$$\begin{aligned} T_{C_1} &= \frac{P_C}{P_A + P_B + P_C} \\ T_{C_2} &= \frac{P_A}{P_A + P_B}. \end{aligned} \tag{3.9}$$

Et en utilisant l'entrée "1", nous pouvons caractériser le coupleur C_2, par :

$$T_{C_2} = \frac{P_B}{P_A + P_B}. \tag{3.10}$$

Dans toutes ces configurations nous devons obtenir les mêmes résultats, car les coupleurs sont parfaitement symétriques, seules les pertes sur les arêtes de sortie peuvent modifier la mesure. Nous avons alors choisi d'utiliser l'entrée "2", car elle permet de mesurer le taux de couplage des deux coupleurs tout en évitant la zone PPLN qui risque de fausser la mesure en convertissant une partie du laser par SHG.

Naturellement, les coupleurs ne sont pas 50/50, nous devons donc appliquer une tension aux bornes des électrodes pour modifier les taux de couplage. Comme nous l'avons vu précédemment, le champ électrique créé par les électrodes permet de modifier le taux de couplage, mais entraîne un déplacement des charges dans le $LiNbO_3$ qui modifie les lignes de champ. Ceci a pour effet de modifier le taux de couplage. Le temps caractéristique de la migration des charges est d'environ quelques secondes. Pour ne plus avoir de déplacement de charge nous devons modifier périodiquement le signe de la tension appliquée aux électrodes. Pour cela, nous disposons d'un générateur de fonction, suivi d'un amplificateur de tension 20 dB. La tension appliquée est de forme créneau à une fréquence de 1 kHz centrée autour de zéro.

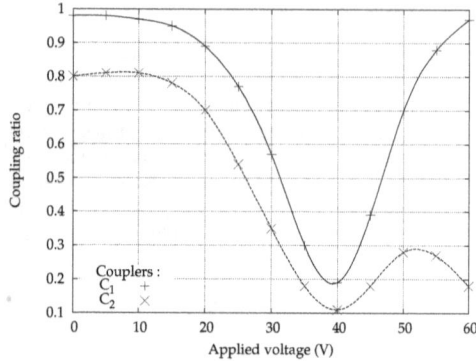

FIG. 3.17 : Exemple de variation du taux de couplage en fonction de la tension appliquée
aux bornes des électrodes.

Nous avons représenté sur la FIG. 3.17 un exemple de courbe expérimentale de
la variation du taux de couplage en fonction de la tension appliquée aux bornes des
électrodes. Nous observons bien que cette tension est responsable d'une variation du
taux de couplage, et de plus qu'elle permet d'obtenir deux coupleurs équilibrés sur
une même puce. Comme nous l'avons vu dans la partie théorique, seuls les coupleurs
avec une longueur appropriée peuvent être rendus équilibrés par l'application d'une
tension.

3.4.3   Caractérisation des pertes

La dernière caractérisation classique à réaliser est la mesure des pertes du composant. Il existe deux types de pertes, qui sont :

- les pertes aux interfaces des guides, lors du couplage et découplage ;
- les pertes à la propagation qui sont dues à la nature même du guide et aux
  virages qui permettent de réaliser les coupleurs.

Pour caractériser ces pertes, nous avons utilisé le montage employé pour la caractérisation des coupleurs (voir SEC. III.3.4.2). La puissance totale transmisse par
la puce est alors donnée par la somme des puissances sur toutes les voies de sortie.
Ainsi les pertes sont données par :

$$\gamma = -1 \log \frac{\sum_i P_i}{P_{\mathrm{inp}}}, \tag{3.11}$$

où i peut prendre la valeur A, B et C, et P_{inp} la puissance en entrée du composant.
Par cette méthode nous ne considérons pas les pertes au découplage, car nous utilisons une lentille en sortie. Nous étudierons par la suite les pertes en configuration
réelle, c'est-à-dire où les trois sorties sont fibrées. Cependant, nous avons procédé à

une sélection des puces présentant le moins de pertes, avec un minimum à environ 6 dB.

En conclusion, la réalisation de la puce résulte d'un long processus de fabrication mettant en œuvre de nombreuses étapes délicates et susceptibles de générer des défauts (mauvais accord de phase, coupleur non équilibré, *etc.*) rendant certaines puces inutilisables. Sur la centaine de puces fabriquées, nous en avons identifié une dizaine remplissant le cahier des charges, c'est-à-dire présentant à la fois le bon accord de phase et deux coupleurs ajustables au ratio 50/50. La prochaine étape concerne la caractérisation de la fonction relais, c'est-à-dire la réalisation d'une expérience d'interférence à deux photons au niveau du coupleur C_2 à l'aide d'une source de photons uniques externes et d'un des photons des paires émises au sein de la puce elle-même.

Chapitre 4

Réalisation et résultats

Nous allons maintenant décrire le protocole expérimental qui nous a permis de caractériser la fonction relais de la puce. Plus précisément, nous cherchons à observer un phénomène d'interférence à deux photons sur le second coupleur 50/50 de la puce entre un des photons émis par la zone PPLN et un second provenant d'une source de photons externe implémentée autour d'un second guide d'onde PPLN. Nous allons commencer par décrire l'expérience complète. Puis nous verrons comment nous avons caractérisé la statistique des sources et le nombre moyen de photons contenus dans chaque impulsion. Pour finir, nous présenterons les résultats obtenus.

4.1 Le régime de fonctionnement

Pour la caractérisation de la fonction relais nous avons décidé de travailler en régime picoseconde qui est un bon compromis entre les régimes continu et femtoseconde. En effet comme nous l'avons vu dans la Sec. III.2.2.1, le régime picoseconde est moins contraignant au niveau du filtrage des photons en sortie des cristaux non-linéaires que le régime continu. De plus, contrairement aux impulsions femtoseconde, les impulsions picosecondes présentent l'avantage d'être :

- plus étroites spectralement et donc moins sensibles à la dispersion chromatique lors de la propagation dans les fibres ;

- et plus larges temporellement, ce qui permet de réduire la puissance crête des impulsions pour une puissance moyenne donnée. Ceci a pour conséquence de réduire l'apparition d'effets non-linéaires non désirés dans les fibres qui sont le plus souvent sensibles à la puissance crête. Nous donnerons un exemple par la suite.

Pour finir la synchronisation temporelle de deux lasers fonctionnant en régime picoseconde est plus simple à mettre en œuvre qu'en régime femtoseconde. Ainsi ce régime semble le bon compromis pour la réalisation relais comme les travaux effectués précédemment au laboratoire l'ont montré [Aboussouan Diegelmann 2008, Aboussouan *et al.* 2010, Landry *et al.* 2010].

Pour générer ces impulsions, nous utilisons un laser constitué par une pompe à 532 nm d'une puissance de 5 W [1], qui vient exciter un cristal de Titane Saphir monté dans une cavité qui permet de générer des longueurs d'onde comprises entre 700 et 980 nm [2]. Nous avons réglé la cavité afin d'obtenir une configuration où la chaîne

---

1. Marque : Coherent, modèle : Verdi V5.
2. Marque : Coherent, modèle : MIRA 900D.

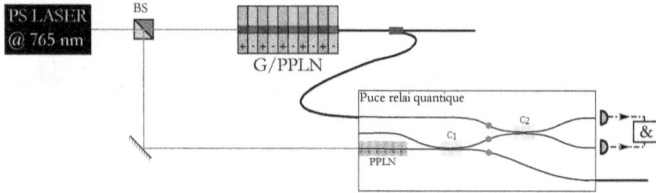

FIG. 4.1 : Schéma de principe de l'expérience d'interférence à deux photons pour la caractérisation de la fonction relais.

laser émet des impulsions optiques à une longueur d'onde de λ_p =768 nm avec une
largeur spectrale à mi-hauteur de $\delta\lambda_p$ =0,24 nm. Le laser étant mode-locké, la durée
des impulsions est dans ce cas de 2,6 ps. Nous avons notamment vérifié la durée
temporelle des impulsions à l'aide d'un autocorrélateur en intensité, et la largeur
spectrale à l'aide d'un analyseur de spectre. Notons que toutes ces grandeurs sont en
accord avec l'inégalité temps/fréquence $\delta t.\delta\nu \geq K$, où dans notre cas $K = 0.31$ car
nos impulsions sont de forme sécante hyperbolique. Le taux de répétition du laser
est donné par la longueur de la cavité et est de 80 MHz, soit une impulsion toutes
les 12.5 ns.

Pour notre démonstration expérimentale de la fonction relais quantique intégré,
nous utilisons un seul laser en régime picoseconde alimentant à la fois la zone PPLN
de la puce et un second guide PPLN servant de source de photons externes. Le
schéma de principe de l'expérience est donné en FIG. 4.1.

Comme nous l'avons vu précédemment (voir page 165), la visibilité maximum de
l'interférence à deux photons est donnée par :

$$V_{err}^{max} = \cfrac{1}{\sqrt{\dfrac{\tau_{err}^2}{2\tau_c^2} + 1}}, \tag{4.1}$$

où τ_{err} et τ_c représentent respectivement la largeur temporelle à mi-hauteur des
impulsions du laser et le temps de cohérence des photons générés et qui interfèrent
sur le coupleur 50/50 considéré. Il faut donc minimiser le rapport $\dfrac{\tau_{err}}{\tau_c}$ pour maximiser la visibilité. Ainsi, en sortie de la puce, le temps de cohérence des photons est
de 43 fs. Ceci est donné par la largeur spectrale des photons qui est, comme nous
l'avons vu, de 80 nm. Pour ces conditions, nous pouvons obtenir au maximum une
visibilité de 2%. Pour accroître cette visibilité, il faut donc augmenter le temps de
cohérence des photons en les filtrant. Ceci revient à rendre leur spectre limité par
la transformée de Fourier, comme c'est le cas pour le laser de pompe.

Pour cela, nous utilisons pour les paires de photons issues du guide et de la
puce un jeu de deux filtres accordables avec une largeur spectrale de 200 pm et
de 800 pm. La FIG. 4.2 représente la courbe de transmission du filtre en fonction

de la longueur d'onde. Le premier filtre va permettre de sélectionner les photons signal avec une longueur d'onde λ_s légèrement inférieure à la longueur d'onde de dégénérescence $\lambda_d = 2\lambda_p = 1536$ nm ($\lambda_s = 1534$ nm, $\Delta\lambda_s = 200$ pm). D'autre part, le second filtre va permettre de sélectionner le photon idler de la paire qui, par conservation de l'énergie, doit se trouver à une longueur d'onde légèrement supérieure à la dégénérescence définie par $\lambda_i = \left(\frac{1}{\lambda_p} - \frac{1}{\lambda_s}\right)^{-1}$ ($\lambda_i = 1538$ nm, $\Delta\lambda_i = 800$ nm).

Nous avons défini la largeur spectrale du filtre fin pour maximiser la visibilité théorique, car pour une largeur spectrale de 200 pm nous obtenons un temps de cohérence de 17,3 ps, ce qui donne $V_{max} = 99\%$. La largeur du second filtre a elle été choisie pour maximiser le débit des sources. En effet la conservation de l'énergie nous impose $\nu_p = \nu_s + \nu_i$, ce qui fixe les fréquences des trois ondes mises en jeu. Ceci nous impose donc, pour une fréquence donnée du laser, les positions des fréquences centrales des filtres. Si nous prenons la dérivée de cette fonction, nous obtenons $\Delta\nu_p = \Delta\nu_s + \Delta\nu_i$, ce qui permet de définir la largeur spectrale des filtres en fonction de celle du laser. Dans notre expérience, nous avons $\Delta\nu_p = 122$ GHz et $\Delta\nu_s = 25$ GHz, ce qui donne $\Delta\nu_i = 97$ GHz, ce qui correspond à environ 770 pm, d'où l'emploi d'un filtre de 800 pm.

Maintenant que nous avons défini le régime de fonctionnement, ainsi que les filtres associés, nous pouvons décrire le montage expérimental.

4.2 Caractérisation de la statistique d'émission et de l'efficacité des interactions non-linéaires

Comme nous l'avons vu précédemment (voir SEC. III.2.2.2), la visibilité de l'interférence à deux photons dépend du nombre de photons contenus dans les impulsions. Dans cette partie, nous allons présenter comment définir cette statistique, à la fois pour la source de photons uniques annoncés et pour la puce. Mais avant de commencer notre analyse, nous devons déterminer si le nombre de paires émises

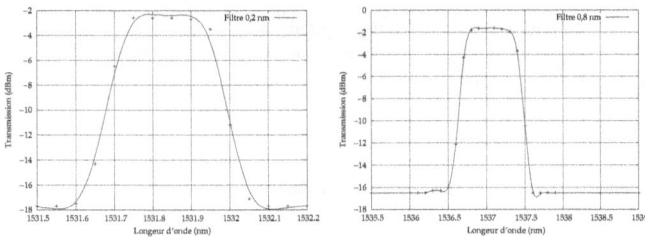

FIG. 4.2 : Spectre de transmission des filtres de Bragg fibré de l'expérience. Ces deux filtres sont accordables sur 10 nm autour de 1536 nm avec une largeur spectrale de 200 nm pour le premier et de 800 pm pour le second.

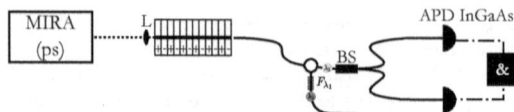

FIG. 4.3 : Schéma expérimental de la caractérisation du type de distribution de nos sources.

par nos sources, après filtrage, suivent une loi de distribution de type Poisson ou Bose-Einstein.

4.2.1   Caractérisation de la distribution d'émission des paires

Nous voulons vérifier la statistique d'émission du guide. En effet, comme nous le montrons dans l'ANN. B, dans le cas où nous pouvons sélectionner qu'un seul mode spectral d'émission du guide d'onde, la distribution statistique des paires de photons est de type Bose-Einstein, dans le cas contraire elle est de type poissonienne. Dans notre configuration, la largeur temporelle des impulsions est plus courte que le temps de cohérence des photons, ainsi nous devrions être capable de ne sélectionner qu'un seul mode d'émission du guide d'onde. Nous voulons vérifier que c'est bien le cas, pour cela nous avons réalisé l'expérience présentée dans le FIG. 4.3. Elle consiste à venir placer en sortie de la source de photons uniques annoncés un coupleur 50/50 avec une APD, sur chacune de ses sorties, connectées à un compteur de coïncidences (TAC). Dans notre expérience, nous avons employé deux APD InGaAs s'ouvrant aléatoirement pendant 100 ns à un taux de répétition de 1 MHz [3].

En observant l'histogramme des temps d'arrivée générés par le TAC (voir FIG. 4.4), nous voyons apparaitre une série de pics espacés de 12.5 ns, ce qui correspond au temps entre deux impulsions laser. De cet histogramme nous pouvons extraire la probabilité d'émission d'une double paire par le guide d'onde. En effet, si nous regardons de plus près les contributions aux différents pics, nous pouvons définir deux comportements, qui sont :

- pour un temps nul entre les deux détections, ce qui correspond à mesurer un déclenchement des deux détecteurs pour une même impulsion, la probabilité d'obtenir une coïncidence est alors donnée par :

$$\mathcal{P}_{\delta t=0} = \frac{P_2}{2}, \tag{4.2}$$

avec P_2 la probabilité d'émettre deux paires par impulsion. Remarquons que le facteur $\frac{1}{2}$ vient de l'utilisation d'un coupleur 50/50 pour séparer les paires, cette séparation n'est effective que dans 50% des cas.

- pour un temps non nul entre les deux détecteurs, nous mesurons dans ce cas des coïncidences entre deux impulsions différentes, ainsi la probabilité

---

3. Nous avons pour cela utilisé le trigger interne des détecteurs.

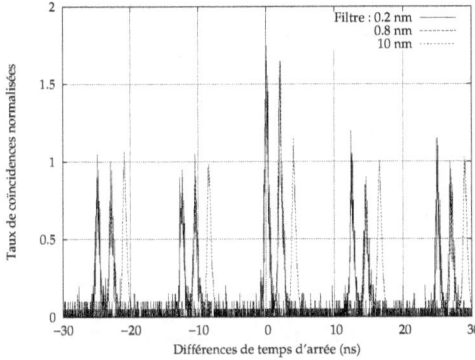

FIG. 4.4 : Taux de coïncidences normalisé pour l'expérience présentée en FIG. 4.3. Cette
mesure nous permet de déterminer la distribution statistique du nombre de
paires émises par impulsion en fonction de la largeur du filtre. Note : le décalage
apparent de 2 ns entre les trois mesures a été fait pour une simple question de
lisibilité de la figure ; il ne résulte pas de la mesure.

d'obtenir une coïncidence est donnée par :

$$\mathcal{P}_{\delta t \neq 0} = \frac{P_1^2}{4}, \qquad (4.3)$$

avec P_1 la probabilité d'émettre une paire par impulsion. Comme précédemment le facteur $\frac{1}{4}$ vient de l'utilisation du coupleur 50/50, sachant que des photons séparés par un temps δt peuvent contribuer soit au pic correspondant au temps δt soit à celui correspondant au temps $-\delta t$.

De là, nous pouvons calculer le rapport entre le pic pour un temps nul entre deux détections et les pics avec un temps non nul, ce qui donne :

$$\gamma = \frac{\mathcal{P}_{\delta t = 0}}{\mathcal{P}_{\delta t \neq 0}} = \frac{2 P_2}{P_1^2} \qquad (4.4)$$

Comme nous l'avons vu précédemment (voir page 173), nous avons pour une distribution de type Poisson :

$$P_2 = \frac{P_1^2}{2}, \qquad (4.5)$$

lorsque le nombre moyen de photons par impulsion tend vers zéro, tandis que nous avons :

$$P_2 = P_1^2 \qquad (4.6)$$

pour une distribution de type Bose-Einstein.

Ainsi $\gamma = 1$ pour une distribution de type Poisson, ce qui se traduit expérimentalement par le fait d'avoir tous les pics de coïncidences à la même hauteur. Dans

le cas où la distribution de notre source est de type Bose-Einstein, nous devons observer que le pic avec un temps nul entre les deux détecteurs est deux fois plus haut
que les pics satellites, sachant que $\gamma = 2$ dans ce cas là.

La FIG. 4.4 représente les pics de coïncidences obtenus pour différentes largeurs
de filtre. Nous observons que pour le filtre de 200 pm, qui est utilisé dans notre
expérience, nous avons une distribution du nombre de paires par impulsion qui suit
bien une loi de type Bose-Einstein, car $\gamma = 2$. Ainsi, dans cette configuration, nous
arrivons à sélectionner qu'un seul mode d'émission du guide d'onde. Si maintenant
nous augmentons la largeur du filtre nous retombons sur une distribution de type
Poisson, ce qui signifie que l'incertitude sur le temps de création de nos photons est
plus grande que leur temps de cohérence.

Remarque : pour les personnes familières avec les expériences type Hanbury-
Brown & Twiss, le paramètre γ est identique à la fonction d'autocorrélation en
intensité normalisée prise en 0, communément notée $g^{(2)}(0)$ [Brown & Twiss 1956,
Alibart 2004].

4.2.2   Caractérisation du nombre de paires émises par impulsion

Dans cette partie nous allons présenter comment mesurer le nombre moyen de
paires émises par impulsion pour le guide d'onde et la puce en s'affranchissant des
pertes subies par les paires de photons avant d'être détectés. Pour cela, nous sommes
repartis des travaux présentés dans le chapitre 2 de la référence [Tanzilli 2002], et
nous les avons appliqués à notre configuration expérimentale. Dans notre configuration, les photons appairés sont filtrés à l'aide d'un jeu de deux filtres centrés autour
de deux longueurs d'onde λ_1 et λ_2, qui vérifient la loi de conservation de l'énergie
avec la longueur d'onde du laser de pompe λ_p, $\left(\frac{1}{\lambda_p} = \frac{1}{\lambda_1} + \frac{1}{\lambda_2} \right)$.

De plus, nous devons considérer deux configurations expérimentales, une pour la
source de photons uniques annoncés basée sur le guide PPLN et une pour la puce.

- Dans le cas du guide PPLN, les paires de photons sont séparées de façon
  déterministe à l'aide des filtres. Cela revient à employer un WDM en sortie
  du guide d'onde comme nous l'avons représenté sur la FIG. 4.5 (a).

- Dans le cas de la puce, les paires de photons sont séparées de façon aléatoire à
  l'aide du premier coupleur 50/50 puis les filtres sont placés en sortie de la puce.
  La configuration représentée sur la FIG. 4.5 (b) est parfaitement similaire à
  notre puce relais en considérant que le premier coupleur est à un ratio 50/50
  et le second 100/0.

Dans les deux montages, deux détecteurs InGaAs sont placés en bout de lignes.
L'horloge du laser est alors utilisée pour ouvrir le premier détecteur pendant une
durée de 5 ns, nous n'avons alors qu'une seule impulsion durant le temps d'ouverture
du détecteur (12,5 ns entre deux impulsions). La détection d'un photon va déclencher
la seconde APD qui va s'ouvrir pendant 50 ns, ce qui correspond à 3 impulsions de
pompe. Les délais optiques et électroniques auront au préalable été ajustés pour que
le second photon de la paire ayant déclenché le premier détecteur arrive au milieu de

a)

b)

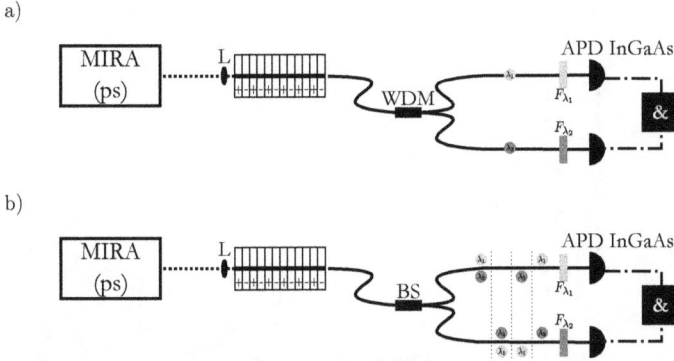

FIG. 4.5 : Schéma simplifié de l'expérience de caractérisation de l'efficacité de l'interaction non-linéaire dans le cas du guide d'onde (a) et de la zone PPLN de la puce (b). F_{λ_1} et F_{λ_1} représentent respectivement le filtre de 200 pm à 1534 nm et le filtre de 800 pm à 1536 nm.

la fenêtre de détection du second. Un TAC est alors utilisé pour compter les coïncidences entre les deux détecteurs. L'histogramme des coïncidences va alors comporter trois pics, comme le montre la FIG. 4.6. Le pic central va correspondre à un temps nul entre les deux détecteurs ($\delta t = 0$). Nous mesurons ainsi les photons issus de la même impulsion, tandis que les pics satellites représentent des coïncidences entre deux impulsions différentes ($\delta t = \pm 12,5\,ns$).

Avant de calculer les probabilités d'obtenir une coïncidence dans l'un des trois pics pour les deux configurations expérimentales, nous allons définir quelques grandeurs et faire quelques hypothèses pour simplifier les équations :

- nous introduisons la grandeur ξ_i qui représente les pertes sur la ligne i et l'efficacité des détecteurs. Nous supposons que $\xi_i \ll 1$, ainsi la probabilité de détecter deux photons incidents est donnée par $(\xi_i(1 - \xi_i) + \xi_i) \approx 2\xi_i$;
- nous définissons P_1 la probabilité d'émettre une paire de photons par impulsion, qui suit dans notre configuration la loi de distribution de Bose-Einstein. Il vient donc :

$$P_1 = \frac{1}{(1 + \overline{n})(1 + \frac{1}{\overline{n}})}, \tag{4.7}$$

avec $\overline{n}$ le nombre moyen de paires de photons émises par impulsion ;

- nous définissons P_2 la probabilité d'émettre deux paires de photons par impulsion. En faisant l'hypothèse que $\overline{n} \ll 1$, nous pouvons écrire $P_2 = P_1^2$;
- nous considérons la probabilité d'émettre plus de deux paires par impulsion comme négligeable ;
- pour finir, nous supposons que le taux de détection est suffisamment faible pour s'affranchir des cas où le second détecteur est éteint quand un photon arrive.

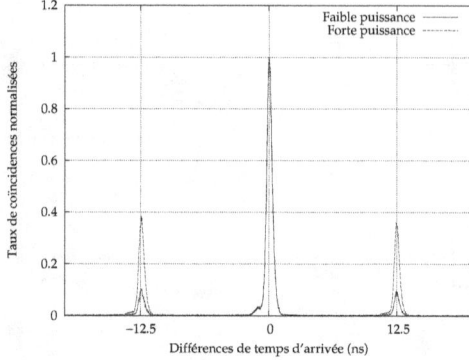

FIG. 4.6 : Exemple de mesure de pics de coïncidences en régime impulsionnel pour deux
puissances de pompe. Les deux courbes ont été faite à l'aide du guide d'onde
(cas a de la FIG. 4.5) pour des puissances incidentes de 1 mW et 10 mW.

Sous ces conditions, les probabilités d'obtenir une coïncidence dans le premier
pic pour les deux configurations expérimentales présentées dans la FIG. 4.5 sont
données par :

$$
\begin{aligned}
\mathcal{P}^{\mathrm{c}}_{(\delta t=-12.5\,ns)}\Big|_{\mathrm{guide}} &= \left[\xi_1 P_1 + 2\xi_1 P_1^2\right]\left[\xi_2 P_1 + 2\xi_2 P_1^2\right] \\
\mathcal{P}^{\mathrm{c}}_{(\delta t=-12,5\,ns)}\Big|_{\mathrm{puce}} &= \left[\tfrac{1}{2}\xi_1 P_1 + \xi_1 P_1^2\right]\left[\tfrac{1}{2}\xi_2 P_1 + \xi_2 P_1^2\right]
\end{aligned}
\tag{4.8}
$$

D'autre part les probabilités d'obtenir une coïncidence dans le pic central sont données par :

$$
\begin{aligned}
\mathcal{P}^{\mathrm{c}}_{(\delta t=0)}\Big|_{\mathrm{guide}} &= \xi_1\xi_2 P_1 + 4\xi_1\xi_2 P_1^2, \\
\mathcal{P}^{\mathrm{c}}_{(\delta t=0)}\Big|_{\mathrm{puce}} &= \tfrac{1}{4}\xi_1\xi_2 P_1 + \xi_1\xi_2 P_1^2.
\end{aligned}
\tag{4.9}
$$

Si nous définissons γ le rapport entre le pic central et le pic situé à -12,5 ns, nous
pouvons alors écrire :

$$
\gamma = \frac{\mathcal{P}^{\mathrm{c}}_{(\delta t=0)}}{\mathcal{P}^{\mathrm{c}}_{(\delta t=-12.5\,ns)}}\Bigg|_{\mathrm{guide}} = \frac{\mathcal{P}^{\mathrm{c}}_{(\delta t=0)}}{\mathcal{P}^{\mathrm{c}}_{(\delta t=-12.5\,ns)}}\Bigg|_{\mathrm{puce}} = \frac{1+4P_1}{P_1\left(1+2P_1\right)^2}.
\tag{4.10}
$$

Comme nous pouvons le remarquer, les deux approches (guide et puce) donnent le
même résultat. En négligeant les termes en P_1^3, nous obtenons :

$$
\gamma = \frac{1}{P_1}
\tag{4.11}
$$

En utilisant l'EQ. (4.7), nous obtenons :

$$
\gamma = \frac{(1+\overline{n})^2}{\overline{n}}
\tag{4.12}
$$

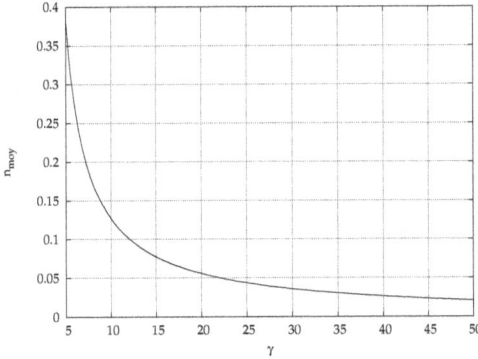

FIG. 4.7 : $\overline{n}$ en fonction de γ.

Nous pouvons alors remonter au nombre moyen de paires émises par impulsion qui est donné par :

$$\overline{n} = \frac{1}{2}\left(\gamma - \sqrt{\gamma^2 - 4\gamma}\right) - 1 .$$ (4.13)

Nous pouvons remarquer que par cette méthode, nous nous affranchissons des pertes sur les lignes ainsi que de l'efficacité des détecteurs. On peut alors remonter au nombre moyen de paires ($\overline{n}$) émises par impulsion via le rapport des hauteurs des pics (γ) qui est accessible expérimentalement de façon assez simple.

À titre d'exemple, pour obtenir en moyenne 0.02 paires par impulsion pour le guide et la puce nous avons besoin d'une puissance moyenne de pompe de 0.5 mW devant le guide et de 7 mW devant la puce. Cette différence de puissance s'explique par la différence de longueur des deux zones PPLN. Dans cette configuration, la probabilité d'émettre deux paires par impulsion est suffisamment faible pour ne pas réduire la visibilité de l'interférence à deux photons, comme nous l'avons défini dans la SEC. III.2.2.2.

4.3 Montage expérimental

La FIG. 4.8 présente le schéma du montage expérimental complet que nous avons employé pour caractériser la fonction relais de la puce.

Nous employons le laser décrit précédemment pour pomper simultanément un guide d'onde PPLN, et la zone PPLN de la puce dont les caractéristiques optiques non-linéaires sont identiques. Le guide d'onde va nous permettre de simuler une source de photons uniques annoncés. La seule différence est la longueur de l'échantillon, ce qui a pour effet d'accroître l'efficacité de l'interaction tout en réduisant sa

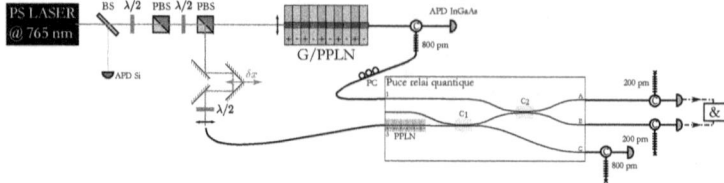

FIG. 4.8 : Schéma du montage expérimental de caractérisation de la fonction relais de la puce.

largeur spectrale, sans changer les conditions d'accord de phase. Nous pouvons voir sur la FIG. 4.9 la réponse spectrale de ce guide d'onde qu'il est intéressant de comparer à celle de la puce représentée sur la FIG. 3.16. Comme le montre la FIG. 4.8, nous prélevons le photon idler à l'aide du filtre de 800 pm, et nous le détectons à l'aide d'une APD InGaAs (voir ANN. C). Notons que les filtres que nous utilisons fonctionnent en réflexion, ainsi un circulateur optique est placé avant le filtre pour récupérer les photons réfléchis. Lorsque l'APD se déclenche, elle annonce l'émission d'une paire par le guide d'onde, et donc la présence d'un photon "signal" unique et potentiellement à la bonne longueur d'onde grâce à la conservation de l'énergie. Ce photon signal est alors injecté dans la puce par la voie "1".

Dans le même temps, une impulsion de pompe est couplée dans la voie "3" de la puce, pour générer la seconde paire. Le temps d'arrivée de l'impulsion est ajusté à l'aide d'un rétro-réflecteur motorisé. Le premier coupleur de la puce "C_1" va alors permettre de séparer la paire, tandis que le second va nous permettre de réaliser l'interférence à deux photons au cœur du protocole de téléportation. Il est important de discuter la disposition des filtres en sortie de la puce sur la FIG. 4.8. Nous plaçons les deux filtres fins en sortie du second coupleur 50/50 pour post-sélectionner les photons qui ont interféré tandis que le filtre de 800 pm est placé sur la dernière sortie pour annoncer l'émission d'une paire par la zone PPLN. Dans cette configuration expérimentale, nous avons donc deux sources de photons annoncés, ce qui offre la possibilité d'observer une interférence à deux photons avec une visibilité proche de 100% (voir SEC. III.2.2.2).

Pour pouvoir coupler et découpler la lumière dans les différentes voies de la puce nous employons des fibres montées dans des V-groove [4] (voir FIG. 4.10). Cela consiste en une plaque de silicium avec des rainures en forme de V espacées de $250\,\mu m$. Cet espacement correspond à l'écartement entre les voies de la puce. Des fibres dénudées sont alors placées dans les rainures puis collées. La face du V-groove est ensuite polie afin de minimiser les pertes, tandis qu'aux autres extrémités les fibres sont terminées par des connecteurs FC-PC standard. Nous disposons de deux types de V-groove, un pour l'entrée de la puce constitué d'une fibre monomode à 780 nm pour la pompe et d'une fibre monomode à 1550 nm pour les photons uniques, et un pour la sortie constituée de quatre fibres monomodes à 1550 nm.

---

4. Marque : Oz Optics.

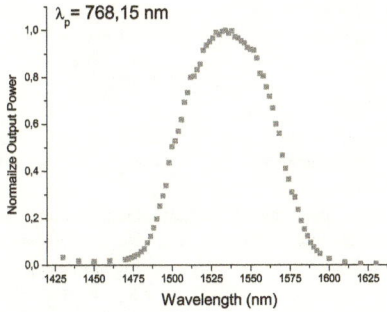

FIG. 4.9 : Spectre de fluorescence du guide de la source de photons uniques annoncés pompé par un laser picoseconde à 768,15 nm. La largeur spectrale, prise à mi-hauteur, est d'environ 65 nm.

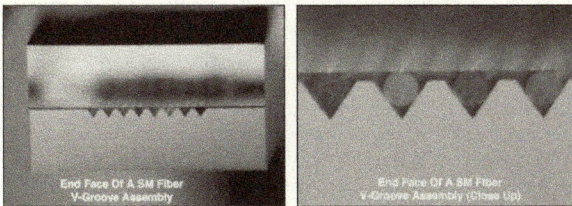

FIG. 4.10 : Vue de face de quatre fibres montées dans un V-groove de silicium.

Afin de s'affranchir de toute mauvaise surprise, nous avons testé la réponse des fibres monomodes à 780 nm à des impulsions laser en régime picoseconde pour des puissances moyennes allant de 0.1 mW à 20 mW. Comme nous pouvons le voir sur la FIG. 4.11, le spectre en sortie de la fibre s'élargit en fonction de la puissance crête dans la fibre en raison du phénomène bien connu d'auto-modulation de phase (voir le chapitre 4 du livre [Agrawal 2006]). En effet, l'indice de la fibre se voit modifié en focntion de l'intensité optique I, ce qui peut s'écrire sous la forme :

$$n(I) = n_o + \Delta n I,$$

où n_o et Δn représentent respectivement l'indice linéaire de la fibre et la variation d'indice due au processus non-linéaire d'ordre 3 ($\Delta n \propto \chi^{(3)}$) connu sous le nom d'effet Kerr. Ainsi, au passage de l'impulsion laser, l'indice du matériau augmente puis diminue après avoir passé le maximum d'intensité de l'impulsion. Cette variation d'indice entraîne une variation de phase inhomogène au sein de l'impulsion induisant un décalage en fréquence de l'impulsion $\Delta \omega_p$ qui est proportionnel à $L \Delta n I_c$, où L et I_c représentent respectivement la longueur de la fibre et la puissance crête de l'impulsion. Pour réduire cet effet, il faut donc, à puissance constante, diminuer la longueur de la fibre, comme le montre la FIG. 4.12, qui correspond au spectre d'impulsions picosecondes après propagation dans 40 cm de fibre monomode à 780 nm. Nous n'utiliserons donc pour nos expériences que des fibres faisant moins de 40 cm pour acheminer les impulsions de pompe vers la puce.

Avec ce système de V-Groove, nous obtenons environs 9 dB de pertes entre le connecteur de la fibre placé en entrée du composant et celui de la fibre placé en sortie. Nous avons pu déterminer que les pertes aux couplages/découplages et à la propagation étaient respectivement de 2×3 dB et de 3 dB. De plus, nous avons environ 2 dB de pertes entre les détecteurs et les fibres de sorties du composant. Ces pertes sont essentiellement dues aux filtres.

Pour réaliser la mesure, nous disposons de quatre APD de type InGaAs, dont trois sont placées en sortie de la puce. La dernière sert à annoncer le photon émis par le guide d'onde externe (voir FIG. 4.8). Une APD en Silicium est placée en sortie du laser de pompe afin de prélever l'horloge du laser. Plus précisément, la puissance en amont de cette APD est ajustée de telle sorte que le taux de détection qu'elle renvoie soit de l'ordre de 600 k/s. Ce montage permet ainsi, de prélever de façon aléatoire, parmi les 80 M impulsions du laser par seconde, 600 k/s d'horloge qui vont nous permettre de trigger les quatre APD InGaAs limitées à un taux de répétition de 1 M/s. Ceci permet d'ouvrir ces détecteurs durant 5 ns seulement au moment de l'arrivée d'une impulsion. Nous réduisons ainsi la probabilité de bruit en réduisant le temps pendant lequel les détecteurs sont ouverts. En contrepartie, nous réduisons aussi la probabilité d'obtenir une détection. L'utilisation de détecteurs, commercialisés depuis peu, pouvant fonctionner à 80 MHz permettrait d'exploiter toutes les impulsions du laser [IDQuantique 2011].

Dans le cas où le guide et la zone PPLN de la puce émettent 0.1 paires de photons par impulsion, nous devrions obtenir environ 0.25 quadruples coïncidences par heure en prenant en compte l'efficacité du schéma de détection et la totalité des pertes.

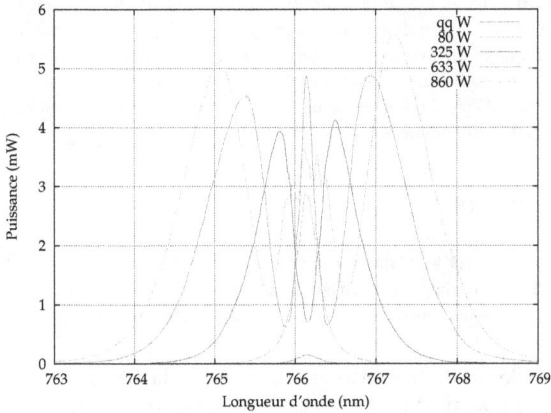

FIG. 4.11 : Spectre d'une impulsion picoseconde à 766 nm en sortie de 4 m de fibre
monomode à 780 nm en fonction de la puissance crête de pompe estimée à
l'aide des puissances moyennes mesurées en sortie de la fibre.

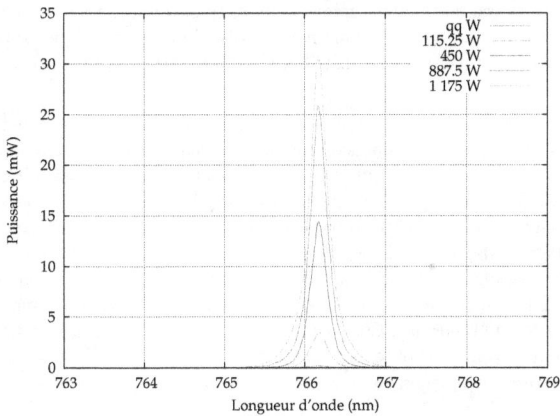

FIG. 4.12 : Spectre d'une impulsion picoseconde à 766 nm en sortie de 40 cm de fibre
monomode à 780 nm en fonction de la puissance crête de pompe estimée à
l'aide des puissances moyennes mesurées en sortie de la fibre.

Dans cette configuration, il nous faudrait intégrer au minimum pendant 40 h par position du rétro-réflecteur pour obtenir approximativement 10 coïncidences par point. L'utilisation de détecteur fonctionnant en "free running" permettrait de réduire ce temps à 24 min. Ne disposant pas de tels détecteurs au moment où l'expérience a été mise en place, nous avons choisi de réaliser des triples coïncidences en connectant les trois APD InGaAs en sortie de la puce à une porte "ET". Ainsi nous espérons avoir environ 10 coïncidences par heure et par point.

4.4   Résultats

Avant de présenter les résultats, nous allons compléter la théorie développée dans la Sec. III.2.2.2 afin de définir la visibilité maximum que l'on peut obtenir dans une configuration où nous n'observons que des triples coïncidences.

4.4.1   Étude de la visibilité en fonction de la statistique d'émission des photons dans le cas où une seule source émet des photons uniques en régime annoncé.

Dans la Sec. III.2.2.2, nous avons présenté le calcul de la visibilité en fonction du nombre moyen de paires de photons générées dans les deux sources. Nous avons traité alors le cas ou les deux sources ont des distributions statistique de type Poisson, Bose-Einstein, sub-Poisson, et sub-Bose-Einstein. Nous allons maintenant nous intéresser à la configuration qui correspond à notre expérience, où nous disposons d'une source de photons uniques annoncés et d'une source thermique. Ceci correspond à avoir une source définie par une distribution statistique de type Bose-Einstein pour la source a et une distribution statistique de type sub-Bose-Einstein pour la source b.

Nous repartons de l'Eq. (2.31) (voir page 174), qui définit la probabilité d'avoir n(=0, 1, ou 2) photons par impulsion qui arrivent sur le coupleur dans le cas d'une distribution de type sub-Bose-Einstein. Nous pouvons maintenant définir ces valeurs car nous connaissons les pertes entre la zone PPLN de la puce et le détecteur (v_b') qui sont d'environ 11 dB (3 dB propagation dans la puce + 3 dB coupleur 50/50 + 3 dB couplage guide/fibre + 2 dB filtrage) et l'efficacité des détecteurs (η_b') qui est de 10%. Pour la source a la probabilité d'avoir n photons par impulsion est donnée par l'Eq. (2.14). Il ne reste alors plus qu'à résoudre l'Eq. (2.32) pour obtenir la visibilité maximum théorique. Cette équation est représentée sur la Fig.4.13, comme nous pouvons le voir nous obtenons une visibilité d'environ 80% pour $\bar{n}_a = 0.02$ et $\bar{n}_b = 0.05$. Nous nous placerons dans cette configuration pour l'expérience.

4.4.2   Les résultats

En jouant sur la position du rétro-réflecteur nous compensons la seule discernabilité entre les deux photons qui est le temps d'arrivée sur le coupleur C_2 de la puce. En effet, comme nous l'avons vu précédemment, deux filtres de 200 pm, nous

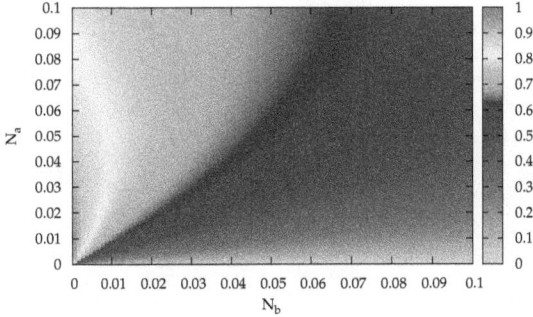

FIG. 4.13 : Visibilité maximum théorique en fonction du nombre moyen de paires photons par impulsion pour une détection en triple coïncidences avec des sources ayant une distribution statistique de type Bose-Einstein.

permettent de rendre les deux photons indiscernables en longueur d'onde. De plus, la structure guidante de la puce, qui ne supporte qu'un seul mode spatial à 1536 nm et qu'un seul mode de polarisation (vertical), nous assure que les deux photons sont indiscernables selon ces deux observables. Ainsi lorsque le délai entre les deux photons est nul nous observons une chute du taux de coïncidences comme le montre la FIG. 4.14. Cette courbe présente une visibilité brute de 27%±10% et nette de 79%±25%, ce qui est en accord avec les prévisions théoriques. En effet, comme nous l'avons vu précédemment, la visibilité de l'interférence est limité à environ 80% lorsque nous observons des triples coïncidences avec la source de photon unique et la puce émettant en moyenne 0.05 et 0.02 paires par impulsion, respectivement (voir FIG. 4.13). De plus, la largeur à mi-hauteur du dip qui est d'environ 6,0 mm, est en parfait accord avec le temps de cohérence de nos photons, qui est d'environ 17 ps [Martin *et al.* 2011].

Ces résultats permettent de prouver la pertinence de notre approche, et la faisabilité d'un relais intégré à la surface d'un substrat de $LiNbO_3$. Toutefois, ils pourraient être grandement améliorés en considérant non pas des triples coïncidences mais des quadruples. Ceci permettrait d'obtenir une visibilité proche de 100% avec une probabilité de bruit inférieure. Mais pour cela nous devrions utiliser des détecteurs de photons soit passifs soit déclenchés à un taux de répétition de 80 MHz. En effet, les détecteurs utilisés pour obtenir ce résultat ne permettent d'exploiter qu'une impulsion sur 100, l'observation d'une vraie quadruple coïncidence nécessiterait un temps d'intégration d'environ 240 min, contrairement à notre configuration basée sur trois détecteurs qui ne nécessite que 7 min d'intégration. Pour réaliser la même expérience

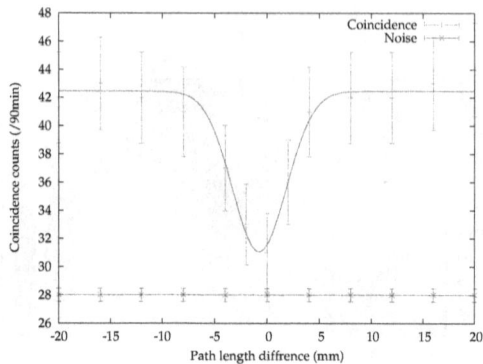

FIG. 4.14 : Triples coïncidences en fonction de la différence des longueurs de bras.

en quadruple coïncidences, c'est-à-dire une mesure de 10 points avec pour chaque point 10 coïncidences, il nous faudrait environs 17 jours de mesure. Dans le cas de détecteurs supportant un taux de trigger de 80 MHz, nous pourrions observer une quadruple coïncidence toutes les 3 min environ, ce qui offre la possibilité de faire la même mesure en quelques heures.

CHAPITRE 5

Conclusion

Nous venons de présenter la réalisation et les caractérisations classique et quantique d'un circuit relais quantique intégré sur LiNbO₃. Cette puce est constituée de deux fonctions, qui sont la génération de paires de photons et le routage de ces photons. La génération de paires de photons dégénérés dans la bande C des télécommunications est réalisée par conversion paramétrique au sein de la zone PPLN de la puce. D'autre part, le routage des photons se fait à l'aide de coupleurs directionnels intégrés contrôlables par effet électro-optique. Nous regroupons ainsi pour la première fois au sein d'un même composant deux effets non-linéaires d'ordre 2, à savoir optique-optique et électro-optique. Nous avons testé le bon fonctionnement de tous ces éléments de façon classique, avant de caractériser la fonction relais quantique.

Pour caractériser la fonction relais, nous avons réalisé une expérience d'interférence à deux photons [Hong *et al.* 1987] qui sert d'étape préliminaire à la téléportation. Pour cela, nous avons fait interférer, sur le second coupleur directionnel de la puce, un photon émis au sein de la puce et un second provenant d'une source de photons uniques basée sur un guide d'onde PPLN externe. Nous avons décidé de travailler avec un seul laser de pompe en régime impulsionnel avec des largeurs d'impulsion de l'ordre de la picoseconde. Nous avons observé une interférence avec une visibilité nette de 79%±25%. Ce résultat, ainsi que la largeur du dip, est en bon accord avec la description théorique associée à notre configuration expérimentale basée sur la détection de triples coïncidences. Ces résultats ne sont pas encore parfaits (voir TABLE 5.1), mais ils permettent tout de même de valider la pertinence de notre approche.

D'un point de vue expérimental, nous pouvons améliorer ces résultats via l'utilisation de détecteurs fonctionnant en régime continu ou en régime déclenché à des taux de répétition de 80 MHz. Ainsi nous pourrions mesurer des quadruples coïncidences, ce qui permettrait de pouvoir atteindre des visibilités proche de 100%, comme nous l'avons déjà démontré expérimentalement au laboratoire (voir [Aboussouan *et al.* 2010, Aboussouan Diegelmann 2008]), accompagnées d'une probabilité de bruit bien inférieure.

D'un point de vue technologique, certaines améliorations peuvent être apportées afin de réduire les pertes du composant. Nous pouvons par exemple placer, en entrée et en sortie de la puce, des guides segmentés afin d'adapter la forme du mode guidé à celui des fibres monomodes standards. Nous pourrions ainsi réduire les pertes aux couplages d'environ 1 dB. De plus, des études sont en cours au laboratoire afin de raffiner la méthode d'échange protonique doux afin de réduire les pertes à la propagation.

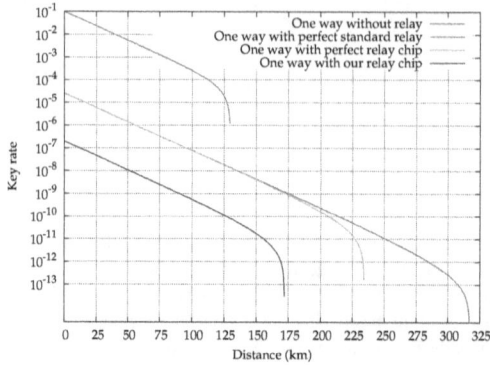

FIG. 5.1 : Simulation des distances de propagations maximums, dans le cas d'une ligne
         simple, d'une ligne avec une puce relais sans pertes optiques et d'une ligne avec
         notre puce relais (en considérant ou pas les pertes réelles de la puce).

Ces premiers résultats nous permettent d'envisager la réalisation de circuits optiques reconfigurables à souhait à l'aide de coupleurs directionnels ajustables. Ceci
ouvre de nouvelles perspectives pour le domaine de l'information quantique telles
que la réalisation de générateurs d'états de Fock destinés à alimenter des portes
logiques photoniques.

Pour finir, en se basant sur les calculs présentés dans le CHAP. I.3, nous avons
estimé le gain en terme de distance apporté par l'utilisation d'une puce relais au
centre de la ligne de communication. Pour cette simulation, nous avons considéré

- que les détecteurs de photons avaient une efficacité de détection de 10% et
  une probabilité de coup sombre de $10^{-6}/\text{ns}$;

- et que les pertes à la propagation était de $0.2\,\text{dB/km}$, ce qui est standard pour
  les fibres optiques.

Dans cette configuration la distance maximale de communication pour une ligne
simple est d'environ 125 km, comme le montre la FIG. 5.1. Si nous ajoutons notre
puce relais quantique, nous augmentons cette distance par un facteur 1,4. Pour
calculer cette distance nous avons pris en compte toutes les pertes de la puce, c'est-
à-dire les pertes optiques et les pertes dues au fait que le téléportation ne se réalise
que dans 1/4 des cas. Si le relais était parfait, c'est-à-dire sans pertes optiques, nous
pouvons accroître les distances de communication par un facteur 1,8.

Référence	Source	Longueur d'onde (nm)	Régime	Largeur des filtres (temps de cohérence)	Taux de paires (s^{-1})	Visibilité brute (nette)	Estimation V_{err}^{max}
Nous [Martin *et al.* 2011]	*Puce*	1550	PS (1,2 ps)	0,2 nm (17 ps)	2×10^{-1}	27% (79%)	80%
[Aboussouan *et al.* 2010]	*G/PPLN*	1550	PS (1,2 ps)	0,2 nm (17 ps)	3×10^{-1}	93% (99%)	99,6%
[Takesue & Miquel 2009]	*DSF*[‡]	1550	PS (19 ps)	0,2 nm (18 ps)	2	64%	80,1%
[Kaltenbaek *et al.* 2009]	BBO	800	FS (50 fs)[†]	0,4 nm (2,3 ps)	1×10^{-2}	96%	100,0%
[Halder *et al.* 2007]	*G/PPLN*	1550	CW (70 ps)[†]	0,01 nm (350 ps)	3×10^{-3}	(77%)	98,1%
[Fulconis *et al.* 2007]	*DSF*[‡]	600	PS (1,3 ps)	0,2 nm (2,5 ps)	4×10^{-1}	88%	94,3%
[Kaltenbaek *et al.* 2006]	BBO	800	FS (50 ± 260 fs)[†]	1 nm (0,59 ps)	1×10^{-2}	83%	84%
[Yang *et al.* 2006]	BBO	800	FS (60 fs)	2,8 nm (335 fs)	3×10^{-2}	82%	98,4%
[de Riedmatten *et al.* 2003]	LBO	1310	FS (200 fs)[†]	5 nm (500 fs)	7×10^{-1}	77% (84%)	92,8%

TABLE 5.1 : Tableau comparatif des différentes réalisations expérimentales. Nous sommes les seuls à avoir réalisé une expérience en configuration de triple coïncidences, ce qui explique la différence importante entre la visibilité nette et brute comparé aux autres sources. [†] Utilisation de deux lasers synchronisés.[‡] Pour les réalisations faites avec des sources basées sur des fibres, nous devons prendre en compte que deux photons de pompes sont nécessaires pour générer la paire, ceci a pour effet de modifier le calcul de $\sigma_{\tau_{err}}$ (voir page 163).

Bibliographie

[Aboussouan Diegelmann 2008] Pierre Aboussouan Diegelmann. *Interférences à deux photons à 1550 nm pour les communications quantiques.* PhD thesis, Université de Nice - Sophia Antipolis, 2008.

[Aboussouan *et al.* 2010] P. Aboussouan, O. Alibart, D. B. Ostrowsky, P. Baldi et S. Tanzilli. *High-visibility two-photon interference at a telecom wavelength using picosecond-regime separated sources.* Phys. Rev. A, vol. 81, no. 2, page 021801, 2010.

[Agrawal 2006] G. P. Agrawal. Nonlinear fiber optics. Academic Press, 2006.

[Alibart *et al.* 2005] O. Alibart, D. B. Ostrowsky, P. Baldi et S. Tanzilli. *High-performance guided-wave asynchronous heralded single-photon source.* Opt. Lett., vol. 30, no. 12, pages 1539—1541, 2005.

[Alibart 2004] Olivier Alibart. *Source de photons uniques annoncés à 1550 nm en optique guidée pour les communications quantiques.* PhD thesis, Université de Nice - Sophia Antipolis, 2004.

[Aspect *et al.* 1981] A. Aspect, P. Grangier et G. Roger. *Experimental Tests of Realistic Local Theories via Bell's Theorem.* Phys. Rev. Lett., vol. 47, no. 7, pages 460–463, 1981.

[Aumont 2003] P. Aumont. *Réalisation par échange protonique doux de guides continus et segmentés sur niobate lithium.* PhD thesis, Université de Nice - Sophia Antipolis, 2003.

[Bennett *et al.* 1993] C. H. Bennett, G. Brassard, C. Crépeau, R. Jozsa, A. Peres et W. K. Wootters. *Teleporting an unknown quantum state via dual classical and Einstein-Podolsky-Rosen channels.* Phys. Rev. Lett., vol. 70, no. 13, pages 1895–1899, 1993.

[Bertocchi 2006] G. Bertocchi. *Cicuit optique sur LiNbO₃ pour un relais quantique intégré.* PhD thesis, Université de Nice - Sophia Antipolis, 2006.

[Bouwmeester *et al.* 1997] D. Bouwmeester, J. W. Pan, K. Mattle, M. Eibl, H. Weinfurter et A. Zeilinger. *Experimental quantum teleportation.* Nature, vol. 390, no. 6660, pages 575–579, 1997.

[Braunstein & Mann 1995] S. L. Braunstein et A. Mann. *Measurement of the Bell operator and quantum teleportation.* Phys. Rev. A, vol. 51, no. 3, pages R1727–R1730, 1995.

[Brown & Twiss 1956] R. Hanbury Brown et R. Q. Twiss. *Correlation between Photons in two Coherent Beams of Light.* Nature, vol. 177, no. 4497, pages 27–29, 1956.

[Bures *et al.* 1983] J. Bures, S. Lacroix et J. Lapierre. *Analyse d'un coupleur bidirectionnel à fibres optiques monomodes fusionnées.* Appl. Opt., vol. 22, no. 12, pages 1918–1922, 1983.

[Collins *et al.* 2005] D. Collins, N. Gisin et H. de Riedmatten. *Quantum relays for long distance quantum cryptography.* J. Mod. Opt., vol. 52, pages 735–753, 2005.

[de Riedmatten *et al.* 2003] H. de Riedmatten, I. Marcikic, W. Tittel, H. Zbinden et N. Gisin. *Quantum interference with photon pairs created in spatially separated sources.* Phys. Rev. A, vol. 67, no. 2, page 022301, 2003.

[de Riedmatten *et al.* 2004a] H. de Riedmatten, I. Marcikic, W. Tittel, H. Zbinden, D. Collins et N. Gisin. *Long Distance Quantum Teleportation in a Quantum Relay Configuration.* Phys. Rev. Lett., vol. 92, no. 4, page 047904, 2004.

[de Riedmatten *et al.* 2004b] H. de Riedmatten, V. Scarani, I. Marcikic, A. Acín, W. Tittel, H. Zbinden et N. Gisin. *Two independent photon pairs versus four-photon entangled states in parametric down conversion.* J. Mod. Opt., vol. 51, pages 1637–1649, 2004.

[de Riedmatten *et al.* 2005] H. de Riedmatten, I. Marcikic, J. A. W. van Houwelingen, W. Tittel, H. Zbinden et N. Gisin. *Long-distance entanglement swapping with photons from separated sources.* Phys. Rev. A, vol. 71, no. 5, page 050302, 2005.

[Fasel *et al.* 2004] S. Fasel, O. Alibart, S. Tanzilli, P. Baldi, A. Beveratos, N. Gisin et H. Zbinden. *High-quality asynchronous heralded single-photon source at telecom wavelength.* New Journal of Physics, vol. 6, page 163, Novembre 2004.

[Fulconis *et al.* 2007] J. Fulconis, O. Alibart, W. J. Wadsworth et J. G. Rarity. *Quantum interference with photon pairs using two micro-structured fibres.* New J. Phys., vol. 9, no. 276, page 276, 2007.

[Grice *et al.* 2001] W. P. Grice, A. B. U'Ren et I. A. Walmsley. *Eliminating frequency and space-time correlations in multiphoton states.* Phys. Rev. A, vol. 64, no. 6, page 063815, 2001.

[Halder *et al.* 2007] M. Halder, A. Beveratos, N. Gisin, V. Scarani, C. Simon et H. Zbinden. *Entangling independent photons by time measurement.* Nature Phys., vol. 3, no. 10, pages 692–695, 2007.

[Hong *et al.* 1987] C. K. Hong, Z. Y. Ou et L. Mandel. *Measurement of subpicosecond time intervals between two photons by interference.* Phys. Rev. Lett., vol. 59, no. 18, pages 2044–2046, 1987.

[IDQuantique 2011] IDQuantique. *www.idquantique.com*, 2011.

[Jacobs *et al.* 2002] B. C. Jacobs, T. B. Pittman et J. D. Franson. *Quantum relays and noise suppression using linear optics.* Phys. Rev. A, vol. 66, no. 5, page 052307, Novembre 2002.

[Kaltenbaek *et al.* 2006] R. Kaltenbaek, B. Blauensteiner, M. Zukowski, M. Aspelmeyer et A. Zeilinger. *Experimental Interference of Independent Photons.* Phys. Rev. Lett., vol. 96, no. 24, pages 240502–4, 2006.

[Kaltenbaek *et al.* 2009] R. Kaltenbaek, R. Prevedel, M. Aspelmeyer et A. Zeilinger. *High-fidelity entanglement swapping with fully independent sources.* Phys. Rev. A, vol. 79, no. 4, page 040302, 2009.

[Kogelnik & Schmidt 1976] H. Kogelnik et R. Schmidt. *Switched directional couplers with alternating $\Delta\beta$.* IEEE J. Quant. Elec., vol. 12, no. 7, pages 396–401, 1976.

[Landry *et al.* 2007] O. Landry, J. A. W. van Houwelingen, A. Beveratos, H. Zbinden et N. Gisin. *Quantum teleportation over the Swisscom telecommunication network.* J. Opt. Soc. Am. B, vol. 24, no. 2, pages 398–403, 2007.

[Landry *et al.* 2010] O. Landry, J. van Houwelingen, P. Aboussouan, A. Beveratos, S. Tanzilli, H. Zbinden et N. Gisin. *Simple synchronization of independent picosecond photon sources for quantum communication experiments.* Arxiv preprint arXiv :1001.3389, 2010.

[Mandel & Wolf 1995] Leonard Mandel et Emil Wolf. Optical coherence and quantum optics. Cambridge University Press, 1995.

[Marcikic *et al.* 2003] I. Marcikic, H. de Riedmatten, W. Tittel, H. Zbinden et N. Gisin. *Long-distance teleportation of qubits at telecommunication wavelengths.* Nature (London), vol. 421, pages 509–513, 2003.

[Martin *et al.* 2009] A. Martin, V. Cristofori, P. Aboussouan, H. Herrmann, W. Sohler, D. B. Ostrowsky, O. Alibart et S. Tanzilli. *Integrated optical source of polarization entangled photons at 1310 nm.* Opt. Express, vol. 17, no. 2, pages 1033–1041, 2009.

[Martin *et al.* 2011] A. Martin, O. Alibart, MP De Micheli, DB Ostrowsky et S. Tanzilli. *Quantum relay chip based on telecom integrated optics technology.* Arxiv preprint arXiv :1110.0660, 2011.

[Miller 1969] S. E. Miller. *Integrated optics - An introduction (Laser beam circuitry miniaturization facilitating laser circuit assembly isolation from thermal, mechanical and ambient changes).* Bell Syst. Techn. J., vol. 48, pages 2059–2069, 1969.

[Mosley *et al.* 2008] P. J. Mosley, J. S. Lundeen, B. J. Smith, P. Wasylczyk, A. B. U'Ren, C. Silberhorn et I. A. Walmsley. *Heralded Generation of Ultrafast Single Photons in Pure Quantum States.* Phys. Rev. Lett., vol. 100, no. 13, page 133601, 2008.

[Pan *et al.* 1998] J. W. Pan, D. Bouwmeester, H. Weinfurter et A. Zeilinger. *Experimental Entanglement Swapping : Entangling Photons That Never Interacted.* Phys. Rev. Lett., vol. 80, no. 18, page 3891, 1998.

[Papuchon *et al.* 1975] M. Papuchon, Y. Combemale, X. Mathieu, D. B Ostrowsky, L. Reiber, A. M Roy, B. Sejourne et M. Werner. *Electrically switched optical directional coupler : Cobra.* Appl. Phys. Lett., vol. 27, no. 5, pages 289–291, Septembre 1975.

[Rarity *et al.* 2005] J. G. Rarity, P. R. Tapster et R. Loudon. *Non-classical interference between independent sources.* J. Opt. B, vol. 7, no. 7, pages S171–S175, 2005.

[Takesue & Miquel 2009] H. Takesue et B. Miquel. *Entanglement swapping using telecom-band photons generated in fibers.* Opt. Express, vol. 17, no. 13, pages 10748–10756, 2009.

[Takesue 2007] H. Takesue. *1.5âĂĆµm band Hong-Ou-Mandel experiment using photon pairs generated in two independent dispersion shifted fibers.* Appl. Phys. Lett., vol. 90, no. 20, page 204101, 2007.

[Tanzilli 2002] Sébastien Tanzilli. *Optique intégrée pour les communications quantiques*. PhD thesis, Université de Nice - Sophia Antipolis, 2002.

[Wooten *et al.* 2000] E. L. Wooten, K. M. Kissa, A. Yi-Yan, E. J. Murphy, D. A. Lafaw, P. F. Hallemeier, D. Maack, D. V. Attanasio, D. J. Fritz, G. J. McBrien et D. E. Bossi. *A review of lithium niobate modulators for fiber-optic communications systems*. IEEE J. Sel. Top. Qant., vol. 6, no. 1, pages 69–82, 2000.

[Yang *et al.* 2006] T. Yang, Q. Zhang, T.-Y. Chen, S. Lu, J. Yin, J.-W. Pan, Z.-Y. Wei, J.-R. Tian et J. Zhang. *Experimental Synchronization of Independent Entangled Photon Sources*. Phys. Rev. Lett., vol. 96, no. 11, pages 110501–4, 2006.

[Zhong *et al.* 2009] T. Zhong, F. N. Wong, T. D. Roberts et P. Battle. *High performance photon-pair source based on a fiber-coupled periodically poled $KTiOPO_4$ waveguide*. Opt. Express, vol. 17, no. 14, pages 12019–12030, 2009.

Quatrième partie

Conclusion générale

Depuis la première expérience réalisée en 1981 par A. Aspect et ses collaborateurs [Aspect *et al.* 1981] destinée à prouver l'existence d'états intriqués, le domaine de l'information quantique et de la physique quantique en général a véritablement explosé. À l'heure actuelle, la superposition d'états et l'intrication sont devenues des ressources consommables dans des protocoles tels que la cryptographie, la téléportation ou bien encore le calcul quantique, qui commencent même à se commercialiser. Il est donc nécessaire de développer des outils fiables, compacts et performants, qui génèrent à la demande ces ressources avec des états les plus purs possibles.

C'est dans cette veine que nous avons œuvré, en proposant trois sources de paires de photons intriqués. Nous nous sommes plus particulièrement intéressés à répondre aux attentes de la communication quantique sur longue distance en travaillant avec des photons aux longueurs d'ondes des télécommunications, autrement dit compatible avec les fibres optiques standards. Dans le souci de répondre à ces trois critères, que sont la fiabilité, la stabilité et la performance, nous avons astucieusement tiré profit des avancées technologiques dans le domaine des communications optiques et de l'optique non-linéaire intégrée. Ceci nous a permis de réaliser des sources parmi les plus performantes à l'heure actuelle, comme nous l'avons montré dans ce manuscrit. De plus, ces sources ont permis de démontrer un niveau d'intrication presque parfait sur les observables polarisation et time-bin, ce qui est un critère primordial pour leur utilisation dans des expériences plus complexes.

De plus, d'un point de vue théorique, nous avons trouvé des méthodes pour convertir des paires de photons intriqués en énergie-temps en paires de photons intriqués en polarisation et inversement. Ces deux conversions sont rendues possibles par l'utilisation d'une boucle de délai biréfringente. D'un point de vue expérimental, nous avons utilisé cette méthode pour réaliser la source d'intrication en polarisation la plus étroite en terme de largeur spectrale, pour des photons émis aux longueurs des télécommunications. De plus, nous avons aussi pu générer, à l'aide de ce dispositif, pour la première fois à notre connaissance, des états de Bell de type $|\Psi\rangle$ en time-bin. Ceci nous a permis d'analyser et d'étudier cet état particulier.

Afin de répondre à la problématique des distances de communication quantique, nous avons proposé et réalisé un relais quantique entièrement intégré à la surface d'un substrat de niobate de lithium. Cette réalisation a été rendue possible par l'association sur une même puce d'une zone périodiquement polarisée permettant de générer les paires de photons intriqués nécessaire au protocole de téléportation et deux coupleurs directionnels contrôlables pour séparer les paires et réaliser la projection sur l'un des états de Bell. La caractérisation quantique de ce relais, à l'aide d'une expérience d'inférence à deux photons, nous a permis de prouver la pertinence de notre approche. Ce circuit photonique est la première réalisation au monde qui met en jeu deux effets non-linéaires de type optique-optique et électro-optique. Elle permet d'ouvrir une nouvelle voie de recherche pour la réalisation de sources reconfigurable à souhait. L'une des premières applications pourrait être la réalisation d'une source à 0, 1, ou 2 photons entièrement contrôlable et reconfigurable.

Au-delà de nos réalisations et de nos approches expérimentales, il existe aujourd'hui, dans le domaine de l'information quantique, un gap monumental entre les promesses faites par la théorie et les démonstrations expérimentales. Même si la cryptographie quantique jouit déjà d'un certain niveau de commercialisation, le futur de l'information quantique reste incertain. Si ce domaine devait encore aller de l'avant, son évolution passera très probablement par une exploitation intensive, voire par une mutation importante, des technologies et des techniques expérimentales qui s'y rapportent. Nous avons en effet du mal à imaginer des liens de communication au sein desquels la détection des photons serait assurée par des détecteurs supraconducteurs refroidis à l'hélium liquide, ou encore des mémoires quantiques basés sur des atomes froids piégés dans des chambres à vide d'un mètre cube... L'optique guidée en général, et l'optique intégrée en particulier, sont une voie à fort potentiel, et c'est dans ce cadre que s'est inscrit ce travail de thèse. Ce ne sont toutefois pas les seules voies, et l'avenir du domaine, s'il existe, nécessitera, en plus des développements nouveaux, des mariages savants et adéquats entre les supports et les systèmes quantiques les plus pertinents.

Listes des publications dans des revues internationales

Articles en préparation :

- "Time-bin entangled photon pair source based on type-II PPLN waveguide"
  A. Martin, F. Kaiser, A. Vernier, and S. Tanzilli.

Articles soumis :

- "Analysis of elliptically polarized maximally entangled states for Bell inequality tests"
  A. Martin, J.-L. Smirr, F. Kaiser, E. Diamanti, A. Issautier, O. Alibart, R. Frey, I. Zaquine, and S. Tanzilli
  Laser Phys. (2011).

- "Guided-wave photonics for narrowband polarization entanglement"
  F. Kaiser, A. Issautier, O. Alibart, A. Martin, and S. Tanzilli,
  Phys. Rev. Lett. (2011) "eprint arXiv :1111.5683".

Articles soumis et acceptés :

- "Quantum relay chip based on telecom integrated optics technology ",
  A. Martin, O. Alibart, M.P. De Micheli, D.B. Ostrowsky, and S. Tanzilli,
  New J. Phys. (2011) "eprint arXiv :1110.0660".

- "Nonlocal Geometric Phase Measurements in Polarized Interferometry with Pairs of single Photons"
  A. Martin, O. Alibart, J.-C. Flesch, J. Samuel, Supurna Sinha, S. Tanzilli, and A. Kastberg,
  Europhys. Lett. (2011) "eprint arXiv :1110.0416".

- "On the genesis and evolution of Integrated Quantum Optic",
  S. Tanzilli, A. Martin, F. Kaiser, M.P. De Micheli, O. Alibart, and D.B. Ostroswsky,
  Accepted in Laser & Photonics Reviews (2011) "eprint arXiv :1108.3162".

2010 :

- "A polarization entangled photon-pair source based on a type-II PPLN waveguide emitting at a telecom wavelength",
  A. Martin, A. Issautier, H. Herrmann, W. Sohler, D.B. Ostroswsky, O. Alibart, and S. Tanzilli,
  New J. Phys. **12**, 103005 (2010)

2009 :

- "Generation of polarization-entangled photons using type-II doubly periodically poled lithium niobate waveguides",

K. Thyagarajan, J. Lugani, S. Ghosh, K. Sinha, A. Martin, D. B. Ostrowsky,
O. Alibart, and S. Tanzilli,
Phys. Rev. A **80**, 052321 (2009)

- "Integrated optical source of polarization entangled photons at $1310\,nm$"
A. Martin, V. Cristofori, P. Aboussouan, H. Herrmann, W. Sohler, D.B. Ostroswsky, O. Alibart, and S. Tanzilli,
Opt. Exp. **17**, pp. 1033-1041 (2009).

2008 :

- "Controlling intermodal four-wave mixing from the design of microstructured optical fibers"
A. Labruyère, A. Martin, P Leproux , V Courderc, A. Tonello, and N. Traynor,
Opt. Exp. **16**, pp. 21997-22002 (2008).

Cinquième partie

Annexe

Table des matières

Conversion paramétrique dans un guide PPLN

Dans cette annexe, nous allons développer les équations permettant de décrire les interactions paramétriques entre trois ondes (pompe (p), signal (s), et idler (i)) dans un matériau diélectrique non-centrosymétrique en configuration guidée.

Ces interactions proviennent du fait que chaque atome d'un matériau diélectrique est entouré d'un nuage électronique susceptible de se déformer sous l'action d'un champ électrique $\vec{E}$, créant ainsi un dipôle électrique. L'oscillation du champ fait que tous ces dipôles vont alors se mettre à osciller [1]. Dans le cas de champ faible, la réponse du matériaux, ou polarisation $\vec{P}$, est parfaitement linéaire, ainsi le nuage électronique oscille à la fréquence du champ. Pour des champs plus intenses, dans certain matériaux, comme les cristaux non-centrosymétriques, la réponse des dipôles devient non-linéaire. Ainsi, le matériau peut réémettre des fréquences différentes combinaison linéaire de celle incidente [Armstrong $et\ al.$ 1962, Blœmbergen & Pershan 1962, Vassalo 1980, Shen 1984, Yariv 1989].

Dans ce paragraphe, nous allons dériver les équations décrivant la propagation des champs électro-magnétiques dans un milieu diélectrique. Pour cela, nous considérons un matériau non centrosymétrique sans charge ($\rho = 0$) et sans courant de conduction ($\vec{j} = \vec{0}$). Dans notre cas, nous utilisons des cristaux de niobate de lithium (LiNbO$_3$). Les champs électromagnétiques au sein de ce matériau sont alors régis par les équations de Maxwell suivantes :

$$
\left\{
\begin{aligned}
\vec{\nabla} \cdot \vec{D} &= 0 \\
\vec{\nabla} \cdot \vec{H} &= 0 \\
\vec{\nabla} \wedge \vec{E} &= -\mu_0 \frac{\partial \vec{H}}{\partial t} \\
\vec{\nabla} \wedge \vec{H} &= \frac{\partial \vec{D}}{\partial t},
\end{aligned}
\right.
\tag{A.1}
$$

avec $\vec{D} = \epsilon_0 \vec{E} + \vec{P}$. Dans ce système d'équation, les vecteurs $\vec{E}$, $\vec{H}$ $\vec{D}$, $\vec{B}$ et $\vec{P}$ représentent respectivement le champ électrique, le champ magnétique, l'inductance électrique, l'inductance magnétique et la polarisation du matériau. Pour finir, μ_0 et ϵ_0 sont respectivement la perméabilité magnétique et la susceptibilité diélectrique du vide.

---

1. Nous pouvons représenter le système atome/électron comme un ressort, qui va se mettre à osciller à la fréquence du champ.

Nous pouvons alors calculer l'équation de propagation relative au champ électrique, communément appelée équation d'Helmoltz, en calculant le rotationnel de la troisième équation du système (A.1). Ainsi nous obtenons :

$$\vec{\nabla}^2 \vec{E} - \vec{\nabla}(\vec{\nabla} \cdot \vec{E}) - \frac{1}{c^2}\frac{\partial^2 \vec{E}}{\partial t^2} = \mu_0 \frac{\partial^2 \vec{P}}{\partial t^2}. \tag{A.2}$$

Pour des champs optiques importants, la polarisation $\vec{P}$ du milieu devient une fonction non-linéaire du champ électrique et s'écrit :

$$\vec{P}(\vec{E}) = \epsilon_0 \overleftrightarrow{\chi}^{(1)} \vec{E} + \epsilon_0 \overleftrightarrow{\chi}^{(2)} \vec{E}\vec{E} + \epsilon_0 \overleftrightarrow{\chi}^{(3)} \vec{E}\vec{E}\vec{E} + \cdots = \epsilon_0 \overleftrightarrow{\chi}^{(1)} \vec{E} + \vec{P}^{NL}(\vec{E}), \tag{A.3}$$

où $\overleftrightarrow{\chi}^{(n)}$ représente le tenseur de susceptibilité électrique à l'ordre n. Nous pouvons alors réécrire l'Eq. (A.2) soit la forme :

$$\vec{\nabla}^2 \vec{E} - \vec{\nabla}(\vec{\nabla} \cdot \vec{E}) - \frac{1 + \overleftrightarrow{\chi}^{(1)}}{c^2}\frac{\partial^2 \vec{E}}{\partial t^2} = \mu_0 \frac{\partial^2 \vec{P}^{NL}}{\partial t^2}. \tag{A.4}$$

L'équation prise au premier ordre sert à décrire l'indice du matériau en prenant en compte le biréfringence, avec

$$1 + \overleftrightarrow{\chi}^{(1)} = \overleftrightarrow{\epsilon_r} = \begin{pmatrix} n_x^2 & 0 & 0 \\ 0 & n_y^2 & 0 \\ 0 & 0 & n_z^2 \end{pmatrix},$$

tandis que les ordres supérieurs servent à décrire les interactions non-linéaires qui vont agir comme des termes sources. Dans notre cas, nous nous limiterons au terme du second d'ordre, qui n'existe que dans les matériaux non-centrosymétriques [2].

A.1   Configuration guidée

La configuration guidé offre la possibilité d'accroître les efficacités, par confinement du triplet d'ondes mises en jeu sur une plus grande distance d'interaction qu'avec les cristaux massifs. Il existe différentes technologies pour réaliser ces guides d'ondes sur le $LiNbO_3$, nous allons en développer deux. La première méthode employée au laboratoire est basée sur l'échange protonique doux qui permet de guider seulement une composante du champ électrique. Nous ne pouvons alors réaliser que des interactions où les trois ondes ont la même polarisation, nous parlons alors d'interaction de type 0. La deuxième méthode basée sur la diffusion titane permet au contraire de guider les deux modes de polarisation. Elle offre ainsi la possibilité de réaliser des interactions avec les trois ondes sur des modes de polarisations différents.

---

2. Les matériaux centrosymétriques comme la silice n'ont que des tenseurs de susceptibilité d'ordre impair, d'autre effets non-linéaires sont alors exploités, comme le mélange à quatre ondes [Sharping *et al.* 2001, Labruyère *et al.* 2008]

Wafer coupe Z

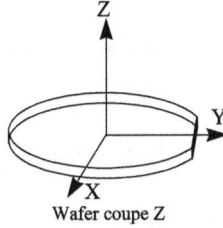

FIG. A.1 : Représentation d'un wafer de niobate lithium en coupe Z.

A.1.1   Échange protonique doux

L'échange protonique doux (SPE) consiste à placer le substrat de LiNbO$_3$ dans une solution d'acide. Il en résulte un échange ionique entre les atomes de lithium situés à la surface du cristal et les protons dans le bain. Nous pouvons résumer l'interaction chimique à l'aide de l'équation bilan suivante :

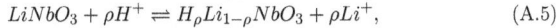

$$LiNbO_3 + \rho H^+ \rightleftharpoons H_\rho Li_{1-\rho} NbO_3 + \rho Li^+, \tag{A.5}$$

où ρ représente le taux de substitution qui dépend de la solution d'acide, de la température et de la durée de l'échange. Cette échange entraîne une augmentation de l'indice selon l'axe extraordinaire du cristal et une diminution selon les axes ordinaires. Ainsi pour un substrat coupe Z[3], voir FIG. A.1, seule la composante du champ électrique selon Z est guidée : nous parlons de mode quasi-TM. Les guides sont alors réalisés par masquage du substrat[4].

Pour simplifier la compréhension, nous utiliserons le système de coordonnées standard (x,y,z), avec z définissant l'axe de propagation, comme nous pouvons le voir sur la FIG. A.2. Les axes cristallins (X,Y,Z) sont donc reliés aux axes mathématiques (x,y,z) par les relations suivantes :

$$\begin{cases} x &= Z \\ y &= X \\ z &= Y. \end{cases} \tag{A.6}$$

Dans ce système de coordonnées, nous pouvons ainsi réécrire l'EQ. (A.4) pour les modes TM ($\vec{H} = (0, H_y, 0)$ et $\vec{E} = (E_x, 0, E_z)$) :

$$\vec{\nabla}^2 E_x - \vec{\nabla}(\vec{\nabla} \cdot E_x) - \frac{\epsilon_r}{c^2}\frac{\partial^2 E_x}{\partial t^2} = \mu_0 \frac{\partial^2 P_x^{NL}}{\partial t^2}, \tag{A.7}$$

avec

$$P_x^{NL}(\omega_p) = \epsilon_0 \chi_{ZZZ} E_x(\omega_i) E_x(\omega_s), \tag{A.8}$$

---

3. X, Y et Z représentent les axes cristallins, dans cette notation Z est porteur de l'indice extraordinaire.

4. Pour le lecteur intéressé par l'aspect technologique de la fabrication des guides d'ondes, tous les détails sont donnés dans les références [Chanvillard 1999, Gallo 2001, Bertocchi 2006]

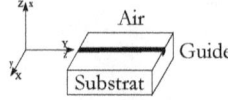

FIG. A.2 : Système de coordonnés.

où ω_p, ω_s et ω_i représentent respectivement la pulsation de la pompe, du signal et de l'idler. Pour résoudre cette équation, nous cherchons des solutions en décomposant le champ sur la base propre des modes guidés :

$$E_x(\omega_j) = \sum_m A^{m,j}(z)\varepsilon_x^{m,j}(x,y)e^{i(\omega_j t - \beta^{m,j} z)}, \qquad (A.9)$$

où $A^{m,j}(z)$ représente le poids de chaque mode, dont la forme du champ est définie par $\varepsilon_x^{m,j}(x,y)$. Ces modes sont caractérisés par la constante de propagation $\beta^{m,j} = \dfrac{n_{eff}^m \omega_j}{c}$, où n_{eff}^m est l'indice effectif du m^{ième} mode guidé [Chanvillard 1999]. Mais commençons par résoudre le cas linéaire, pour définir la forme des modes guidés.

Cas linéaire

Dans les cas où le terme de polarisation non-linéaire est négligeable, nous pouvons réduire l'EQ. (A.7) à l'expression familière utilisée en optique pour décrire les modes [Manley & Burke 1972, Marcuse 1974] :

$$\vec{\nabla}^2 E_x - \vec{\nabla}(\vec{\nabla}\cdot E_x) - \frac{\epsilon_r}{c^2}\frac{\partial^2 E_x}{\partial t^2} = 0, \qquad (A.10)$$

dans laquelle les formes des champs électrique et magnétique sont définies par :

$$\begin{aligned} E_x(\omega) &= \sum_m \varepsilon_x^m(x,y)e^{i(\omega t - \beta^m z)} \\ H_y(\omega) &= \sum_m \mathcal{H}_y^m(x,y)e^{i(\omega t - \beta^m z)}. \end{aligned} \qquad (A.11)$$

Nous obtenons pour chaque terme [5] :

$$\begin{aligned} \vec{\nabla}^2 E_x &= \left[\frac{\partial^2 \varepsilon_x}{\partial x^2} + \frac{\partial^2 \varepsilon_x}{\partial y^2} - \beta^2 \varepsilon_x\right]e^{i(\omega t - \beta z)} \\ \vec{\nabla}(\vec{\nabla}\cdot E_x) &= \vec{\nabla}\left[\left(\left(\frac{\partial \varepsilon_x}{\partial x} - i\beta\varepsilon_z\right)\right)e^{i(\omega t - \beta z)}\right] \\ &= \left[\frac{\partial^2 \varepsilon_x}{\partial x^2} - i\beta\frac{\partial \varepsilon_z}{\partial x}\right]e^{i(\omega t - \beta z)} \\ \frac{\epsilon_r}{c^2}\frac{\partial^2 E_x}{\partial t^2} &= -\left(\frac{\omega n_x}{c}\right)^2 \varepsilon_x e^{i(\omega t - \beta z)}. \end{aligned} \qquad (A.12)$$

---

5. Afin de rendre plus lisible ce manuscrit, nous étudions qu'un seul mode.

Grâce à la relation 4 de Maxwell (Eq. (A.1)), nous avons :

$$\begin{cases} -\dfrac{\partial \mathcal{H}_y}{\partial z} = \epsilon_0 n_x^2 \dfrac{\partial \varepsilon_x}{\partial t} \\ \dfrac{\partial \mathcal{H}_y}{\partial x} = \epsilon_0 n_z^2 \dfrac{\partial \varepsilon_z}{\partial t} \end{cases} \Longrightarrow \begin{cases} \beta \mathcal{H}_y = \epsilon_0 n_x^2 \omega \varepsilon_x \\ \dfrac{\partial \mathcal{H}_y}{\partial x} = i\epsilon_0 n_z^2 \omega \varepsilon_z. \end{cases} \qquad (A.13)$$

Ainsi nous pouvons réécrire :

$$i\beta \frac{\partial \varepsilon_z}{\partial x} = \frac{n_x^2}{n_z^2} \frac{\partial^2 \varepsilon_x}{\partial x^2}. \qquad (A.14)$$

Ce qui nous permet aboutir à l'équation d'Helmotz de la forme :

$$\Longrightarrow \boxed{\frac{\partial^2 \varepsilon_x}{\partial y^2} - \beta^2 \varepsilon_x + \frac{n_x^2}{n_z^2} \frac{\partial^2 \varepsilon_x}{\partial x^2} + \frac{n_x^2 \omega^2}{c^2} \varepsilon_x = 0}. \qquad (A.15)$$

Ainsi nous déterminons la forme des champs $\varepsilon_x^m(x, y)$, avec leur constante de propagation associée. Par la suite, nous utiliserons ces résultats dans l'Eq. (A.7), où les effets non-linéaires ne feront varier que l'amplitude des champs.

Cas non-linéaire

Avant de poursuivre les calculs, il est important de remarquer que dans l'Eq. (A.7) le terme de gauche oscille à la pulsation ω_p, tandis que le terme de droite oscille à la pulsation $\omega_s + \omega_i$. Ainsi, comprenons bien que ce dernier ne pourra jouer le rôle de source à ω_p uniquement dans le cas où :

$$\boxed{\omega_p = \omega_s + \omega_i \Leftrightarrow \hbar\omega_p = \hbar\omega_s + \hbar\omega_i}. \qquad (A.16)$$

Cette relation importante traduit la conservation de l'énergie lors de la conversion paramétrique.

Repartons de l'Eq. (A.7) et des solutions (A.9), par rapport à l'étude précédente, le membre de gauche ne diffère que via la dépendance en z de l'amplitude. Ainsi ce membre s'écrit :

$$\sum_m \left[\frac{\partial^2 \varepsilon_x^{m,p}}{\partial y^2} A^{m,p} + \left(\frac{\partial^2 A^{m,p}}{\partial z^2} - 2i\beta^{m,p} \frac{\partial A^{m,p}}{\partial z} - (\beta^{m,p})^2 A^{m,p} \right) \varepsilon_x^{m,p} \right.$$
$$\left. - \left(\frac{\partial A^{m,p}}{\partial z} - i\beta^{m,p} A^{m,p} \right) \frac{\partial \varepsilon_z^{m,p}(x, y)}{\partial x} + \left(\frac{\omega_p n_x}{c} \right)^2 \varepsilon_x^{m,p} \right] e^{i(\omega_p t - \beta^{m,j} z)}. \qquad (A.17)$$

En appliquant l'hypothèse de mode TM à la composante non-linéaire, nous obtenons :

$$P_x^{NL}(\omega_p = \omega_s + \omega_i) = \epsilon_0 \chi_{333}^{(2)}(\omega_p) E_x(\omega_s) E_x(\omega_i) + \epsilon_0 \chi_{322}^{(2)}(\omega_p) E_z(\omega_s) E_z(\omega_i). \qquad (A.18)$$

Pour simplifier les notations, nous adoptons pour la susceptibilité non-linéaire les notations de Kleinmann [Shen 1984] :

$$P_x^{NL}(\omega_p = \omega_s + \omega_i) = \epsilon_0 \chi_{33}^{(2)}(\omega_p) E_x(\omega_s) E_x(\omega_i) + \epsilon_0 \chi_{32}^{(2)}(\omega_p) E_z(\omega_s) E_z(\omega_i). \qquad (A.19)$$

Ainsi, nous obtenons pour le membre de droite de l'EQ. (A.7)

$$\mu_0 \left(\frac{\partial^2 P_x^{NL}(\omega_p = \omega_s + \omega_i)}{\partial t^2} \right) = -\frac{(\omega_s + \omega_i)}{c^2}$$
$$\sum_{m,n} \left[\chi_{33}^{(2)} A^{m,s} A^{n,i} \varepsilon_x^{m,s} \varepsilon_x^{n,i} + \chi_{32}^{(2)} A^{m,s} A^{n,i} \varepsilon_z^{m,s} \varepsilon_z^{n,i} \right]. \quad \text{(A.20)}$$

Maintenant que nous avons définis les deux membres de l'équation de propagation, nous allons pouvoir réaliser quelques simplifications à l'aide :

- de la relation (A.14) qui existe entre ε_x et ε_z.

- de l'hypothèse de l'enveloppe lentement variable qui se traduit mathématiquement par :

$$\frac{\partial^2 A}{\partial z^2} \ll \beta \frac{\partial A}{\partial z}. \quad \text{(A.21)}$$

- de la relation [6] :

$$\frac{\varepsilon_z}{\varepsilon_x} = \frac{\sqrt{n_z^2 - n_{eff}^2}}{n_{eff}^2} \left(\frac{n_z}{n_x} \right)^2.$$

En considérant, pour le mode fondamental du champ, les valeurs raisonnables des indices $n_x = 2,287$, $n_z = 2,229$, $n_{eff} = 2,218$, il vient simplement : $\varepsilon_z = 0,09\varepsilon_x$. Ce qui permet, en première approximation, de négliger les termes en ε_z dans l'EQ. (A.20).

- de l'équation de l'optique linéaire (A.15), afin de ne conserver que la contribution non-linéaire dans l'EQ. (A.17)

Ainsi nous obtenons :

$$\sum_m -2i\beta^{m,p} \left(\frac{\partial A^{m,p}}{\partial z} \varepsilon_x^{m,p} - \frac{n_x^2}{i\beta^{m,p} n_z^2} \frac{\partial A^{m,p}}{\partial z} \frac{\partial^2 \varepsilon_x^{m,p}}{\partial x^2} \right) e^{-i\beta^{m,p}z}$$
$$= -\left(\frac{\omega_p}{c} \right)^2 \chi_{33} \sum_{m,n} A^{m,s} A^{n,i} \varepsilon_x^{m,s} \varepsilon_x^{n,i} e^{-i(\beta^{m,s}+\beta^{n,i})z}. \quad \text{(A.22)}$$

Expérimentalement, nous travaillons essentiellement avec des interactions qui concernent les modes fondamentaux que nous supposons gaussiens. Nous pouvons alors écrire $\varepsilon_x(x) = \varepsilon_x e^{-\frac{x^2}{W^2}}$ en ne considérant que la dépendance selon x, et avec W la largeur du guide considéré ($W_{\text{typique}} = 4\mu m$). Ainsi, en comparant les deux termes de gauche, nous obtenons :

$$\frac{\frac{1}{\beta} \left| \frac{\partial^2 \varepsilon_x}{\partial x^2} \right|_{\max}^{x=0}}{\beta |\varepsilon_x|_{\min}^{x=W}} = \frac{e}{2} \left(\frac{\lambda_p n_x}{\pi n_z n_{eff} W} \right)^2 \leq 10^{-3}, \quad \text{(A.23)}$$

---

6. La démonstration de cette relation se trouve dans la référence [Baldi 1994]

pour $\lambda_p \leq 1\mu m$. Ainsi le deuxième terme devient négligeable devant le premier et nous pouvons écrire :

$$\sum_m -2i\beta^{m,p}\frac{\partial A^{m,p}}{\partial z}\varepsilon_x^{m,p}e^{-i\beta^{m,p}z} = -\left(\frac{\omega_p}{c}\right)^2 \chi_{33}\sum_{m,n} A^{m,s}A^{n,i}\varepsilon_x^{m,s}\varepsilon_x^{n,i}e^{-i(\beta^{m,s}+\beta^{n,i})z}$$

$$(A.24)$$

En nous limitant aux interactions mettant en œuvre les modes fondamentaux et en intégrant sur la section σ du guide après avoir multiplié les deux membres par ε_x^p, nous obtenons :

$$-2i\beta^p\frac{\partial A^p}{\partial z}\left(\iint_\sigma dxdy\varepsilon_x^p\varepsilon_x^p\right)e^{-i\beta_p z} = -\frac{\omega_p^2}{c^2}\chi_{33}A_s A_i\left(\iint_\sigma dxdy\varepsilon_x^s\varepsilon_x^i\varepsilon_x^p\right)e^{-i(\beta^s+\beta^i)z}.$$

$$(A.25)$$

En introduisant :

- l'intégrale de recouvrement inter-mode $I^j = \frac{1}{n_{eff}^j c}\frac{\iint_\sigma dxdy\varepsilon_x^s\varepsilon_x^i\varepsilon_x^p}{\iint_\sigma dxdy(\varepsilon_x^j)^2}$,
- le terme de perte $-\alpha^j A^j$,
- et enfin, $\delta\beta = \beta^p - \beta^i - \beta^s$,

nous obtenons le système d'équation suivant :

$$\begin{cases} \dfrac{dA^p(z)}{dz} &= -\alpha^p A^p(z) - i\chi_{33}\omega^p I^p A^s(z)A^i(z)e^{i\delta\beta z} \\ \dfrac{dA^s(z)}{dz} &= -\alpha^s A^s(z) - i\chi_{33}\omega^s I^s A^p(z)(A^i)^*(z)e^{i\delta\beta z} \\ \dfrac{dA^i(z)}{dz} &= -\alpha^i A^i(z) - i\chi_{33}\omega^i I^i A^p(z)(A^s)^*(z)e^{i\delta\beta z}, \end{cases}$$

$$(A.26)$$

qui régit l'évolution de l'amplitude de la pompe, du signal et de l'idler [7].

A.1.2 Diffusion titane

Une collaboration avec l'université de Paderborn, nous a permis d'avoir des guides d'ondes réalisés par diffusion titane. Le procédé de fabrication consiste à venir déposer de fine bande de titane à la surface du substrat coupe Z. Sous haute température ($> 1000C$), le titane diffuse au sein de LiNbO$_3$, ce qui entraine une augmentation de l'indice selon les axes ordinaires et extraordinaire. Ceci permet de guider les modes TE et TM du champ [Fouchet *et al.* 1987, Sohler 1989]. Par cette technologie, nous pouvons réaliser le même type d'interaction non-linéaire que précédemment, mais aussi des interactions entre les ondes se propageant sur des modes de polarisation différente. Ainsi, elle offre la possibilité d'avoir un mode TM pour la pompe et le signal et un mode TE pour l'idler, en utilisant l'élément (XXZ) du tenseur de susceptibilité $\overleftrightarrow{\chi}$. En utilisant la notation de Kleinmann, cela correspond à l'élément de susceptibilité χ_{24} [8].

---

7. La susceptibilité χ_{33} et le coefficient non-linéaire d_{33} (le plus élevé du tenseur associé au substrat) sont reliés par la relation $\chi_{33} = 2d_{33}$, avec $d_{33} \approx 25pmV^{-1}$.

8. Le coefficient non-linéaire d_{24} vaut approximativement $5pmV^{-1}$, il est plus faible que le coefficient d_{33} ce qui se traduit par une interaction non-linéaire moins efficace

Les équations d'évolution des amplitudes des trois ondes s'obtiennent en réalisant les mêmes calculs que précédemment, en prenant en compte les modes TM, ce qui donne :

$$\begin{cases} \dfrac{dA_x^p(z)}{dz} = -\alpha_x^p A_x^p(z) - i\chi_{24}\omega^p I^p A_x^s(z) A_y^i(z) e^{i\delta\beta z} \\[2mm] \dfrac{dA_x^s(z)}{dz} = -\alpha_x^s A_x^s(z) - i\chi_{24}\omega^s I^s A_x^p(z)(A_y^i)^*(z) e^{i\delta\beta z} \\[2mm] \dfrac{dA_y^i(z)}{dz} = -\alpha_y^i A_y^i(z) - i\chi_{24}\omega^i I^i A_x^p(z)(A_x^s)^*(z) e^{i\delta\beta z}, \end{cases} \qquad (A.27)$$

avec

- $I^j = \dfrac{1}{n_{eff}^j c \epsilon_0} \dfrac{\iint_\sigma dx dy \epsilon_x^s \epsilon_y^i \epsilon_x^p}{\iint_\sigma dx dy (\epsilon_i^j)^2}$,
- $\delta\beta = \beta_x^p - \beta_y^i - \beta_x^s$.

A.2   Accord de phase

Dans les systèmes (A.26) et (A.27) apparait le terme $e^{i\delta\beta}$ qui témoigne du déphasage entre les ondes de pompe, signal, et idler accumulé au bout d'une certaine longueur d'interaction z. Nous parlons communément de désaccord de phase. Il joue un rôle fondamental dans l'efficacité de l'interaction non-linéaire, et est très rarement nul [9]. Nous définissons généralement une longueur de cohérence $\mathcal{L}_C = \frac{\pi}{\delta\beta}$, qui traduit la distance après laquelle l'interaction devient destructive par interférence, ce qui entraîne une diminution d'intensité des ondes signal et idler, comme nous pouvons le voir sur la FIG.A.3.

Afin, de s'affranchir du problème du désaccord, nous utilisons la méthode de quasi-accord de phase (QAP) [Armstrong *et al.* 1962], qui consiste à venir périodiquement inverser le signe du coefficient non-linéaire (PPLN) [10].

Pour les calculs, nous considérons un cas simple d'une inversion périodique où les domaines, pour lesquels le signe du coefficient non-linéaire est constant, ont une forme rectangulaire. La FIG. A.4 en donne une représentation schématique. Le coefficient de susceptibilité (χ_{33} ou χ_{24}) peut alors se voir comme une fonction périodique de pas Λ et de facteur de forme a. Nous pouvons alors le décomposer en série de Fourier, qui s'écrit généralement sous la forme :

$$\chi(z) = \sum_{n \in \mathbb{Z}} \chi_n e^{-inKz}, \qquad (A.28)$$

avec : $K = \dfrac{2\pi}{\Lambda}$, $\chi_n = \dfrac{2d_{ij}}{n\pi}\sin(n\pi a)$ et $\chi_0 = (2a - 1)\chi_{ij}$. Dans notre équation a représentent le rapport de taille entre un domaine + et une période. Ainsi, en posant :

$$nK = \delta\beta \qquad (A.29)$$

---

9. Ceci est dû à la dispersion. En configuration guidée cette condition est quasiment impossible à obtenir

10. Pour le lecteur intéressé par l'aspect technologique de la réalisation de l'inversion périodique, nous conseillons les références suivantes [Aboud 2000, Gallo 2001]

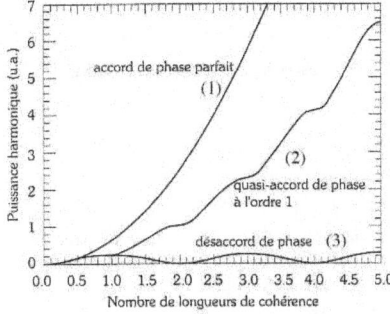

FIG. A.3 : Efficacité de la conversion pour les divers accords de phase envisageable ((1) Accord de phase parfait : $\delta\beta = 0$; (2) Quasi-accord de phase à l'ordre : $\delta\beta \neq 0$ mais le désaccord de phase est compensé par inversion périodique du signe du coefficient non linéaire; (3) Désaccord de phase : $\delta\beta \neq 0$).

nous faisons disparaître les termes oscillants dans les systèmes (A.26) et (A.27). En prenant comme exemple, la première équation du système (A.26), nous obtenons :

$$\frac{dA^p(z)}{dz} = -\alpha^p A^p(z) - i\chi_n \omega_p I^p A^s(z) A^i(z). \qquad (A.30)$$

Pour obtenir un quasi-accord de phase du premier ordre, il faut poser $n = 1$ et $a = \frac{1}{2}$, ainsi la condition (A.29) devient $K = \delta\beta = \pi\mathfrak{L}_C$. Ceci revient à choisir un pas d'inversion $\Lambda = 2\mathfrak{L}_C$. Il est important de préciser que le premier ordre est plus efficace que les ordres supérieurs, mais reste moins efficace qu'un accord de phase naturel, car χ_n dépend de $1/n$ (voir FIG.A.3).

Finalement, dans le cas du QAP d'ordre 1, notre système (A.26) devient [11] :

$$\begin{cases} \dfrac{dA^p(z)}{dz} &=& -\alpha^p A^p(z) - i\dfrac{2d_{33}}{\pi}\omega_p I^p A^s(z) A^i(z) \\[2mm] \dfrac{dA^s(z)}{dz} &=& -\alpha^s A^s(z) - i\dfrac{2d_{33}}{\pi}\omega_s I^s A^p(z)(A^i)^*(z) \\[2mm] \dfrac{dA^i(z)}{dz} &=& -\alpha^i A^i(z) - i\dfrac{2d_{33}}{\pi}\omega_i I^i A^p(z)(A^s)^*(z). \end{cases} \qquad (A.31)$$

Notons que les longueurs d'ondes des champs de pompe, signal et idler sont régies par le système d'équations relatant la conservation de l'énergie et de l'impulsion. Ainsi dans le cas d'un QAP en configuration guidée, cela se traduit par :

$$\begin{cases} \dfrac{1}{\lambda_p} &=& \dfrac{1}{\lambda_s} + \dfrac{1}{\lambda_i} \\[2mm] \dfrac{n^p_{eff}}{\lambda_p} &=& \dfrac{n^s_{eff}}{\lambda_s} + \dfrac{n^i_{eff}}{\lambda_i} + \dfrac{1}{\Lambda}. \end{cases} \qquad (A.32)$$

---

11. Il évidement possible de suivre la même démarche pour une interaction de type II

Guide PPLN

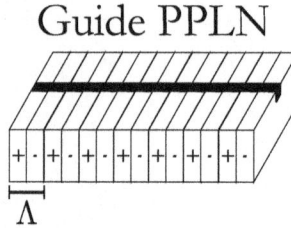

FIG. A.4 : Guide d'onde intégré à la surface d'un substrat PPLN, où les domaines à signe constant sont des parallélépipèdes rectangle. Le guide est inscrit de façon perpendiculaire à l'inversion périodique.

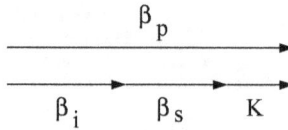

FIG. A.5 : Représentation graphique du QAP à l'ordre 1.

La FIG. A.5 donne une représentation graphique de la conservation de l'impulsion pour un QAP d'ordre 1. Nous avons pour cela introduit un vecteur $\vec{K}$ de type réseau qui représente l'inversion périodique du signe du coefficient non-linéaire.

Remarque importante, l'accord est ajustable à la fabrication par le choix du pas d'inversion pour le QAP, mais aussi par la forme du guide d'onde qui fait varier la constante de propagation associée au mode guidé. Mais il est aussi possible de contrôler finement l'interaction après fabrication à l'aide de la température. En effet l'indice du $LiNbO_3$ dépend de la température, et par conséquent les constantes de propagation aussi [Ghosh 1998].

A.3 Gain et largeur spectrale

Nous allons chercher à déterminer la largeur spectrale du signal et de l'idler ainsi que leur intensité. Pour cela, faisons l'hypothèse raisonnable que l'amplitude de l'onde de pompe est très grande devant celle du signal et l'idler, ce qui se traduit mathématiquement par : $A^{s,i}(z) \ll A^p(z)$. Ainsi la première équation du système (A.26), qui décrit l'évolution de l'amplitude du signal de pompe, se réduit à :

$$A^p(z) = A^p(0)e^{-\alpha^p z}; \qquad (A.33)$$

Dans le cas où les pertes sont négligeables, A^p devient une constante. Pour analyser l'élargissement spectral, nous introduisons une petite erreur à la condition de quasi-accord de phase, $\Delta\mathfrak{B} = \delta\beta - nK \neq 0$. Le système (A.26) peut alors se réécrire sous la forme :

$$\begin{cases} \dfrac{dA^s(z)}{dz} &= -\alpha^s A^s(z) - ig\left(\dfrac{(A^i)^*(z)}{\gamma}\right)e^{-i\Delta\mathfrak{B}z} \\[3mm] \dfrac{d\left(\dfrac{(A^s)^*(z)}{\gamma}\right)}{dz} &= -\alpha^s\left(\dfrac{(A^i)^*(z)}{\gamma}\right) - igA^s(z)e^{-i\Delta\mathfrak{B}z}, \end{cases} \qquad (A.34)$$

avec

$$\gamma = \sqrt{\frac{\omega_i I^i (A^p)^*(0)}{\omega_s I^s A^p(0)}},$$

et le facteur de gain

$$g = \sqrt{\omega_s\omega_i\left(\frac{2d_{33}}{\pi}\right)I^s I^i |A^p(0)|^2}.$$

Ce système admet pour solutions :

$$\begin{cases} A^s(z) &= e^{-\alpha z}e^{-\frac{i}{2}\Delta\mathfrak{B}z}\left[A^s(0)\left(\cosh\Gamma z + i\dfrac{\Delta\mathfrak{B}}{2\Gamma}\sinh\Gamma z\right)\right.\\[2mm] &\qquad\qquad\qquad \left.+i\dfrac{g}{\Gamma}\dfrac{(A^i)^*(0)}{\gamma}\sinh\Gamma z\right]\\[4mm] A^i(z) &= e^{-\alpha z}e^{-\frac{i}{2}\Delta\mathfrak{B}z}\left[(A^i)^*(0)\left(\cosh\Gamma z + i\dfrac{\Delta\mathfrak{B}}{2\Gamma}\sinh\Gamma z\right)\right.\\[2mm] &\qquad\qquad\qquad \left.+i\dfrac{g\gamma}{\Gamma}A^s(0)\sinh\Gamma z\right], \end{cases} \qquad (A.35)$$

avec $\Gamma = \sqrt{g^2 - \left(\dfrac{\Delta\mathfrak{B}}{2}\right)^2}$ et en supposant les pertes identiques pour le signal et l'idler, $\alpha^i = \alpha^s = \alpha$.

Dans la fluorescence paramétrique, la puissance du signal a pour origine unique les fluctuations quantiques du vide dans le mode de l'idler. Nous avons alors $A^s(0) = 0$, et nous pouvons ainsi écrire :

$$A^s(z) = -ie^{-\alpha z}e^{-\frac{i}{2}\Delta\mathfrak{B}z}\frac{g(A^i)^*(0)}{\Gamma\gamma}\sinh\Gamma z. \qquad (A.36)$$

Dans l'approximation des faibles gains, $g \ll \dfrac{\Delta\mathfrak{B}}{2}$, la densité de puissance associé à une longueur d'interaction l, peut s'écrire :

$$dP^s(l) = e^{-2\alpha l}\frac{\omega_s}{\omega_i}g^2 l^2 dP^i(0)\,\text{sinc}^2\left(\sqrt{\frac{\Delta\mathfrak{B}^2}{4} - g^2}\right), \qquad (A.37)$$

avec $dP^i(0) = \hbar\omega_i\dfrac{d\omega_i}{2\pi}$. Les pics de fluorescence sont donc de forme sinus cardinal carré [12], dont la largeur à mi-hauteur du pic est donnée pour la condition :

$$\Delta\mathfrak{B} = 4\sqrt{g^2 + \frac{\pi^2}{4l^2}}. \qquad (A.38)$$

---

12. Cette forme semble logique, l'interaction se produisant de façon constante tout au long de la distance de propagation l, qui se traduit par une fonction porte, donnant après transformation de Fourier un sinus cardinal

Nous pouvons alors relier ce désaccord de phase avec la largeur spectrale $\Delta\omega_s$, en développant au premier ordre $\beta^{s,i}$ au voisinage du quasi-accord de phase :

$$
\begin{aligned}
\beta^s &= \beta_0^s + \left.\frac{\partial\beta^s}{\partial\omega_s}\right|_{\omega_{s0}} d\omega_s \\
\beta^i &= \beta_0^i + \left.\frac{\partial\beta^i}{\partial\omega_i}\right|_{\omega_{i0}} d\omega_i.
\end{aligned}
\tag{A.39}
$$

Nous obtenons alors :

$$
\delta\beta - n\mathfrak{B} = -\left.\frac{\partial\beta^s}{\partial\omega_s}\right|_{\omega_{s0}} d\omega_s - \left.\frac{\partial\beta^i}{\partial\omega_i}\right|_{\omega_{i0}} d\omega_i.
\tag{A.40}
$$

De plus, dans le cas d'une pompe monochromatique, en dérivant l'équation de conservation de l'énergie, nous obtenons $\Delta\omega_s = \Delta\omega_i = \Delta\omega$. Ainsi, nous pouvons écrire la largeur à mi-hauteur, pour le signal et l'idler :

$$
\Delta\omega = \frac{2\pi c}{Nl},
\tag{A.41}
$$

avec

$$
N = \left| (n_{eff}^i - n_{eff}^s) - \left.\frac{\partial n_{eff}^i}{\partial\omega_i}\right|_{\omega_{i0}} \omega_{i0} + \left.\frac{\partial n_{eff}^s}{\partial\omega_s}\right|_{\omega_{s0}} \omega_{s0} \right|.
\tag{A.42}
$$

Nous pouvons constater que l'élargissement spectrale dépend de :

- l'inverse de la longueur, ainsi plus le guide est long plus l'interaction donnera un spectre étroit ;
- l'inverse de la différence d'indice effectif associé à l'ilder et au signal. Ainsi, nous obtenons un spectre plus large si les deux photons générés sont dégénérés en longueur d'onde que dans le cas où leurs longueurs d'onde sont complètement différente. De plus, dans le cas d'une interaction de type II, où le signal et l'idler n'ont pas la même polarisation, donc des indices effectif différent, la largeur spectrale est réduite d'environ un facteur 40 par rapport au type 0 [Fujii *et al.* 2007].

A.4 Efficacité de conversion

L'une des données importantes pour un expérimentateur est le nombre de paires que nous pouvons obtenir à l'aide de l'interaction non-linéaire. Pour cela, nous pouvons définir une efficacité de conversion brute, qui est une quantité sans dimension donnant la probabilité de convertir un photon de pompe en une paire de photon. Elle est définie comme suit :

$$
\eta = \frac{P^s(l)}{P^p(0)},
\tag{A.43}
$$

avec $P^p(0)$ la puissance de pompe couplée dans le guide et $P^s(l)$ la puissance de signal en sortie du guide d'onde (voir l'Eq. (A.37)). Ainsi, nous obtenons :

$$
\eta = \frac{e^{-2\alpha l}\hbar\omega_s^2\omega_i\Delta\omega_i I^s I^i}{\pi}.
\tag{A.44}
$$

Mais, il est plus intéressant de définir l'efficacité normalisée, qui permet de s'affranchir de la longueur du guide d'onde et de la longueur d'onde du idler. Elle est définie par :

$$\eta_{norm} = \frac{\eta}{P^i(0)},$$ (A.45)

avec pour dimension $W^{-1}m^{-1}$. Ce qui donne dans le cas où nous négligeons complètement les pertes :

$$\eta_{norm} = 2\omega_s^2 I^s I^i.$$ (A.46)

Sous cette forme, nous voyons que l'efficacité de conversion ne dépend que de l'intégrale de recouvrement des modes guidés associés au trois ondes, et au coefficient de non linéarité. Ainsi nous pouvons en déduire qu'une interaction non linéaire basée sur le coefficient d_{33}, sera plus efficace qu'une interaction basée sur un autre coefficient.

Traitement quantique de la conversion paramétrique

Dans cette annexe, nous allons compléter la description de la conversion paramétrique traitée dans l'Ann. A en traitant ce phénomène de façon quantique afin d'étudier la statistique d'émission des paires de photons. Afin de pouvoir étudier l'évolution du nombre de photons dans les modes de pompe (p), signal (s) et idler (i), nous définir l'Hamiltonien total du système $\hat{H}_{tot}$. Cette Hamiltonien se décompose en la somme d'un Hamiltonien non perturbé :

$$\hat{H}_0 = \sum_{j=p,s,i} \hbar \omega_j \left(\hat{a}_j^\dagger \hat{a}_j + \frac{1}{2} \right), \tag{B.1}$$

et d'un Hamiltonien d'interaction :

$$\hat{H}_{int} = i\hbar g \left(\hat{a}_s^\dagger \hat{a}_i^\dagger \hat{a}_p - \hat{a}_s \hat{a}_i \hat{a}_p^\dagger \right), \tag{B.2}$$

où $\hat{a}_j^\dagger$ et $\hat{a}_j$ sont respectivement les opérateurs création et annihilation de photon, avec $\hat{a}_j^\dagger \hat{a}_j = n_j$ le nombre de photon dans le mode j. De plus, g représente le terme de couplage contenant la susceptibilité d'ordre deux $\chi^{(2)}$ caractérisant les matériaux non-linéaires (voir l'Ann. A).

Dans la représentation de Heisenberg, les opérateurs évoluent en fonction du temps tandis que les fonctions d'ondes restent constantes. L'équation d'évolution des opérateurs en fonction du temps s'écrit :

$$\frac{d\hat{A}}{dt} = \frac{1}{i\hbar} \left[\hat{A}, \hat{H}_{tot} \right] \tag{B.3}$$

En utilisant les relations de commutation qui régissent les opérateurs création et annihilation suivante $\left[\hat{a}_m, \hat{a}_n \right] = \left[\hat{a}_m^\dagger, \hat{a}_n^\dagger \right] = 0$ et $\left[\hat{a}_m, \hat{a}_n^\dagger \right] = \delta_{mn}$, on pouvons montrer que $\hat{n}_s + \hat{n}_i + \hat{n}_p$ est une constante du mouvement, car

$$\left[\hat{n}_s + \hat{n}_i + \hat{n}_p, \hat{H}_{tot} \right] = \omega_i \hat{n}_i + \omega_s \hat{n}_s - \omega_p \hat{n}_p = 0,$$

à condition que l'interaction satisfasse la relatino de conservation de l'énergie ($\omega_i + \omega_s = \omega_p$).

Dans ce qui suit nous allons nous intéresser au cas ou le faisceau de pompe est intense, de tel sorte que nous pouvons le traiter classiquement. Ainsi, nous pouvons simplifier l'Hamiltonien en remplaçant $\hat{a}_p$ par un champ complexe d'amplitude, $v_p\,e^{-i\omega_p\,t}$, ce qui donne :

$$\hat{H}_{tot} = \sum_{j=s,i} \hbar\,\omega_j \left(\hat{a}_j^\dagger \hat{a}_j + \frac{1}{2} \right) + i\hbar\,g \left(\hat{a}_s^\dagger \hat{a}_i^\dagger v_p\, e^{-i\omega_p\,t} - \hat{a}_s \hat{a}_i v_p\, e^{i\omega_p\,t} \right). \qquad (B.4)$$

Maintenant que nous avons défini proprement l'Halmiltonien de la conversion paramétrique, nous pouvons calculer l'évolution au cours du temps (t) des opérateurs $\hat{a}_s(t)$ et $\hat{a}_i(t)$ à l'aide de l'EQ. (B.3), ce qui donne :

$$\begin{cases} \hat{a}_s(t) &= \left[\hat{a}_s(0) \cosh\left(g v_p\, t\right) + \hat{a}_i^\dagger(0) \sinh\left(g v_p\, t\right) \right] e^{-i\omega_s t} \\ \hat{a}_i(t) &= \left[\hat{a}_i(0) \cosh\left(g v_p\, t\right) + \hat{a}_s^\dagger(0) \sinh\left(g v_p\, t\right) \right] e^{-i\omega_i t} \end{cases} \qquad (B.5)$$

Nous pouvons alors facilement calculer le nombre de photons moyens contenus dans les modes à ω_s et ω_i à l'instant t sachant qu'à $t=0$ nous le champ injecté ne contient que la pompe. Ceci est donné par la relation

$$\langle\, N_j(t)\,\rangle_{j=s,i} = \langle 0,0|\hat{a}_j^\dagger(t)\hat{a}_j(t)|0,0\rangle = \sinh^2(g v_p\, t)$$

Nous constatons que $\langle\, N_j(t)\,\rangle$ est non nul, donc que nous pouvons quand même obtenir des photons dans les champs signal et idler même si aucun photon n'était présent à l'origine pour initier la conversion à ces fréquences. Cela traduit le fait que les fluctuations quantiques du vide fournissent un champ d'entrée effectif d'une intensité suffisante pour initier la conversion paramétrique de la pompe vers les modes signal et idler.

Statistique de la génération des paires de photons

Nous avons, jusqu'à présent, considéré que le processus de conversion paramétrique donnait naissance à deux photons signal et idler parfaitement monochromatiques. Nous allons lever cette restriction afin d'étudier la statistique d'émission en fonction de la largeur de la largeur spectrale des photons. Nous allons pour cela adopter la représentation de Schrödinger dans laquelle les fonctions d'ondes évoluent dans le temps suivant la relation :

$$|\psi(t)\rangle = e^{-\frac{i}{\hbar}\hat{H}_{int}t}|\psi(0)\rangle, \qquad (B.6)$$

avec $\hat{H}_{int}$ l'Halmiltonien d'interaction de l'EQ. (B.4) pour un processus monochromatique. L'état du système après un temps t s'écrit dans ce cas :

$$|\psi(t)\rangle = e^{g\, v_p \left(\hat{a}_s^\dagger \hat{a}_i^\dagger - \hat{a}_s \hat{a}_i \right)t}|0,0\rangle. \qquad (B.7)$$

A l'aide du "disentangling theorem" stipulant que :

$$e^{\theta\left(\hat{a}_1^\dagger \hat{a}_2^\dagger - \hat{a}_1 \hat{a}_2 \right)} = e^{\Gamma \hat{a}_1^\dagger \hat{a}_2^\dagger} e^{-\Omega\left(\hat{a}_1^\dagger \hat{a}_2^\dagger - \hat{a}_1 \hat{a}_2 \right)} e^{-\Gamma \hat{a}_1 \hat{a}_2}, \qquad (B.8)$$

où θ est une constante, $\Gamma = \tanh(\theta)$ et $\Omega = \ln(\cosh(\theta))$ et du développement en série de Taylor

$$e^x = \sum_{i=0}^{\infty} \frac{x^i}{i!},$$

nous aboutissons à

$$|\psi(t)\rangle = \frac{1}{\cosh(g v_p t)} \sum_{n=0}^{\infty} \tanh(g v_p t)^n |n, n\rangle.$$

Rappelons que g est l'efficacité de conversion du cristal, v_p est l'amplitude de l'onde de pompe et t est le temps d'interaction dans le cristal.

Calculons à présent la matrice densité du signal (ou de l'idler) :

$$\rho_{s,i}(t) = Tr\{|\psi(t)\rangle\langle\psi(t)|\} = \frac{1}{\cosh(b)^2} \sum_{n=0}^{\infty} \tanh(b)^{2n} |n\rangle\langle n|. \qquad (B.9)$$

Ainsi, la probabilité de créer n photons suit une loi géométrique :

$$\boxed{P_n = \frac{\tanh(b)^{2n}}{\cosh(b)^2},}$$

ce qui est caractéristique des distributions de type Bose-Einstein [Mandel & Wolf 1995]. Ainsi, une source de paires de photons n'ayant qu'un mode d'émission présentera une statistique des paires de type Bose-Einstein.

Supposons maintenant que notre source ait un grand nombre N de modes possibles pour le signal et l'idler, notés s_m et i_m. L'Hamiltonien s'écrit alors :

$$\hat{H}_{int} = i\hbar\, g\, v_p \sum_{m=1}^{N} \left(\hat{a}_{s_m}^{\dagger} \hat{a}_{i_m}^{\dagger} - \hat{a}_{s_m} \hat{a}_{i_m}\right)$$

Il faut noter que les opérateurs d'indices m différents commutent, $\left[\hat{a}_{s_m}, \hat{a}_{s_n}^{\dagger}\right] = \left[\hat{a}_{i_m}, \hat{a}_{i_n}^{\dagger}\right] = \delta_{m,n}$ ce qui nous permet d'écrire l'état du système comme le produit tensoriel de N états identiques à celui que l'on vient de considérer :

$$|\psi(t)\rangle = \prod_{m=1}^{N} \left[\frac{1}{\cosh(b)} \sum_{n_m=0}^{\infty} \tanh(b)^{n_m} |n_m, n_m\rangle\right]$$

Pour voir simplement ce qu'il se passe, restreignons nous aux états à 0, 1 et 2 photons répartis dans m modes. Il vient :

$$|\psi(t)\rangle = \prod_{m=1}^{N} \left[\frac{1}{\cosh(b)} \left(|0_m, 0_m\rangle + \tanh(b)|1_m, 1_m\rangle + \tanh(b)^2 |2_m, 2_m\rangle + \ldots\right)\right]$$

$$
\begin{aligned}
|\psi(t)\rangle \;=\; & \frac{1}{\cosh(b)^N}\Bigg[|0_1,0_1\rangle \ldots |0_N,0_N\rangle \\
& +\; \sum_{m=1}^{N} \tanh(b)|0_1,0_1\rangle \ldots |0_{m-1},0_{m-1}\rangle |1_m,1_m\rangle |0_{m+1},0_{m+1}\rangle \ldots |0_N,0_N\rangle \\
& +\; \sum_{m=1}^{N} \tanh(b)^2|0_1,0_1\rangle \ldots |0_{m-1},0_{m-1}\rangle |2_m,2_m\rangle |0_{m+1},0_{m+1}\rangle \ldots |0_N,0_N\rangle \\
& +\; \sum_{m=1}^{N}\sum_{j>m}^{N} \tanh(b)^2|0_1,0_1\rangle \ldots |1_m,1_m\rangle \ldots |1_j,1_j\rangle \ldots |0_N,0_N\rangle \Bigg] \qquad (B.10)
\end{aligned}
$$

Nous pouvons donc écrire pour un grand nombre de mode N grand et une efficacité totale d'interaction petite :

$$
P_1 = \frac{N\tanh(gv_p\,t)^2}{\cosh(gv_p\,t)^{2N}} \sim N(gv_p\,t)^2
$$

$$
P_2 = \frac{N\tanh(gv_p\,t)^4 + \frac{N(N-1)}{2}\tanh(gv_p\,t)^4}{\cosh(gv_p\,t)^{2N}} \sim \frac{N^2(gv_p\,t)^4}{2}
$$

Il vient alors simplement la relation

$$
P_2 = \frac{P_1^2}{2}
$$

qui est caractéristique des sources ayant une statistique poissonnienne.

Ainsi, si nous ne pouvons pas sélectionner qu'un seul mode d'émission du guide d'onde nous obtenons des paires de photons avec une distribution de type poissonnienne, dans le cas contraire la distribution est de type Bose-Einstein. Plus précisément cela signifie, que si le temps de mesure est que le temps de cohérence des photons, nous pouvons venir sélectionner qu'un seul temps d'émission. Il faut donc suffisamment filtrer les photons en sortie du cristal pour augmenter leur temps de cohérence pour qu'il soit plus grand que le jitter des détecteur, ou bien utiliser un laser en régime impulsionnel et faire en sorte que le temps de cohérence des photons soit plus grand que la largeur temporel des impulsions.

ANNEXE C

Détection

La détection est un élément crucial dans les expériences de communications quantiques. Dans cette annexe, nous allons présenter les différents détecteurs dont nous disposons, basés sur deux technologies. Après une brève description du principe de fonctionnement des photodiodes à avalanche et des détecteurs supraconducteurs, nous présenterons les caractéristiques importantes de nos détecteurs [Hadfield 2009]. Puis nous finirons par un autre élément clef de la détection que sont les compteurs de coïncidences.

C.1 Détecteurs de photons uniques

C.1.1 Photodiode à avalanche

Une photodiode à avalanche (APD) consiste généralement en une jonction semi-conductrice de type P-N[1] susceptible de supporter des tensions de polarisation inverse. La caractéristique tension-courant inverse dans ce type de jonction présente un front très raide au-dessus d'une certaine tension de claquage, ce qui confère un véritable gain au système, comme le montre la FIG. C.1. L'idée est d'appliquer à la jonction une tension légèrement inférieure à la tension de claquage, pour que l'absorption d'un seul photon apporte l'énergie suffisante pour déclencher l'avalanche.

En effet, l'absorption d'un photon par un défaut du réseau cristallin va générer un paire électron-trou (e^-/h^+) qui va être accélérée sous l'effet du champ électrique présent dans la zone active. Comme le montre la FIG. C.2, l'électron (resp. trou) va se diriger vers la zone dopée P (resp. N). Les porteurs traversant la zone de déplétion peuvent alors atteindre une énergie suffisante pour créer d'autres porteurs par ionisation due aux collisions avec les atomes du cristal. Ainsi l'avalanche se déclenche et permet de générer un courant suffisant pour être mesuré [Rosencher & Vinter 2002].

C.1.2 Détecteur supraconducteur

Les détecteurs de photon unique supraconducteur (SSPD) consistent en un film ultra-fin supraconducteur, généralement du nitrure de niobium refroidi à des températures comprises entre $1.5\,K$ et $4\,K$ à l'aide d'hélium liquide [Gol'tsman et al. 2001, Engel et al. 2004, Verevkin et al. 2004, Hadfield 2009]. Ce film supraconducteur doit

---

1. Une jonction P-N est un cristal avec une zone dopée en électrons (P) collée à une zone dopée en trous (N).

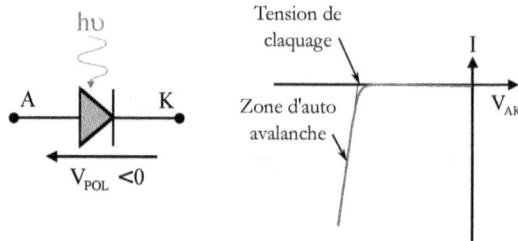

FIG. C.1 : Courbe schématique de la réponse en courant I d'une jonction de type P-N polarisée en inverse V_{POL}. Le phénomène d'avalanche apparait pour des tensions supérieures à la tension de claquage. Note : par convention A est l'anode de la diode et est reliée à la zone dopée P et K est la cathode reliée à la zone dopée N.

avoir la capacité de conduire l'électricité sans perte d'énergie pour une densité de courant $J < J_C$, avec J_C la densité de courant critique, voir FIG. C.3. Dans le cas d'un détecteur de photon unique, une intensité de biais proche de l'intensité critique est appliquée, de sorte qu'un photon crée un échauffement local sur le film de supraconducteur suffisant pour que l'intensité critique devienne plus faible que l'intensité de biais. Ainsi, une tension se crée aux bornes du film, qui annonce l'absorption du photon.

C.1.3 Caractéristiques importantes des détecteurs

Les caractéristiques [Hadfield 2009, Tournier *et al.* 2009, Zhang *et al.* 2009] importantes pour les détecteurs de photons uniques sont :

- l'efficacité quantique de détection (P_d) qui détermine le pourcentage de photons détectés. Elle est généralement donnée en fonction de la longueur d'onde des photons. Dans le cas d'une APD, elle dépend essentiellement de la tension de biais et pour un SSPD de l'intensité de biais.

- le taux de coups sombres (R_{dc}) qui correspond au nombre de détection sans apport d'énergie par un photon.

- le mode opératoire, continu ou déclenché qui dépend généralement du niveau de bruit intrinsèque au détecteur[2].

- le jitter ou gigue temporelle (τ_j) qui représente l'incertitude sur le temps de détection.

- le taux de saturation (R_S) qui représente le taux maximum de comptage pour lequel le détecteur présente une réponse linéaire.

---

2. En effet, certains semi-conducteurs comme l'InGaAs possèdent beaucoup de défauts susceptibles de piéger des porteurs de charges lors de l'avalanche. Une repolarisation trop rapide de la jonction libère ces porteurs de charges qui déclenchent une avalanche, nous parlons alors d'"afterpulse".

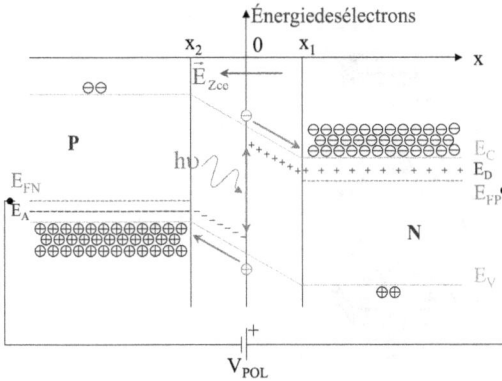

FIG. C.2 : Diagramme de bande en énergie simplifié représentant l'amorçage de l'avalanche au sein de la zone de déplétion d'une APD. Les deux parties du semi-conducteur dopée P (à gauche) et N (à droite) sous l'effet de la polarisation inverse V_{POL} laisse apparaitre une zone sans porteur de charge délimitée par les bornes x_1 et x_2 (zone de déplétion). Les niveaux d'énergie E_C, E_V, E_A, E_D, E_{FP} et E_{FN} représentent respectivement l'énergie de la bande de Conduction, de la bande de Valence, des ions accepteurs (P), des ions donneurs (N), du niveau de Fermi en zone P et du niveau de Fermi en zone N.

- le temps mort (τ_d), qui est la durée après une détection durant lequel le détecteur est aveugle [Neri et al. 2010].

C.2 Les compteurs de coïncidences

La mesure de coïncidences est très importante en communication quantique, aussi bien pour la mesure d'intrication que pour la réalisation de relais. Pour cela, nous disposons de deux outils, un convertisseur temps-amplitude (TAC)[3] et les portes logiques "ET"[4]. Ces deux outils sont vraiment complémentaires.

Le TAC permet de mesurer le temps ΔT entre un signal "start" et un signal "stop" en le convertissant en amplitude. L'utilisation d'un ordinateur avec une carte d'acquisition permet alors de reconstruire l'histogramme temporel des temps relatifs d'arrivées. Dans le cas de photons appairés, nous voyons apparaitre un pic de coïncidence. Ainsi il est facile d'ajuster les délais optiques et électroniques dans nos expériences. En contre partie, il présente un taux de rafraîchissement faible, dû à un temps de mort de $3\mu s$ après chaque "start". Ce qui signifie que l'entrée "start" est saturée pour des taux de comptes supérieurs à $300kHz$.

---

3. Produit de la gamme ORTEC model 567
4. Produit de la gamme ORTEC model CO4020

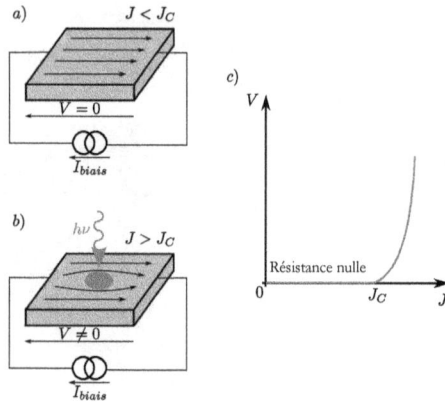

FIG. C.3 : Schéma de principe d'un détecteur supraconducteur. a) Le film supraconducteur à l'équilibre thermodynamique présente une résistance nulle pour une densité de courant J inférieure à la densité de courant critique J_C. b) Lorsqu'un
photon arrive sur le film supraconducteur, il crée un point chaud qui a pour effet
de réduire la densité de courant critique J_C. Ainsi en appliquant une intensité
de biais proche de l'intensité critique, nous pouvons observer une augmentation
de la tension aux bornes du supraconducteur annonçant l'arrivé d'un photon.
c) Courbe intensité-tension aux bornes du film supraconducteur, qui montre
que pour une densité de courant inférieure à J_C, la tension est nulle.

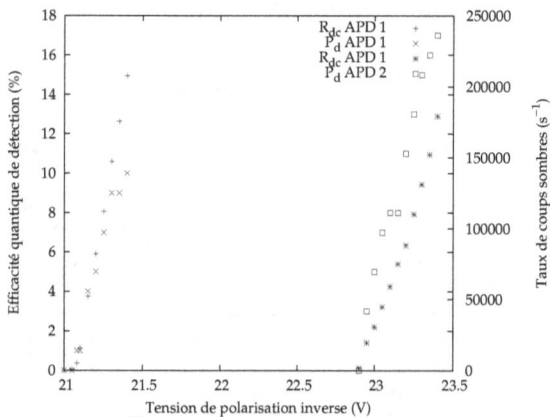

FIG. C.4 : Courbes d'étalonnage de l'efficacité et du taux de coups sombres des détecteurs
Germanium en fonction de la tension de polarisation inverse V_{POL}.

	APD Germanium [Owens *et al.* 1994]	APD InGaAs ID200	APD Si ID100	SSPD Skontel
λ	$1310nm$	$900 - 1700nm$	$350 - 900nm$	
Mode	continu	déclenché	continu	continu
P_d	voir FIG. C.4	10-25% (@ $1550nm$)	5-7% (@ $800nm$)	
R_{dc}	voir FIG. C.4	$< 10^{-5}$ coups/ns	$60coups/ns$	
τ_j		$300 - 600ps$	$40ps$	
R_S	$250kHzs$		$20MHz$	
τ_d		0-100 μs	$45ns$	

TABLE C.1 : Tableau des caractéristiques des différents détecteurs disponibles au sein du laboratoire.

Dans ce cas là, l'utilisation de portes logiques "ET" devient nécessaire, car elles offrent la possibilité de travailler à des cadences supérieures au MHz. Le principal inconvénient est que nous travaillons complètement en aveugle, car elles ne permettent pas de chercher les pics de coïncidences. Le TAC est ainsi couramment employé pour ajuster temporellement toute notre expérience, avant de passer sur des portes logiques "ET".

Formalisme de Jones

Le formalisme de Jones permet de décrire l'évolution de la polarisation d'une onde électromagnétique dans un milieu anisotrope [Jones 1941a, Jones 1941b, Hurwitz & Jones 1941].

Pour cela, la polarisation d'une onde plane électromagnétique se propageant selon un axe $\hat{z}$ est définie par un vecteur de Jones $\overrightarrow{V_J} = \begin{pmatrix} E_x(t) \\ E_y(t) \end{pmatrix}$, où $E_x(t)$, $E_y(t)$ sont les composantes du champ électrique de l'onde selon les axes $\hat{x}$ et $\hat{y}$[1]. Dans le cas où l'on ne prend pas en compte les pertes à la propagation, on peut normaliser le vecteur de Jones à 1, et réécrire ce vecteur sous la forme $\overrightarrow{V_J}(\alpha, \phi) = \begin{pmatrix} \cos(\alpha) \\ \sin(\alpha)e^{i\phi} \end{pmatrix}$, où α définit l'amplitude du champ électrique selon $\hat{x}$ et $\hat{y}$ et ϕ la phase relative entre les composantes du champ.

Les éléments d'optiques linéaires, tels que les polariseurs ou les lames biréfringentes sont définis par des matrices de Jones M_J de dimensions 2×2. Le produit de ces matrices décrivant le système, par le vecteur de Jones de la lumière incidente va définir le vecteur de Jones en sortie du système, $\overrightarrow{V_J}(t_1) = M_J \overrightarrow{V_J}(t_0)$.

Avant de poursuivre la définition des matrices de Jones pour les différents éléments optiques, il est important de noter que tous ces éléments optiques ont des axes de polarisations propres, que l'on notera $\hat{x}'$, $\hat{y}'$. Pour faire coïncider l'orientation des axes des éléments optiques avec celui de la lumière nous effectuons une rotation de la matrice comme suit :

$$M_J(\theta) = R(-\theta).M_J.R(\theta), \tag{D.1}$$

où $R(\theta)$ est la matrice rotation $\begin{pmatrix} \cos\theta & \sin\theta \\ -\sin\theta & \cos\theta \end{pmatrix}$ et θ l'angle entre $\hat{x}$ et $\hat{x}'$.

D.1 Polariseur linéaire

Un polariseur linéaire permet de projeter la polarisation selon un axe. Ainsi, il est intuitif que la matrice de Jones d'un polariseur orienté selon $\hat{x}$ soit définie par :

$$M_J^P = \begin{pmatrix} 1 & 0 \\ 0 & 0 \end{pmatrix}. \tag{D.2}$$

---

[1]. Comme nous pouvons le remarquer, cette notation permet seulement de décrire la lumière parfaitement polarisée. Dans le cas de lumière incohérente ou partiellement polarisée, il est nécessaire d'utiliser les vecteurs de Stokes associés aux matrices de Mueller.

À l'aide de l'EQ. (D.1), nous en déduisons que la matrice de Jones pour un polariseur incliné d'un angle θ est donnée par :

$$M_J^P(\theta) = \begin{pmatrix} \cos^2\theta & \cos\theta\sin\theta \\ \cos\theta\sin\theta & \sin^2\theta \end{pmatrix}. \tag{D.3}$$

D.2   Lame biréfringente

Nous considérons une lame biréfringente telle que pour une onde se propageant suivant l'axe $\hat{z}$ la lumière voit deux indices de propagation différents $n_x \neq n_y$ liés aux axes cristallographiques du cristal. Ainsi, les vitesses de propagation selon $\hat{x}$ et $\hat{y}$ seront différentes ce qui introduit une différence de phase entre les deux polarisations. Nous pouvons définir la matrice de Jones pour une lame biréfringente d'épaisseur l comme suit :

$$M_J = \begin{pmatrix} e^{i\varphi_x} & 0 \\ 0 & e^{i\varphi_y} \end{pmatrix}, \tag{D.4}$$

avec $\varphi_x = \frac{2\pi}{\lambda}(n_x - 1)l$ et $\varphi_y = \frac{2\pi}{\lambda}(n_y - 1)l$. Il est plus commun d'écrire cette matrice sous la forme :

$$M_J^{\delta\varphi} = e^{i\varphi} \begin{pmatrix} e^{-i\frac{\delta\varphi}{2}} & 0 \\ 0 & e^{i\frac{\delta\varphi}{2}} \end{pmatrix}, \tag{D.5}$$

avec $\varphi = \varphi_x$ et $\delta\varphi = \varphi_y - \varphi_x$. Sous cette forme, nous voyons apparaître une phase commune due à la propagation qui est le plus souvent inutile et une différence de phase entre les deux composantes du champ. En appliquant une rotation d'un angle θ à cette lame de phase nous obtenons :

$$M_J^{\delta\varphi}(\theta) = e^{i\varphi} \begin{pmatrix} \cos\frac{\delta\varphi}{2} - i\sin\frac{\delta\varphi}{2}\cos 2\theta & -i\sin\frac{\delta\varphi}{2}\sin 2\theta \\ -i\sin\frac{\delta\varphi}{2}\sin 2\theta & \cos\frac{\delta\varphi}{2} + i\sin\frac{\delta\varphi}{2}\cos 2\theta \end{pmatrix} \tag{D.6}$$

Nous pouvons maintenant définir les matrices Jones pour les lames demi-ondes ($\frac{\lambda}{2}$) et quart d'ondes ($\frac{\lambda}{4}$) qui ne sont que des cas particuliers de cette matrice, et qui ont respectivement $\delta\varphi = \pi$ et $\frac{\pi}{2}$.

D.2.1   Lame demi-onde

La matrice de Jones pour une lame $\frac{\lambda}{2}$ avec son axe rapide horizontal est :

$$M_J^{\frac{\lambda}{2}} = \begin{pmatrix} -i & 0 \\ 0 & i \end{pmatrix} \tag{D.7}$$

Ce qui donne pour un angle θ :

$$M_J^{\frac{\lambda}{2}}(\theta) = \begin{pmatrix} -i\cos 2\theta & -i\sin 2\theta \\ -i\sin 2\theta & i\cos 2\theta \end{pmatrix} \tag{D.8}$$

D.2.2   Lame quart d'onde

La martice de Jones pour une lame $\dfrac{\lambda}{4}$ avec son axe rapide horizontal est :

$$M_J^{\frac{\lambda}{4}} = \begin{pmatrix} e^{-i\pi/4} & 0 \\ 0 & e^{i\pi/4} \end{pmatrix} \tag{D.9}$$

Ce qui donne pour un angle θ :

$$M_J^{\frac{\lambda}{4}}(\theta) = -\frac{i}{\sqrt{2}} \begin{pmatrix} i + \cos 2\theta & \sin 2\theta \\ \sin 2\theta & i - \cos 2\theta \end{pmatrix} \tag{D.10}$$

Analyse d'un état intriqué en polarisation

E.1 Introduction

Nous allons voir dans cette annexe comment analyser un état maximalement intriqué en polarisation avec une phase constante arbitraire. Pour cela nous utiliserons la méthode introduite par Bell, sous forme d'inégalité, en 1964 [Bell 1964], puis reformulée par la suite par Clauser, Horme, Shimony et Holt [Clauser *et al.* 1969].

Supposons l'existence de deux Qbits A et B encodés sur l'observable polarisation, évoluant chacun dans un espace de Hilbert à deux dimensions composés de bases orthonormales suivantes :

$$\left\{ \begin{array}{l} \mathscr{H}_A : \{|H_A\rangle; |V_A\rangle\}\,; d = 2 \\ \mathscr{H}_B : \{|H_B\rangle; |V_B\rangle\}\,; d = 2. \end{array} \right. \tag{E.1}$$

Si les deux Qbits A et B sont intriqués, il est possible de définir les états qui les décrivent dans un espace de Hilbert $\mathscr{H}$ à quatre dimensions ($\mathscr{H} = \mathscr{H}_A \otimes \mathscr{H}_B$). Il existe alors quatre états dits maximalement intriqués, fréquemment nommés états de Bell, et qui forment dans $\mathscr{H}$ la base orthonormale complète suivante :

$$\left\{ \begin{array}{l} |\Phi^+\rangle = \dfrac{1}{\sqrt{2}}\,[|H_A, H_B\rangle + |V_A, V_B\rangle\,] \\[2mm] |\Phi^-\rangle = \dfrac{1}{\sqrt{2}}\,[|H_A, H_B\rangle - |V_A, V_B\rangle\,] \\[2mm] |\Psi^+\rangle = \dfrac{1}{\sqrt{2}}\,[|H_A, V_B\rangle + |V_A, H_B\rangle\,] \\[2mm] |\Psi^-\rangle = \dfrac{1}{\sqrt{2}}\,[|H_A, V_B\rangle - |V_A, H_B\rangle\,]. \end{array} \right. \tag{E.2}$$

Nous désirons dans ce qui suit présenter l'analyse à l'aide du formalisme de Bell de ces états dans le cas plus général, c'est-à-dire lorsque ces états viennent avec une phase additionnelle et arbitraire ϕ, tell que :

$$\left\{ \begin{array}{l} |\Phi(\phi)\rangle = \dfrac{1}{\sqrt{2}}\,\left[|H_A, H_B\rangle + e^{i\phi}|V_A, V_B\rangle\,\right] \\[2mm] |\Psi(\phi)\rangle = \dfrac{1}{\sqrt{2}}\,\left[|H_A, V_B\rangle + e^{i\phi}|V_A, H_B\rangle\,\right]. \end{array} \right. \tag{E.3}$$

Nous montrerons que par cette méthode, nous obtenons une valeur maximale du paramètre de Bell seulement pour une phase $\phi = n\pi$, avec $n \in \mathbb{Z}$. Puis nous présenterons un formalisme plus général, adapté à l'analyse d'états intriqués elliptiques.

FIG. E.1 : Source de paires de photons intriqués et systèmes d'analyse constitués par des polariseurs tournants, l'un chez Alice (A) et l'autre chez Bob (B). L'analyse se fait dans les bases $\{|+_A\rangle, |-_A\rangle\}$ et $\{|+_B\rangle, |-_B\rangle\}$ faisant un angle a et b avec les vecteurs de bases $|H\rangle$ et $|V\rangle$ respectivement.

Pour finir, nous proposerons différentes méthodes expérimentales permettant d'implémenter ce formalisme.

Notons que nous limiterons notre étude à l'état $|\Phi(\phi)\rangle$, puisque l'état $|\Psi(\phi)\rangle$ peut facilement se déduire par simple rotation de l'état de polarisation d'un Qbit d'un angle de $\pi/2$, à l'aide d'une lame demi-onde tournée d'un angle de $\pi/4$.

E.2 Analyse à l'aide de polariseur tournant

E.2.1 Situation expérimentale

La configuration expérimentale est présentée à la FIG. E.1. Une source émet des paires de photons intriqués en polarisation. Pour chaque paire, un photon est donné à Alice, l'autre à Bob. L'analyse des états intriqués portés par les photons appairés est faite à l'aide de cubes séparateurs de polarisation inclinés d'un angle a et b définissant des directions d'analyse $\vec{a}$ et $\vec{b}$ par rapport aux états de base $|H_A\rangle$ et $|H_B\rangle$. Ceux-ci forment deux nouvelles bases $\{|+_A\rangle, |-_A\rangle\}$ et $\{|+_B\rangle, |-_B\rangle\}$, dont les vecteurs s'écrivent comme suit :

$$\begin{pmatrix} |+_I\rangle \\ |-_I\rangle \end{pmatrix} = \begin{pmatrix} \cos i & \sin i \\ -\sin i & \cos i \end{pmatrix} \begin{pmatrix} |H_I\rangle \\ |V_I\rangle \end{pmatrix}, \qquad (E.4)$$

avec $I = A, B$ et $i = a, b$ l'angle associé.

Enfin, deux détecteurs sont placés chez Alice et Bob afin d'enregistrer les résultats dichotomiques (± 1) des projections données par les analyseurs. Un système électronique non représenté permet également d'avoir accès aux coïncidences entre les quatre détecteurs.

E.2.2 Étude du cas avec phase

Afin de simplifier les calculs, il est important de remarquer que tous les états de Bell elliptiques $|\Phi(\phi)\rangle$ peuvent se réécrire sous la forme d'une superposition de $|\Phi^+\rangle$ et $|\Phi^-\rangle$, comme suit :

$$|\Phi(\phi)\rangle = \alpha|\Phi^+\rangle + \beta|\Phi^-\rangle, \qquad (E.5)$$

avec $\alpha = \frac{1+e^{i\phi}}{2}$, et $\beta = \frac{1-e^{i\phi}}{2}$.

Pour remonter au paramètre S de Bell, il nous faut dans un premier temps calculer les quatre coefficients de corrélations. Deux correspondent aux probabilités que les deux photons sortent par le même bras chez Alice et Bob, définies par $P_{++}^{\phi}(a,b) = |\langle +_A +_B |\Psi(\Phi)\rangle|^2$ et $P_{--}^{\phi}(a,b) = |\langle -_A -_B |\Phi(\phi)\rangle|^2$. Puis les deux suivants correspondent aux probabilités que les deux photons sortent par des bras différents, données par $P_{+-}^{\phi}(a,b) = |\langle +_A -_B |\Phi(\phi)\rangle|^2$ et $P_{-+}^{\phi}(a,b) = |\langle -_A +_B |\Phi(\phi)\rangle|^2$. Dans notre cas ces probabilités sont égales à :

$$
\begin{aligned}
P_{++}^{\phi}(a,b) &= |\alpha\langle +_A +_B |\Phi^+\rangle + \beta\langle +_A +_B |\Phi^-\rangle|^2 \\
&= \tfrac{1}{2}|\alpha(\cos a \cos b + \sin a \sin b) + \beta(\cos a \cos b - \sin a \sin b)|^2 \\
&= \tfrac{1}{2}|\alpha \cos(a-b) + \beta \cos(a+b)|^2 \\
&= \tfrac{1}{2}\Big[|\alpha|^2 \cos^2(a-b) + |\beta|^2 \cos^2(a+b) \\
&\quad + (\alpha\overline{\beta} + \beta\overline{\alpha})\cos(a-b)\cos(a+b)\Big],
\end{aligned}
\tag{E.6}
$$

avec $|\alpha|^2 = \cos^2(\frac{\phi}{2})$, $|\beta|^2 = \sin^2(\frac{\phi}{2})$ et $(\alpha\overline{\beta} + \beta\overline{\alpha}) = 0$ [1]. Un calcul identique montre que $P_{++}^{\phi}(a,b) = P_{--}^{\phi}(a,b)$.

De la même manière nous obtenons :

$$
\begin{aligned}
P_{+-}^{\phi}(a,b) &= |\alpha\langle +_A -_B |\Phi^+\rangle + \beta\langle -_A +_B |\Phi^-\rangle|^2 \\
&= \tfrac{1}{2}|\alpha \sin(a-b) + \beta \sin(a+b)|^2 \\
&= \tfrac{1}{2}\Big[|\alpha|^2 \sin^2(a-b) + |\beta|^2 \sin^2(a+b)\Big],
\end{aligned}
\tag{E.7}
$$

et $P_{+-}^{\phi}(a,b) = P_{-+}^{\phi}(a,b)$

Dans un deuxième temps, il est nécessaire de calculer l'espérance mathématique correspondant à la somme de tous les résultats possibles pondérés par la probabilité de les obtenir $(E(x) = \sum xP(x))$. Dans notre cas, nous obtenons :

$$
\begin{aligned}
E^{(\phi)}(a,b) &= P_{++}^{\phi}(a,b) + P_{--}^{\phi}(a,b) - P_{+-}^{\phi}(a,b) - P_{-+}^{\phi}(a,b) \\
&= |\alpha|^2\left(\cos^2(a-b) - \sin^2(a-b)\right) \\
&\quad + |\beta|^2\left(\cos^2(a+b) - \sin^2(a+b)\right) \\
&= |\alpha|^2 \cos 2(a-b) + |\beta|^2 \cos 2(a+b).
\end{aligned}
\tag{E.8}
$$

Et pour finir, nous calculons le paramètre de Bell, qui correspond à la somme de quatre espérances mathématiques données pour quatre conditions d'analyse (deux chez Alice et deux chez Bob), à savoir $\{a,\ a',\ b,\ b'\}$, qui s'écrit sous la forme :

$$
\begin{aligned}
S^{(\phi)}(a,b,a',b') &= E^{(\phi)}(a,b) + E^{(\phi)}(a',b) + E^{(\phi)}(a,b') - E^{(\phi)}(a',b') \\
&= \cos^2(\tfrac{\phi}{2})\left[\cos 2(a-b) + \cos 2(a'-b)\right. \\
&\qquad\qquad \left. + \cos 2(a-b') - \cos 2(a'-b')\right] \\
&\quad \sin^2(\tfrac{\phi}{2})\left[\cos 2(a+b) + \cos 2(a'+b)\right. \\
&\qquad\qquad \left. + \cos 2(a+b') - \cos 2(a'+b')\right].
\end{aligned}
\tag{E.9}
$$

---

1. Nous employons la notation $\overline{a}$ pour définir le complexe conjuguai de a.

Ce coefficient permet de déterminer si nous nous trouvons dans le cadre d'une approche déterministe, locale, à variables cachées, qui dans ce cas donne $|S| \leq 2$, ou dans le cadre non local, quantique, pour $|S| > 2$, comme l'ont démontré les expériences [Freedman & Clauser 1972, Aspect *et al.* 1982], avec une valeur maximum de $S = 2\sqrt{2}$. Nous devons donc pour prouver l'intrication, trouver les paramètres d'-analyses $\{a, a', b, b'\}$ qui maximisent notre fonction $S^{(\phi)}(a, b, a', b')$, en résolvant le système d'équations suivant :

$$\begin{cases} \dfrac{\partial S^{(\phi)}(a,b,a',b')}{\partial a} = 0 \quad (1) \\[2mm] \dfrac{\partial S^{(\phi)}(a,b,a',b')}{\partial a'} = 0 \quad (2) \\[2mm] \dfrac{\partial S^{(\phi)}(a,b,a',b')}{\partial b} = 0 \quad (3) \\[2mm] \dfrac{\partial S^{(\phi)}(a,b,a',b')}{\partial b'} = 0 \quad (4). \end{cases} \qquad \text{(E.10)}$$

Ce qui donne pour chaque équation :

$$(1) \Rightarrow \begin{array}{l} \cos^2 \frac{\phi}{2} \left[\sin 2(a-b) + \sin 2(a-b')\right] + \\ \sin^2 \frac{\phi}{2} \left[\sin 2(a+b) + \sin 2(a+b')\right] \end{array} = 0; \qquad \text{(E.11)}$$

$$(2) \Rightarrow \begin{array}{l} \cos^2 \frac{\phi}{2} \left[\sin 2(a'-b) + \sin 2(a'-b')\right] + \\ \sin^2 \frac{\phi}{2} \left[\sin 2(a'+b) + \sin 2(a'+b')\right] \end{array} = 0; \qquad \text{(E.12)}$$

$$(3) \Rightarrow \begin{array}{l} \cos^2 \frac{\phi}{2} \left[\sin 2(a-b) + \sin 2(a'-b)\right] - \\ \sin^2 \frac{\phi}{2} \left[\sin 2(a+b) + \sin 2(a'+b)\right] \end{array} = 0; \qquad \text{(E.13)}$$

$$(4) \Rightarrow \begin{array}{l} \cos^2 \frac{\phi}{2} \left[\sin(a-b') + \sin 2(a'-b')\right] - \\ \sin^2 \frac{\phi}{2} \left[\sin 2(a+b') + \sin 2(a'+b')\right] \end{array} = 0. \qquad \text{(E.14)}$$

Nous pouvons réécrire le système comme suit :

$$(1) \Rightarrow \begin{array}{l} \cos^2 \frac{\phi}{2} \left[\sin(2a-b-b') \cos(b-b')\right] + \\ \sin^2 \frac{\phi}{2} \left[\sin(2a+b+b') \cos(b-b')\right] \end{array} = 0; \qquad \text{(E.15)}$$

$$(1) \Rightarrow \begin{array}{l} \cos^2 \frac{\phi}{2} \left[\sin 2a \cos(b+b') - \cos 2a \sin(b+b')\right] + \\ \sin^2 \frac{\phi}{2} \left[\sin 2a \cos(b+b') + \cos 2a \sin(b+b')\right] \end{array} = 0. \qquad \text{(E.16)}$$

En suivant les mêmes étapes de calculs pour toutes les équations, nous obtenons le système suivant :

$$\begin{cases} \dfrac{\tan 2a}{\cos \phi} = \tan(b+b') \quad (1) \\[2mm] \tan 2b = \cos \phi \tan(a+a') \quad (2) \\[2mm] \dfrac{\cos \phi}{\tan 2a'} = -\tan(b+b') \quad (3) \\[2mm] \tan 2b' = -\cos \phi \cotan(a+a') \quad (4), \end{cases} \qquad \text{(E.17)}$$

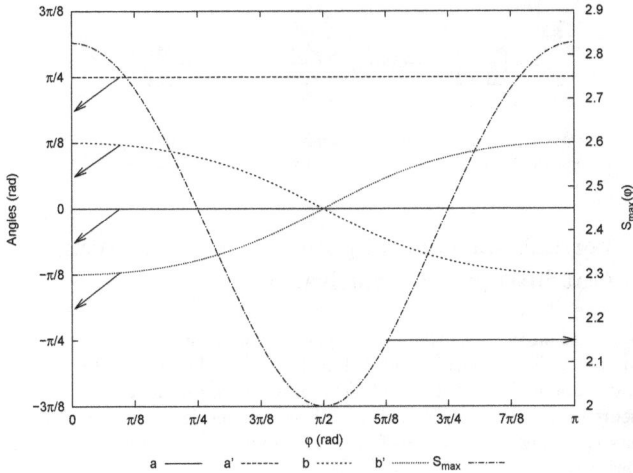

FIG. E.2 : Valeur maximum de $S^{(\phi)}$ en fonction de ϕ pour les paramètres d'analyses $\{a, a', b, b'\}$.

ce qui nous donne comme solution $a = 0$, $a' = \frac{\pi}{4}$, et $b = -b' = \frac{1}{2}\arctan(\cos\phi)$. En réinjectant ces solutions dans l'EQ. (E.9), nous obtenons :

$$
\begin{aligned}
S_{Max}^{(\phi)} &= 2\left[\cos(\arctan(\cos\phi)) + \cos\phi\sin(\arctan(\cos\phi))\right] \\
&= 2\sqrt{\cos^2\phi + 1}.
\end{aligned}
\tag{E.18}
$$

Nous avons représenté sur la FIG. E.2, $S_{Max}^{(\phi)}$, ainsi que les angles d'analyses $\{a, a', b, b'\}$ en fonction de la phase ϕ. Notons que nous obtenons, comme attendu, les paramètres standard de Bell pour des phases de 0 et π, et elles seules conduisent à une violation maximale des inégalités de Bell, avec $S_{Max} = 2\sqrt{2}$. De plus, les inégalités de Bell sont vérifiées pour toutes les phases, hormis $\phi = \frac{\pi}{2}$ qui donne $S_{Max} = 2$. Cet état correspond à un état maximalement intriqué de type $|\Phi^+\rangle = \frac{1}{\sqrt{2}}\left[|H_A, H_B\rangle + i|V_A, V_B\rangle\right]$.

En conclusion, cette approche ne nous permet pas, bien que l'état soit intriqué, de quantifier de la qualité de l'intrication pour des phases différentes de 0 ou π. Il faut donc s'affranchir de la phase pour proprement quantifier la qualité de l'intrication.

FIG. E.3 : Source de paires de photons intriqués et systèmes d'analyse, chacun constitué par une transformation unitaire suivi d'un polariseur fixe.

E.3   Formalisme général pour une analyse optimale d'un état intriqué en polarisation

Dans cette partie, nous allons développer un formalisme plus général pour violer de façon optimale les inégalités de Bell quelle que soit la phase de l'état. Pour cela, nous introduisons chez Alice et Bob deux éléments optiques (T_A et T_B) devant les analyseurs de polarisation qui resteront fixes, comme le montre la FIG. E.3. Ces éléments vont nous permettre d'effectuer des transformations unitaires sur les états de polarisation

$$\begin{pmatrix} |+_I\rangle \\ |-_I\rangle \end{pmatrix} = \widehat{T}_I \begin{pmatrix} |H_I\rangle \\ |V_I\rangle \end{pmatrix} = \begin{pmatrix} h_I & v_I \\ -v_I^* & h_I^* \end{pmatrix} \begin{pmatrix} |H_I\rangle \\ |V_I\rangle \end{pmatrix}, \tag{E.19}$$

avec $I = A, B$. De plus, les éléments de la matrice h_I et v_I doivent satisfaire $|h_I|^2 + |v_I|^2 = 1$, et peuvent ainsi être définis par :

$$\begin{cases} h_I &=& \cos\alpha_I e^{i\varphi_I} \\ v_I &=& \sin\alpha_I e^{i\varphi_I'}. \end{cases} \tag{E.20}$$

De la même manière que dans les EQ. (E.6) et (E.7), nous pouvons réécrire les probabilités de coïncidences $P_{++}^{(\phi)}$, $P_{--}^{(\phi)}$, $P_{+-}^{(\phi)}$ et $P_{-+}^{(\phi)}$, pour ces nouvelles conditions comme suit :

$$\begin{cases} P_{++}^{(\phi)} = P_{--}^{(\phi)} &=& \dfrac{1}{2}\left[\cos^2\dfrac{\phi_{eff}}{2}\cos^2(\alpha_A - \alpha_B)\right. \\ && \left. + \sin^2\dfrac{\phi_{eff}}{2}\cos^2(\alpha_A + \alpha_B)\right] \\ P_{+-}^{(\phi)} = P_{-+}^{(\phi)} &=& \dfrac{1}{2}\left[\cos^2\dfrac{\phi_{eff}}{2}\sin^2(\alpha_A - \alpha_B)\right. \\ && \left. + \sin^2\dfrac{\phi_{eff}}{2}\sin^2(\alpha_A + \alpha_B)\right], \end{cases} \tag{E.21}$$

avec ϕ_{eff} la phase effective de l'état définie par :

$$\phi_{eff} = \phi + \varphi_A + \varphi_B - \varphi_A' - \varphi_B'. \tag{E.22}$$

Nous obtenons les mêmes résultats que dans la SEC. E.2. Mais dans cette configuration, nous avons un contrôle sur la phase de l'état. De plus, pour $\alpha_A = \pi/4$ et

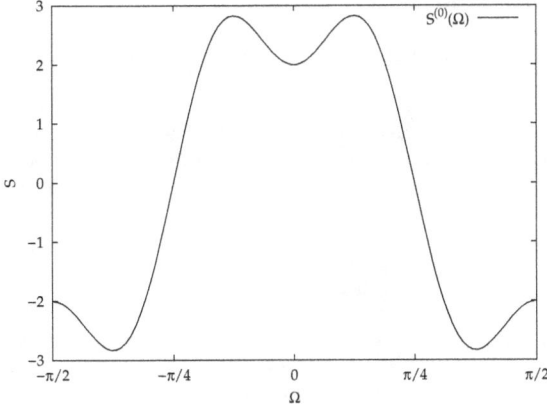

FIG. E.4 : $S^{(0)}$ en fonction de Ω.

$\alpha_B = \pi/4$, les EQ. (E.21) se simplifient sous la forme :

$$\begin{cases} P_{++}^{(\phi)} = P_{--}^{(\phi)} &= \dfrac{1}{2}\cos^2\dfrac{\phi_{eff}}{2} \\ P_{+-}^{(\phi)} = P_{-+}^{(\phi)} &= \dfrac{1}{2}\sin^2\dfrac{\phi_{eff}}{2}, \end{cases} \tag{E.23}$$

ce qui permet, par une mesure du taux de coïncidence, de définir expérimentalement la phase de l'état. Nous pouvons aussi remarquer, que pour $\alpha_A = 0$, les probabilités de coïncidences sont insensibles à la phase.

Maintenant, si nous fixons $\phi_{eff} = 0$[2], l'EQ. (E.9) se simplifie sous la forme :

$$\begin{aligned} S^{(\phi_{eff}=0)}(\alpha_a, \alpha_b, \alpha_a', \alpha_b') &= \cos 2(\alpha_a - \alpha_b) + \cos 2(\alpha_a' - \alpha_b) \\ &+ \cos 2(\alpha_a - \alpha_b') - \cos 2(\alpha_a' - \alpha_b') \end{aligned} \tag{E.24}$$

Par ce procédé, nous compensons la phase pour obtenir l'un des quatre états de Bell. Si nous définissons Ω, de tel sorte que $\forall \alpha_A$ nous obtenons $\alpha_B = \alpha_A + \Omega$, $\alpha_A' = \alpha_A + 2\Omega$, et $\alpha_B' = \alpha_A - \Omega$. Nous pouvons alors récrit l'équation précédente sous la forme :

$$S^{(\phi_{eff}=0)}(\Omega) = 3\cos 2\Omega - \cos 6\Omega, \tag{E.25}$$

et ainsi elle ne dépend plus que de Ω. Comme le montre la FIG. E.4, quel que soit α_A nous maximisons le paramètre de Bell pour $\Omega = \pm \pi/8 + n\pi/4$, avec $n \in \mathbb{Z}$.

Maintenant, il est nécessaire de trouver une configuration expérimentale permettant d'obtenir ces matrices de transformation unitaire. Il existe de nombreuses méthodes, nous allons en présenter trois.

---

2. La même démarche peut être faite avec $\phi_{eff} = \pi$, mais ne sera pas traitée dans cette annexe.

E.3.1   Lame de phase et lame demi-onde

La méthode la plus simple pour réaliser les matrices de transformations unitaires $\widehat{T}_A$, $\widehat{T}_B$ est d'utiliser une lame de phase biréfringente avec ses axes orientés dans la même base que l'état et une lame demi-onde dont nous ajusterons l'angle. Pour réaliser la lame de phase biréfringente, nous pouvons utiliser par exemple un Soleil-Babinet, ou un modulateur de phase électro-optique biréfringent [Kaminow & Turner 1966]. Les matrices de Jones de ces éléments sont définis dans l'ANN. D, ce qui donne pour le système complet :

$$\widehat{T}_I = \begin{pmatrix} \cos 2\theta_I e^{-i\phi_I/2} & \sin 2\theta_I e^{i\phi_I/2} \\ \sin 2\theta_I e^{-i\phi_I/2} & \cos 2\theta_I e^{i\phi_I/2} \end{pmatrix}, \tag{E.26}$$

où θ_I et ϕ_I représentent respectivement l'angle entre $|H_I\rangle$ et l'axe lent de la lame demi-onde, et la phase de la lame de phase. En utilisant les mêmes notations que précédemment, nous obtenons pour cette configuration $\alpha_I = 2\theta_I$, $\varphi_I = -\phi_I/2$ et $\varphi'_I = \phi_I/2$.

E.3.2   Jeu de lames d'onde tournantes

Pour cette méthode, nous proposons d'utiliser un jeu de lames $\lambda/4$, $\lambda/2$, $\lambda/4$. C'est une combinaison de lames souvent utilisées, car elle permet d'explorer entièrement la sphère de Poincaré avec n'importe quel état de polarisation. En se référant à l'ANN. D, nous obtenons les termes suivants pour la matrice de transformation unitaire :

$$\begin{cases} h_I &= -\cos(2\theta_I^2 - \theta_I^3 - \theta_I^1)\cos(\theta_I^1 - \theta_I^3) \\ & \quad +i\sin(2\theta_I^2 - \theta_I^3 - \theta_I^1)\sin(\theta_I^1 + \theta_I^3) \\ v_I &= -\cos(2\theta_I^2 - \theta_I^3 - \theta_I^1)\sin(\theta_I^1 - \theta_I^3) \\ & \quad -i\sin(2\theta_I^2 - \theta_I^3 - \theta_I^1)\cos(\theta_I^1 + \theta_I^3), \end{cases} \tag{E.27}$$

où θ_I^1, θ_I^2, et θ_I^3 correspondent respectivement aux angles entre $|H_I\rangle$ et l'axe lent des lames $\lambda/4$, $\lambda/2$, $\lambda/4$. Nous pouvons alors poser $\varphi_I = -\varphi'_I = 2\theta_I^2 - \theta_I^3 - \theta_I^1$. Il ne reste alors plus qu'à résoudre le système suivant :

$$\begin{cases} \cos\alpha_I &= -\cos(\theta_I^1 - \theta_I^3) \\ \cos\alpha_I &= \sin(\theta_I^1 + \theta_I^3) \\ \sin\alpha_I &= -\sin(\theta_I^1 - \theta_I^3) \\ \sin\alpha_I &= \cos(\theta_I^1 + \theta_I^3), \end{cases} \tag{E.28}$$

ce qui donne $\alpha_I = -\theta_I^3 - \pi/4$ pour $\theta_I^1 = 3\pi/4$.

Il est aussi possible de trouver une solution unique pour un jeu de lames $\lambda/4$, $\lambda/2$. Cette configuration est similaire à celle utilisée pour faire de la tomographie d'état quantique [James *et al.* 2001, Altepeter *et al.* 2005]. Nous ne détaillerons pas les calculs, mais nous pouvons trouver les paramètres d'analyses suivant : $\{(\theta_A^1 = 0, \theta_A^2 = 0), (\theta_B^1 = 0, \theta_B^2 = \pi/16), (\theta_A^1 = \pi/4, \theta_A^2 = -4\phi)', (\theta_B^1 = 0, \theta_B^2 = -\pi/16)'\}$.

E.3.3   Deux lames de phase

Dans cette méthode, nous utiliserons un système constitué par deux compensateurs de phase, le premier orienté selon la base de l'état et le deuxième à $\pi/4$. Cette solution présente un avantage dans les communications fibrées. Car contrairement aux deux propositions précédentes qui nécessitent de passer en espace libre, elle peut être entièrement fibrée et travailler à une cadence supérieur au MHz. En effet, nous pouvons modifier la phase relative entre les deux polarisations par contraintes mécaniques sur la fibre, à l'aide de piézo. En se basant sur les matrices de Jones définit dans l'Ann. D, nous obtenons :

$$\left\{ \begin{array}{rcl} h_I & = & \cos\frac{\phi_I^2}{2}e^{-i\frac{\phi_I^1}{2}} \\[2mm] v_I & = & -i\sin\frac{\phi_I^2}{2}e^{i\frac{\phi_I^1}{2}}, \end{array} \right. \tag{E.29}$$

Nous retrouvons facilement $\alpha_I = \frac{\phi_I^2}{2}$, $\varphi_I = -\frac{\phi_I^1}{2}$ et $\varphi'_I = \frac{\phi_I^1}{2} - \pi/2$.

Stabilisation de laser sur une transition atomique hyperfine par absorption saturée

Nous allons présenter dans cette annexe la méthode employée pour stabiliser le laser de pompe à 780 nm de la source de paires de photons intriqués en polarisation d'écrire dans le Chap. II.3. Pour cela, nous utilisons une expérience, bien connue dans le domaine de la physique atomique, de spectroscopie d'une cellule de rubidium (Rb) en régime d'absorption saturé.

Nous cherchons à stabiliser une diode laser à 780 nm montée dans une cavité de type Littman-Metcalf [Littman & Metcalf 1978] sur une transition hyperfine de l'atome de rubidium (Rb), ceci afin de s'affranchir des variations de longueur d'onde causées pas des fluctuations thermiques, électriques, ou bien mécaniques.

En faisant la spectroscopie d'une cellule de Rb à l'aide du laser réglé à 780.24 nm, nous voyons apparaître 4 raies d'absorption d'environ 500 MHz de largeur spectrale. Ces 4 raies d'absorptions correspondent aux transitions entres les deux niveaux fondamentaux hyperfins du ^{85}Rb et du ^{87}Rb [1] vers les états excités des niveaux $5P_{3/2}$ (^{87}Rb : $5S_{1/2}, F = (1, 2) \rightarrow 5P_{3/2}$; ^{85}Rb : $5S_{1/2}, F = (2, 3) \rightarrow 5P_{3/2}$). En revanche, il n'est pas possible de résoudre les transitions hyperfines des états excités car celles-ci sont élargies par effet Doppler. Cet effet modifie la longueur d'onde du laser perçue par les atomes en fonction de leur vitesse. Ainsi, pour un laser à une fréquence ω_L, un atome se déplaçant à une vitesse $\vec{v^s}$ percevra une fréquence $\omega_L - \vec{k_L}.\vec{v^s}$. Dans le cas d'une cellule de vapeur de Rb à température ambiante (T=300 K), la vitesse des atomes est régie par la distribution de Maxwell-Boltzmann, associant un élargissement spectral défini par $\Delta\omega = \frac{\omega_{at}}{c}\sqrt{8k_bT\frac{\ln 2}{m_{Rb}}}$, où ω_{at} et m_{Rb} représentent respectivement la fréquence de la transition atomique et la masse des atomes. En injectant les valeurs numériques correspondantes, nous obtenons une largeur d'absorption de 300 MHz alors que les niveaux hyperfins excités sont séparés par, typiquement, 100 à 200 MHz.

Pour s'affranchir de cet élargissement et afin de révéler la structure hyperfine des atomes, nous utilisons une méthode dite d'absorption saturée. Celle-ci consiste à utiliser un premier faisceau de faible intensité, appelé sonde, passant à

---

1. Le rubidium 85 et 87 sont les deux isotopes stables présents dans les cellules. Ils sont généralement en proportion 3/4, 1/4.

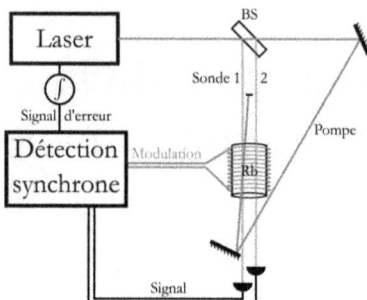

FIG. F.1 : Montage expérimental de stabilisation du laser de pompe.

travers la cellule. Puis nous utilisons un second faisceau, appelé pompe, traversant cette même cellule de façon contra-propageante, plus intense et de même fréquence. La superposition de la pompe et la sonde permet alors de faire apparaitre le phénomène d'absorption saturé, comme le propose le montage de la FIG. F.1 [Wieman & Hänsch 1976].

Du fait de sa forte intensité, la pompe induit une saturation des transitions atomiques lorsque les conditions de résonance sont satisfaites. Le milieu devient alors transparent pour la sonde, et des pics apparaissent dans le profil Doppler. Ce phénomène n'apparaît que pour certaines vitesses atomiques et fréquences des faisceaux. Les règles d'absorption pour les deux faisceaux sont définies par :

$$\begin{cases} \omega_{at} &= \omega_L - k_{Lx}v_x^s \\ \omega_{at} &= \omega_L + k_{Lx}v_x^p, \end{cases} \tag{F.1}$$

où x représente l'axe de propagation orienté selon la sonde. Notons, que la différence vient du fait que les deux faisceaux sont contrapropageants.

Dans le cas où $\omega_L = \omega_{at}$, nous voyons que la pompe et la sonde excitent toutes les deux des atomes avec une composante de la vitesse nulle suivant x. Ainsi, si la pompe est suffisamment intense, nous réduisons, par absorption, le nombre d'atomes dans le niveau fondamental ayant une vitesse nulle suivant x. Par conséquent, le nombre de photons de la sonde qui sont absorbés est réduit si bien que nous voyons apparaître dans le profil Doppler des pics de saturation (ou pics de transmission de la sonde). Nous pouvons ainsi visualiser les transitions hyperfines en s'affranchissant de l'effet Doppler.

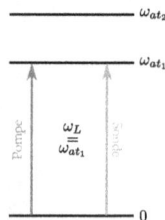

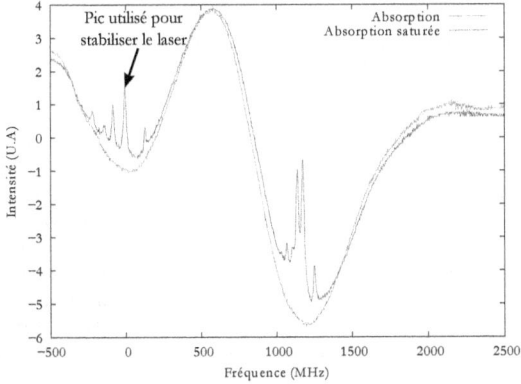

FIG. F.2 : Courbe d'absorption saturée et non saturée de la cellule de rubidium réalisée avec le laser de pompe.

Mais, par cette mesure nous voyons apparaître d'autres pics de saturation, qui ne correspondent pas à des transitions hyperfines, et que nous appelons "cross-over". Ces pics apparaissent car, pour chaque transition, il existe une saturation pour $v_x^p = v_x^s = 0$, mais il existe aussi des solutions où le faisceau de pompe et de sonde sont tous deux résonnants, mais pas avec la même transition. Nous trouvons alors une solution pour $\omega_L = \frac{\omega_{at_i} + \omega_{at_j}}{2}$, où i et j représentent les transitions, avec $v_x^p = v_x^s \neq 0$. Ces pics de saturation sont généralement plus intenses, car statistiquement la probabilité de trouver un atome à une vitesse nulle suivant x est plus faible que celle d'avoir une vitesse non nulle (distribution de Maxwell-Boltzmann).

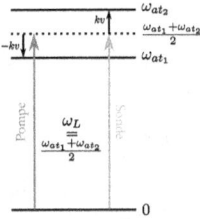

Nous pouvons voir sur la FIG. F.2, le profil Doppler mesuré à l'aide de la sonde 2 définie sur la FIG. F.1 (courbe rouge). Le premier profil correspond à la transition $|5S_{1/2}, F = 2\rangle \rightarrowtail |5P_{3/2}\rangle$ du ^{87}Rb et le second à la transition $|5S_{1/2}, F = 3\rangle \rightarrowtail |5P_{3/2}\rangle$ du le ^{85}Rb. Nous avons aussi représenté le profil mesuré par la sonde 1 (courbe bleue), où nous voyons apparaitre six pics, dont trois correspondent aux transitions atomiques et les trois autres correspondent aux "cross-over". Pour stabiliser le laser nous allons utiliser le "cross-over" situé entre les transitions $|5S_{1/2}, F = 2\rangle \rightarrowtail |5P_{3/2}, F = 2\rangle$ et $|5S_{1/2}, F = 2\rangle \rightarrowtail |5P_{3/2}, F = 3\rangle$ du ^{87}Rb, indiqué par une flèche sur la courbe. Nous avons choisi ce pic car il est le plus intense. Notons que l'emploi de deux sondes, l'une saturée et l'autre non, nous permet de nous affranchir du profil Doppler par soustraction de la réponse des deux détecteurs et ainsi obtenir un signal sans composante continue, contenant seulement les pics.

Annexe F. Stabilisation de laser sur une transition atomique hyperfine
270
par absorption saturée

Pour stabiliser le laser, nous utilisons ensuite une détection synchrone [2] commerciale [3] nous permettant de générer un signal d'erreur, qui rétroagira sur le laser. Pour cela, nous avons besoin d'appliquer une modulation sur le signal d'absorption saturée. Nous pouvons soit directement moduler la fréquence du laser (modulation du courant de la diode ou du piezo de la cavité du laser), ou bien la fréquence du signal traversant la cellule de Rb (à l'aide par exemple d'un modulateur acousto-optique), ou encore l'absorption dans la cellule. Nous avons choisi d'utiliser cette dernière méthode reposant sur l'effet Zeeman pour sa simplicité. Pour cela, nous avons bobiné un fil de cuivre autour de la cellule, auquel nous appliquons un courant sinusoïdal. Ainsi, cette bobine génère un champ magnétique sinusoïdal créant un déplacement des sous niveaux Zeeman et modulant de ce fait les conditions de résonance. Les pics d'absorption s'en trouvent modulés en amplitude et en fréquence. Afin de ne pas élargir ces pics, la modulation en fréquence doit être faible et en aucun cas dépasser la largeur de raie qui nous intéresse ($\sim 6\,\mathrm{MHz}$). Nous avons donc choisi d'appliquer un champ d'environ $1\,\mathrm{G}$, ce qui permet de générer une modulation de $1\,\mathrm{MHz}$. Sachant que notre cellule fait $2\,\mathrm{cm}$ de diamètre (R), et que notre bobine fait 50 tours (N), le courant qui parcourt la bobine est alors donné par :

$$I = \frac{2RB}{\mu_0 N} \approx 64\,\mathrm{mA}, \qquad (\mathrm{F.2})$$

où B et μ_0, représente respectivement le champ magnétique en tesla et la perméabilité magnétique du vide. Nous appliquons alors a la bobine un courant oscillant de forme sinusoïdal avec une amplitude de $64\,\mathrm{mA}$ à une fréquence de $3\,\mathrm{kHz}$.

Nous pouvons alors générer un signal d'erreur, que nous intégrons avant de l'appliquer au piezo monté sur le réseau de la cavité Littman-Metcalf du laser. Grâce à ce dispositif, nous nous assurons que la variation de fréquence du laser est inférieure à $100\,\mathrm{kHz}$, ce qui nous donne un temps de cohérence d'environ $10\,\mu s$. De plus, l'emploi d'une transition atomique nous assure que notre laser est toujours stabilisé autour de la même fréquence de référence (contrairement à une stabilisation sur une cavité).

Pour générer le signal d'erreur, nous utilisons une méthode de détection synchrone en mode lock-in. Dans notre cas, considérons ω_L la pulsation du laser à stabiliser et $S(\omega)$ la transmission de la sonde à travers la cellule de Rb en fonction de la pulsation, avec un maximum de transmission à ω_c. Ce signal d'absorption est légèrement modulé grâce à la bobine autour de la cellule, ce qui a également pour effet de moduler la fréquence ω_L du signal, d'une amplitude $\delta\omega_L$ et à une pulsation ω_m. Le signal est alors donné par :

$$S(\omega_L + \delta\cos(\omega_m t + \phi_m)) = S(\omega_L) + \left.\frac{\partial S}{\partial \omega}\right|_{\omega_L} \delta\cos(\omega_m t + \phi_m), \qquad (\mathrm{F.3})$$

avec ϕ_m la phase de la modulation. Nous avons représenté sur la FIG. F.3, le signal en sortie de la cellule lorsqu'une modulation est appliquée.

---

2. La détection synchrone est une méthode couramment utilisée en physique pour détecter des signaux de faible intensité noyés dans le bruit, mais aussi pour la stabilisation de lasers ou d'interféromètres.
3. Marque : Stanford Research Systems ; modèle : SR830.

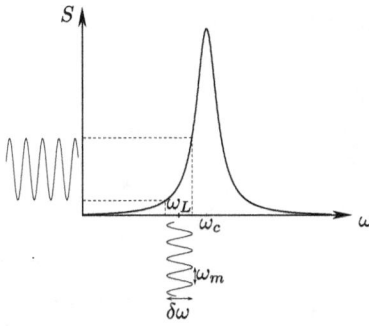

FIG. F.3 : Pic de transmission de la sonde en fonction de la fréquence pour un laser modulé.

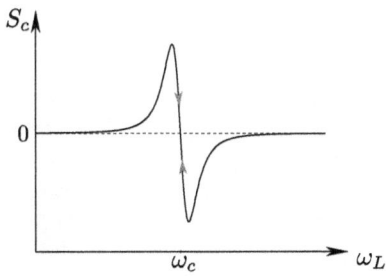

FIG. F.4 : Signal d'erreur en sortie du lock-in.

Nous multiplions ensuite le signal obtenu par une référence R à la pulsation de la modulation ω_m, définie comme suit :

$$R = A\cos(\omega_m + \phi_R), \tag{F.4}$$

avec A l'amplitude et ϕ_R la phase. Nous obtenons ainsi, après multiplication des deux signaux :

$$
\begin{aligned}
S_{out} &= S(\omega_L)A\cos(\omega t + \phi_R) \quad + A\delta\omega \left.\frac{\partial S}{\partial \omega}\right|_{\omega_L} \cos(\omega_m + \phi_m)\cos(\omega_m + \phi_R) \\
&= S(\omega_L)A\cos(\omega t + \phi_R) \quad + \frac{A}{2}\delta\omega \left.\frac{\partial S}{\partial \omega}\right|_{\omega_L} [\cos(2\omega_m + \phi_m + \phi_R) \\
&\quad + \cos(\phi_m - \phi_R)].
\end{aligned}
\tag{F.5}
$$

Nous voyons donc apparaître trois composantes fréquentielles :

- une continue, d'amplitude $A_c = \dfrac{A}{2}\delta\omega \left.\dfrac{\partial S}{\partial \omega}\right|_{\omega_L} \cos(\phi_m - \phi_R)$;

- une qui oscille à ω_m avec une amplitude $A_{\omega_m} = S(\omega_L)A$;

- une qui oscille à $2\omega_m$ avec une amplitude $A_{2\omega_m} = \dfrac{A}{2}\delta\omega \left.\dfrac{\partial S}{\partial \omega}\right|_{\omega_L}$.

Il ne reste plus qu'à utiliser un filtre électronique passe-bas pour sélectionner seulement la composante continue du signal et ajuster les phases pour maximiser l'amplitude. On obtient alors simplement la dérivée du signal, comme nous pouvons le voir sur la FIG. F.4 où l'amplitude et le signe de la dérivée sont contrôlables à l'aide de la différence de phase $\phi_m - \phi_R$. Cette dérivée correspond à notre signal d'erreur dans la boucle de rétro-action sur le laser qui va permettre de le stabiliser à la pulsation ω_c. Nous pouvons remarquer que l'amplitude et le signe de la dérivée sont contrôlables à l'aide de la différence de phase $\phi_m - \phi_R$.

Équation de Sellmeier

Dans cette annexe nous allons donner les équations de Sellmeier de la silice et du LiNbO$_3$. Ces équations vont nous permettre de définir la variation d'indice optique des matériaux en fonction de la longueur d'onde et la température [1].

G.1 Équation de Sellmeier pour la silice

L'équation de Sellmeier qui régit l'évolution de l'indice optique dans la silice en fonction de la température en degrés Kelvin et de la longueur d'onde en μm, s'écrit comme suit :

$$n^2(\lambda, T) - 1 = \sum_{i=1}^{3} \frac{S_i(T)\lambda^2}{\lambda^2 - \lambda_i^2(T)}, \tag{G.1}$$

avec

$$S_i(T) = \sum_{j=0}^{4} S_{ij}T^j \tag{G.2}$$

et

$$\lambda_i(T) = \sum_{j=0}^{4} \lambda_{ij}T^j. \tag{G.3}$$

Toutes les valeurs des constantes associées à cette équation sont définies dans la TABLE G.1. Cette équation n'est valable que pour des températures comprises entre 30 K et 300 K, et pour des longueurs d'onde comprises entre $0,4\,\mu$m et $2,6\,\mu$m [Leviton & Frey 2008].

G.2 Équation de Sellmeier pour le niobate de lithium

L'équation de Sellmeier pour le LiNbO$_3$ est légèrement différente, elle permet de définir la variation d'indice optique en fonction de la température en degrés Kelvin et des longueurs d'onde en nm. Elle s'écrit :

$$n_i^2 - 1 = A_{i1} + \frac{A_{i2} + B_{i1}f(T)}{\lambda^2 - (A_{i3} + B_{i2}f(T))^2} + B_{i3}f(T) + A_{i4}\lambda^2, \tag{G.4}$$

avec

$$f(T) = (T - 248,7)(T + 843,7), \tag{G.5}$$

---

1. Le site suivant, http ://refractiveindex.info/, référence un grand nombre de matériaux optiques.

	S_1	S_2	S_3
T^0	1.10127E+00	1.78752E-05	7.93552E-01
T^1	-4.94251E-05	4.76391E-05	-1.27815E-03
T^2	5.27414E-07	-4.49019E-07	1.84595E-05
T^3	-1.59700E-09	1.44546E-09	-9.20275E-08
T^4	1.75949E-12	-1.57223E-12	1.48829E-10

	λ_1	λ_2	λ_3
T^0	-8.90600E-02	2.97562E-01	9.34454E+00
T^1	9.08730E-06	-8.59578E-04	-7.09788E-03
T^2	-6.53638E-08	6.59069E-06	1.01968E-04
T^3	7.77072E-11	-1.09482E-08	-5.07660E-07
T^4	6.84605E-14	7.85145E-13	8.21348E-10

TABLE G.1 : Coefficient de l'équation de Sellmeier pour la silice

	n_e	n_o
A_1	4.582	4.9048
A_2	9.921E4	1.1775E5
A_3	2.109E2	2.1802E2
A_4	2.194E-8	2.7153E-8
B_1	5.2716E-2	2.2314E-2
B_2	-4.9143E-5	-2.9671E-5
B_3	2.2971E-7	2.1429E-8

TABLE G.2 : Coefficient Sellmeier pour le LiNbO$_3$ [Crystal Technology 2011].

et i représente l'indice ordinaire ou extraordinaire. Toutes les valeurs des constantes sont données dans le TABLE G.2. Elles ne sont valables que pour des températures comprises entre 298 K et 455 K, et des longueurs d'onde comprises entre 400 nm et 2000 nm [Jundt 1997].

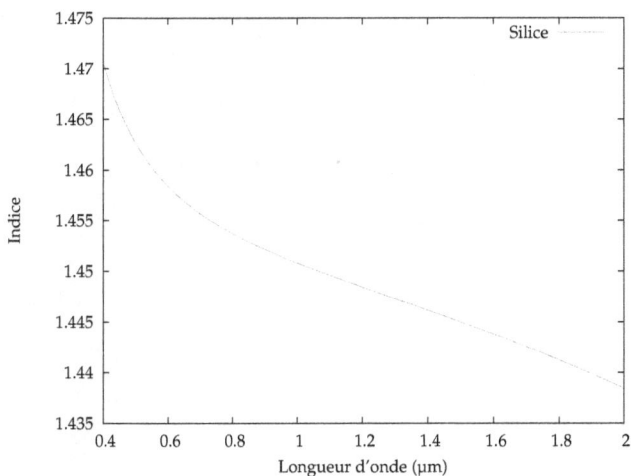

FIG. G.1 : Courbe d'indice de la silice en fonction de la longueur d'onde pour une température de 19°C.

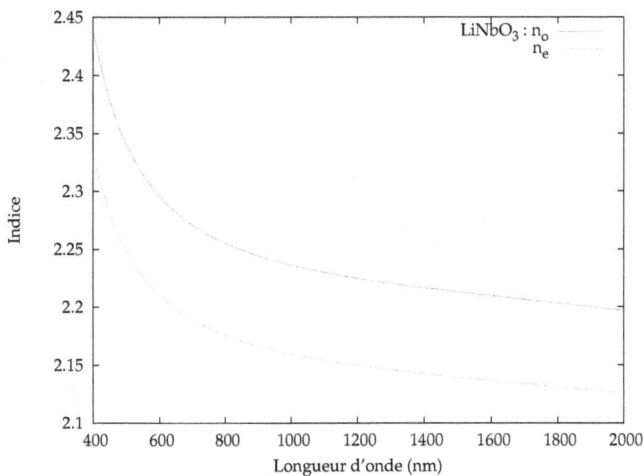

FIG. G.2 : Courbes d'indice du LiNbO$_3$

Fabrication de la puce

Dans cette annexe, nous allons décrire toute la chaîne de fabrication des puces relais, de la réception du wafer de LiNbO$_3$ jusqu'à l'utilisation des puces dans nos expériences. Nous avons décomposé ce processus en quatre étapes qui sont :

1. la réalisation de l'inversion périodique du signe du coefficient non-linéaire (ou *poling*) pour satisfaire la condition de quasi-accord de phase (QAP) ;
2. la réalisation des guides d'onde par augmentation de l'indice réfractif à l'aide de l'échange protonique doux (ou SPE pour *Soft Proton Exchange*) ;
3. le dépôt d'électrodes pour le contrôle du coefficient de couplage des coupleurs directionnels ;
4. la préparation avant l'utilisation dans nos expériences.

Les trois premières étapes sont accomplies sur des wafer de 3 pouces, nous offrant la possibilité de réaliser cinq échantillons comportant chacun douze relais.

H.1 Polarisation périodique du niobate de lithium

Avant de décrire le principe de réalisation de l'inversion périodique du coefficient non-linéaire, nous devons donner quelques détails sur LiNbO$_3$ et surtout sur ces propriétés ferroélectriques.

Le niobate de lithium appartient au groupe des cristaux rhomboédriques [1]. La FIG. H.1 en donne une représentation dans une phase ferroélectrique. La croissance

---

1. Ce terme définit la forme de la maille cristalline. La maille élémentaire représente un parallélépipède dont les six faces sont des losanges égaux.

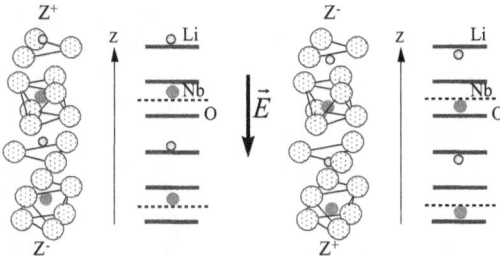

FIG. H.1 : Phases ferroélectriquess du niobate de lithium.

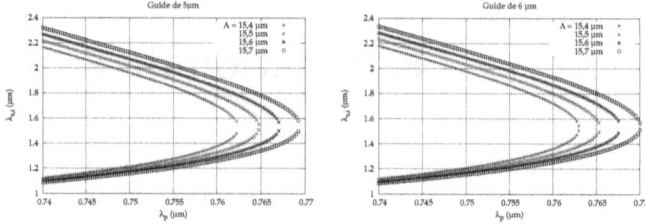

FIG. H.2 : Différentes courbes de quasi-accord de phase de la longueur d'onde du signal et
de l'idler en fonction de la longueur d'onde de pompe pour différentes périodes
d'inversion réalisées par simulation numérique dans des guides 5 et 6 μm de
larges, à une température de 100°C.

du cristal [2] se fait à des températures supérieures à sa température de Curie (comprise entre 1130 et 1200°C) pour lesquelles le cristal est dans la phase para-électrique, les ions lithium sont alors contenus dans les plans d'oxygènes tandis que les ions niobium se trouvent au centre de deux plans d'oxygènes. Le cristal est ainsi localement neutre.

Lors du refroidissement, les forces d'interaction au sein du cristal deviennent prédominantes devant l'électro-neutralité si bien que les ions lithium et niobium sont déplacés par rapport aux plans d'oxygènes induisant une polarisation spontanée P_s au sein du cristal. Les ions pouvant basculer de façon équiprobable d'un côté ou de l'autre des plans d'oxygènes deux directions de polarisation sont possibles, comme le montre la figure H.1. Or, c'est cette orientation de la polarisation qui fixe le signe du coefficient non-linéaire [Yariv 1989]. C'est pourquoi avant le refroidissement, le cristal est polarisé par l'application d'un champ électrique, favorisant ainsi une polarisation donnée.

Afin d'obtenir les conditions de QAP, il faut inverser périodiquement le signe du coefficient non-linéaire d_{33}, pour cela il faut déplacer les ions lithium et niobium par rapport aux plans d'oxygène, on parle alors d'inversion périodique des domaines ferroélectriques (ou encore PPLN pour *Periodically Poled Lithium Niobate*). Cette opération d'inversion est couramment désignée par le terme anglais *poling*.

La méthode la plus fréquemment employée pour réaliser cette inversion périodique de la polarisation est l'application sur le domaine à inverser d'un champ électrique opposé à celui de la polarisation spontanée.

L'idée est donc ici d'appliquer un champ électrique dont la valeur soit supérieure à celle du champ coercitif qui vaut environ $20\,\text{kV.mm}^{-1}$ à température ambiante.

Afin de définir les domaines à inverser, nous appliquons sur un wafer de 500 μm un film de résine photosensible diélectrique [3] d'épaisseur supérieure à 1,6μm. Cette

---

2. Le niobate de lithium est un cristal de synthèse qui s'obtient par la méthode de Czochralski bien connue des gens qui font de la micro-électronique.
3. Nous employons la résine positive Microposit S1818.

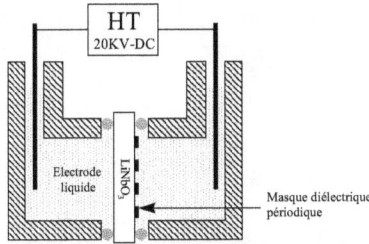

FIG. H.3 : Dispositif permettant l'inversion des domaines ferroélectriquess.

résine devient soluble après illumination dans le proche UV. Les domaines sont définis à l'aide d'un masque formé de zones opaques (chrome) où la résine demeurera et de zones transparentes (quartz) où la résine sera éliminée après développement dans un solvant approprié.

Une fois cette étape de développement achevée, le wafer présente une structure périodique dans la direction X. Les zones couvertes de résine seront isolées et les zones de wafer nu seront recouvertes par les électrodes qui formeront les domaines d'inversion.

Dans le cas de notre puce, nous avons déterminé que la période de ces domaines d'inversion doit être de 15,6 et 15,7 μm pour des guides de 5 ou 6 μm, dans le but de générer des paires de photons dégénérés en longueur d'onde pour une longueur d'onde de pompe comprise entre 765 et 770 nm (voir FIG. H.2). Afin d'éviter des effets d'élargissement des domaines lors de l'inversion, les zones à inverser ont une dimension de 30 μm dans la direction Y.

Le wafer partiellement recouvert de résine est plongé dans un bain conducteur qui forme des électrodes liquides [4] grâce auxquelles nous appliquons le champ électrique, comme le montre la FIG. H.3.

Dès lors, l'inversion se fait en trois étapes (voir FIG. H.4) :
– *la formation et la nucléation* : il s'agit de l'apparition de domaines micro-scopiques appelés sites de nucléation à la surface du wafer aux interfaces résine-électrodes ;
– *la propagation à travers le wafer sous la forme d'une aiguille* : les micro-domaines se propagent rapidement à travers toute l'épaisseur du cristal sous la forme d'une aiguille, tandis que leur base s'agrandit ;
– *la propagation des murs* : les parois de l'aiguille se redressent jusqu'à devenir parallèles. Les micro-domaines créés sur chaque face fusionnent dès qu'ils en-trent en contact. Au final ils n'en forment plus qu'un qui remplit tout l'espace compris entre les deux bornes des électrodes.

Grâce à cette technique, nous obtenons une inversion du coefficient d_{33} dans toute la masse du matériau.

---

4. Typiquement une solution de chlorure de lithium LiCl.

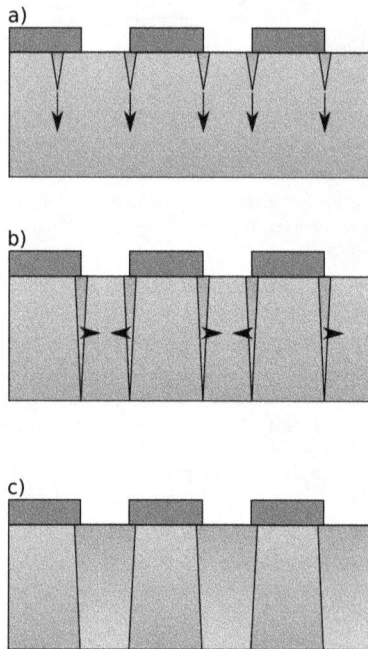

FIG. H.4 : Etapes successives du procédé de poling : a) la nucléation, des micro-domaines situés aux interfaces électrodes/résine apparaissent ; b) ces domaines se propagent en profondeur sous forme d'aiguille jusqu'à la face opposée du wafer ; c) les parois des murs inversés se redressent et se propagent dans les zones couvertes par les électrodes.

a)

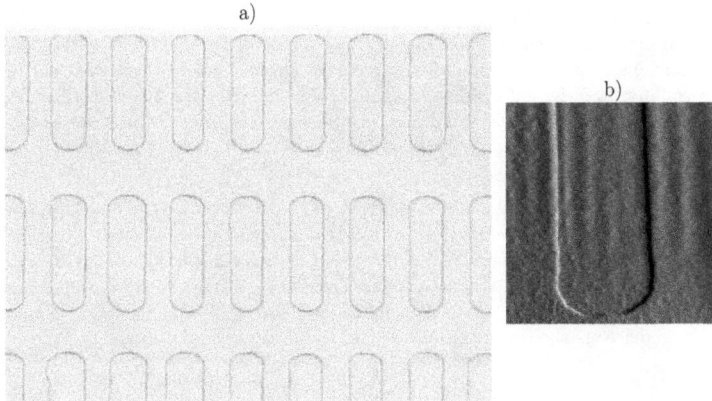

b)

FIG. H.5 : Exemple d'image prise au microscope optique (a) ou microscope à force atomique (b) de zones ayant subies une inversion périodique de domaine mise en relief suite à une attaque à l'acide fluorhydrique. À partir de telles images, nous pouvons vérifier que la période du pas d'inversion est bonne, ainsi que le motif élémentaire des zones inversées.

Pour vérifier la bonne inversion des périodes, nous pouvons employer un microscope optique en transmission, qui permet d'observer les modifications de phase dues au contrainte entre les domaines. Toutefois, cette caractérisation optique donne des résultats médiocre. Afin d'accroître la visibilité des domaines, une attaque chimique à l'acide fluorhydrique (HF) permet de creuser plus rapidement les domaines de polarisation négative, ce qui fait apparaître les domaines d'inversion du coefficient d_{33} (voir FIG. H.5). Néanmoins, cette méthode de caractérisation présente l'énorme désavantage d'être destructive, c'est pourquoi on la pratique uniquement sur un échantillon issu du wafer après la découpe de celui-ci.

H.2   Echange protonique doux (ou SPE)

Après avoir réalisé sur nos wafer l'inversion périodique du signe du coefficient d_{33}, nous pouvons créer des structures guidantes. Le procédé employé doit garantir de conserver les domaines inversés et préserver les propriétés non-linéaires du cristal. La technique que nous employons au laboratoire est l'échange protonique doux (ou SPE pour *Soft Proton Exchange*) qui permet d'accroître l'indice de réfraction selon l'axe extraordinaire et de le diminuer selon les axes ordinaires, ainsi seuls les modes TM sont supportés par la structure.

Afin de réaliser des structures guidantes, il faut que l'exposition à l'acide soit localisée sur la zone destinée à devenir un guide. Pour définir ces zones, on dépose une nouvelle photorésine[5] sur le wafer. On vient l'insoler à travers un nouveau

---

5. Microposit S1805 d'épaisseur 500 à 800 nm.

masque de manière à former une crête de résine reproduisant le motif des guides
que l'on souhaite obtenir. L'étape de masquage nécessite d'orienter très précisément
le masque par rapport au wafer afin d'obtenir des guides d'onde qui passent par les
motifs d'inversion. Le wafer ainsi préparé subi alors un dépôt de 250 nm de silice par
évaporation assistée par faisceau d'ions. La résine restante sous la silice est dissoute
(opération de *lift-off*) dans l'acétone, pour ne laisser le LiNbO$_3$ à l'air libre que sur
les zones à échanger.

Une fois les zones à échanger révélées, nous plaçons le wafer dans une enceinte
étanche de zirconium[6] avec une poudre d'acide benzoïque (AB). Pour éviter les
effacements partiels ou complets des inversions de domaines ferroélectriques, dues
à une solution trop acide, nous contrôlons l'acidité de l'AB par l'adjonction d'une
quantité de poudre de benzoate de lithium (BL). La composition du mélange est
alors référencée par le titre massique de BL que l'on désigne généralement par :

$$\rho = \frac{m_{BL}}{m_{BL} + m_{AB}} \times 100, \qquad (\text{H.1})$$

où m_i représente les masses respectives d'AB et de BL en phase solide mises en jeu
pour réaliser le bain. Pour la réalisation de nos puces, ρ vaut 2,9%.

Afin d'éviter au maximum la présence de molécules d'eau qui modifie les propriétés des guides d'ondes, les poudres sont séchées par étuvage et mélangée dans
une enceinte étanche de type "boîte à gants". Le conteneur est ensuite scellé et mis
sous vide (10^{-4} bar), puis porté à 300°C. À cette température l'AB et le BL sont
à l'état liquide et s'insèrent dans les canaux "gravés" dans la silice, ce qui initie la
réaction chimique d'échange ionique entre les atomes de lithium proche de la surface
du cristal et les protons présents dans le bain. L'opération peut alors se résumer par
l'équation bilan suivante :

$$LiNbO_3 + x\,H^+ \rightleftharpoons H_x Li_{1-x} NbO_3 + x\,Li^+ \qquad (\text{H.2})$$

où x représente le taux de substitution qui dépend de l'acidité du bain, de la coupe
du substrat ainsi que de la température de travail. Cette réaction est prolongée pendant 72 h afin d'obtenir un guide suffisamment profond mais restant monomode aux
longueurs d'onde des télécommunications. Tous ces paramètres de fabrication que
sont les dosages d'acide, la température et le temps de réaction découlent de longues
années d'expérience [Aboud 2000, Bertocchi 2006, Chanvillard 1999, Gallo 2001],
qui ont permis de réduire les pertes à la propagation et d'optimiser le recouvrement
entre les modes guidés mis en jeu dans les interactions non-linéaire pour accroître
leur efficacité.

Les paramètres opto-géométriques typiquement obtenus pour les paramètres
cités précédemment sont :
- le profil d'indice en largeur est de type gaussien avec une largeur correspondant
  à celle de l'ouverture du masque employé plus un élargissement de l'ordre du
  micron ;

---

6. Nous utilisons ce matériau car il offre une grande robustesse (mécanique et chimique) ; de
plus, il est chimiquement inerte (a contrario du titane, par exemple).

– le profil d'indice en profondeur est de type exponentiel $exp(-(z^{0,6})$ avec une profondeur $1/e$ de $0,7\,\mu m$;
– un accroissement d'indice $\Delta n \approx 0,035$.

La couche de silice restante est finalement dissoute en plongeant le wafer dans une solution d'oxyde gravant tamponné (BOE pour *Buffered Oxide Etch*) pendant quelques minutes.

H.3   Dépôt d'électrodes

La dernière étape de fabrication consiste à venir déposer des électrodes métalliques qui vont assurer l'optimisation du couplage entre les guides d'ondes. Étant donné que nous travaillons sur des wafer en coupe Z, les lignes de champ électrique qui vont venir modifier localement l'indice de réfraction par effet photoélectrique doivent être orientées selon la direction Z (voir FIG. H.6).

Les électrodes sont déposées au dessus des guides. Afin d'éviter l'absorption des ondes lumineuses par le métal, on dépose tout d'abord une couche tampon de 200 nm de silice qui va empêcher les ondes évanescentes de venir en contact avec les électrodes métalliques. Sans cette couche les ondes optiques seraient absorbées par les électrodes en métal, ce qui entraînerait un accroissement des pertes. Cette épaisseur de silice est optimisée pour éviter d'une part que les ondes évanescentes du champ

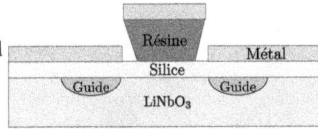

FIG. H.7 : Représentation graphique du profil de résine en casquette qui facilite le lift-off lors de la réalisation d'électrodes.

lumineux soit couplées dans le métal des électrodes, d'autre part que les lignes de champ électrique généré par les électrodes soit le plus perpendiculaire possible à la surface du wafer.

Par la suite, une couche de résine est déposée sur silice et photo-lithographié à travers un masque pour pourvoir enlever la résine sur les zones à métalliser [7].

Le wafer est placé dans un bâti d'EBPVD (*Electron Beam Physical Vapor Deposition*). Les atomes de métal évaporés, sous l'effet du vide (10^{-7} bar), ont une

---

7. Afin de faciliter le *lift-off*, nous employons la résine positive inversible MicroChemicals AZ 5214 E qui permet d'obtenir un profil de résine en casquette.

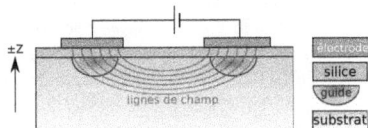

FIG. H.6 : Disposition des électrodes sur les guides d'onde permettant d'avoir des lignes de champ électrique selon Z.

direction linéaire jusqu'à la surface du wafer, ce qui permet de d'obtenir une couche uniforme. Durant cette étape nous déposons tout d'abord une couche d'accroche de 40 nm d'épaisseur de nickel, puis une couche de 200 nm d'or qui va assurer la conduction. Après une dernière étape de *lift-off*, le film de métal recouvrant la résine restante est décollé du wafer, laissant ainsi apparaître les électrodes et fils d'or qui serviront à générer les champ électrique de contrôle des coupleurs.

Note sur les contraintes : afin de minimiser la tension nécessaire au contrôle du couplage, le recouvrement entre les électrodes et les guides doit être maximal, ainsi l'étape d'alignement du masque de lithographie sur le wafer est critique. De plus, il est possible qu'après le *lift-off* de petits ponts métalliques entre les deux électrodes d'un coupleur subsistent : dans ce cas, le courant appliqué aux deux bornes de l'électrode passe par ces ponts et ne génère pas les lignes de champs au sein des guides.

H.4 Finalisation

Plusieurs étapes demeurent avant de pouvoir utiliser les échantillons :
- les ponts métalliques entre les bornes d'une électrode doivent être coupés, pour cela on applique une forte tension aux bornes de l'électrode afin de provoquer le claquage électrique du pont ; si cette méthode s'avère insuffisante, on peut également utiliser des pointes métalliques placées sur des microdéplacement afin de venir couper ces ponts de manière mécanique ;
- le wafer est découpé en puces dont les faces d'injection et de collection sont polies à une qualité optique. De la qualité de ce polissage dépendra les taux de couplage/découplage à l'intérieur des guides.

Les échantillons sont placé dans des fours, ce qui va nous permettre d'ajuster leur température pour maximiser l'accord de phase pour la génération des longueurs d'onde qui nous intéressent.

Nous venons aussi fixer un circuit imprimé auquel nous avons au préalable soudé des micro-fils électriques, ils nous serviront par la suite à appliquer la tension au bornes des électrodes. Pour cela, des mircosoudures sont réalisées entre les électrodes de la puce et les bornes du circuit imprimé. Ces soudures sont faites par une microsoudeuse qui à l'aide d'une pointe vient frotter un fil d'une centaine de nanomètres sur les surfaces métalliques. Les vibrations ultrasons appliquées à la pointe crée un échauffement local qui fixe le nano-fil.

Avant d'appliquer une tension aux électrodes, nous devons pulvériser de la résine isolante sur l'échantillon. En effet, la plus petite distance entre les électrodes est de $3,6\,\mu$m, la tension de claquage de l'air étant de $3\,\mathrm{V}\,\mu\mathrm{m}^{-1}$, nous ne pouvons pas appliquer une tension de plus de 10 V. La résine isolante ayant une tension de claquage d'au moins un ordre de grandeur supérieur à l'air, nous allons pouvoir appliquer une tension d'une centaine de volts.

Sixième partie

Bibliographie Générale

Première partie : Information et communication quantiques

[Abrams & Lloyd 1997] D. S. Abrams et S. Lloyd. *Simulation of Many-Body Fermi Systems on a Universal Quantum Computer*. Phys. Rev. Lett., vol. 79, no. 13, page 2586, 1997.

[Acín *et al.* 2001] A. Acín, D. Bruß, M. Lewenstein et A. Sanpera. *Classification of Mixed Three-Qubit States*. Phys. Rev. Lett., vol. 87, no. 4, page 040401, 2001.

[Acín *et al.* 2007] A. Acín, N. Brunner, N. Gisin, S. Massar, S. Pironio et V. Scarani. *Device-Independent Security of Quantum Cryptography against Collective Attacks*. Phys. Rev. Lett., vol. 98, no. 23, page 230501, 2007.

[Aspect *et al.* 1981] A. Aspect, P. Grangier et G. Roger. *Experimental Tests of Realistic Local Theories via Bell's Theorem*. Phys. Rev. Lett., vol. 47, no. 7, pages 460–463, 1981.

[Baek & Kim 2007] S.-Y. Baek et Y.-H. Kim. *Generating entangled states of two ququarts using linear optical elements*. Phys. Rev. A, vol. 75, no. 3, page 034309, 2007.

[Bennett & Brassard 1984] C. H. Bennett et G. Brassard. *Quantum Cryptography : Public Key Distribution and Coin Tossing*. Proceedings of the IEEE International Conference on Computers, Systems and Signal Processing, Bangalore, India, vol. , page 175, 1984.

[Bennett *et al.* 1993] C. H. Bennett, G. Brassard, C. Crépeau, R. Jozsa, A. Peres et W. K. Wootters. *Teleporting an unknown quantum state via dual classical and Einstein-Podolsky-Rosen channels*. Phys. Rev. Lett., vol. 70, no. 13, pages 1895–1899, 1993.

[Bennett *et al.* 1995] C. H. Bennett, G. Brassard, C. Crépeau et U. M. Maurer. *Generalized privacy amplification*. IEEE Transactions on Information Theory, vol. 41, no. 6, pages 1915–1923, 1995.

[Bennett 1992] C. H. Bennett. *Quantum cryptography using any two nonorthogonal states*. Phys. Rev. Lett., vol. 68, no. 21, page 3121, 1992.

[Bertocchi 2006] G. Bertocchi. *Cicuit optique sur LiNbO$_3$ pour un relais quantique intégré*. PhD thesis, Université de Nice - Sophia Antipolis, 2006.

[Bloch *et al.* 2007] M. Bloch, S. W. McLaughlin, J.-M. Merolla et F. Patois. *Frequency-coded quantum key distribution*. Opt. Lett., vol. 32, no. 3, pages 301–303, 2007.

[Bogdanov *et al.* 2006] Yu. I. Bogdanov, E. V. Moreva, G. A. Maslennikov, R. F. Galeev, S. S. Straupe et S. P. Kulik. *Polarization states of four-dimensional systems based on biphotons*. Phys. Rev. A, vol. 73, no. 6, page 063810, 2006.

[Boschi *et al.* 1998] D. Boschi, S. Branca, F. De Martini, L. Hardy et S. Popescu. *Experimental Realization of Teleporting an Unknown Pure Quantum State via Dual Classical and Einstein-Podolsky-Rosen Channels*. Phys. Rev. Lett., vol. 80, pages 1121–1125, Feb 1998.

[Bouwmeester *et al.* 1997] D. Bouwmeester, J. W. Pan, K. Mattle, M. Eibl, H. Weinfurter et A. Zeilinger. *Experimental quantum teleportation*. Nature, vol. 390, no. 6660, pages 575–579, 1997.

[Brendel *et al.* 1999] J. Brendel, N. Gisin, W. Tittel et H. Zbinden. *Pulsed Energy-Time Entangled Twin-Photon Source for Quantum Communication*. Phys. Rev. Lett., vol. 82, no. 12, page 2594, 1999.

[Bužek & Hillery 1996] V. Bužek et M. Hillery. *Quantum copying : Beyond the no-cloning theorem*. Phys. Rev. A, vol. 54, no. 3, page 1844, 1996.

[Cerf *et al.* 2007] N. J. Cerf, G. Leuchs et E. S. Polzik. Quantum information with continuous variables of atoms and light. Imperial College Press, 2007.

[Chen *et al.* 2007] J. Chen, G. Wu, Y. Li, E. Wu et H. Zeng. *Active polarization stabilization in optical fibers suitable for quantum keydistribution*. Opt. Express, vol. 15, no. 26, pages 17928–17936, 2007.

[Collins *et al.* 2005] D. Collins, N. Gisin et H. de Riedmatten. *Quantum relays for long distance quantum cryptography*. J. Mod. Opt., vol. 52, pages 735–753, 2005.

[de Riedmatten *et al.* 2004] H. de Riedmatten, I. Marcikic, W. Tittel, H. Zbinden, D. Collins et N. Gisin. *Long Distance Quantum Teleportation in a Quantum Relay Configuration.* Phys. Rev. Lett., vol. 92, no. 4, page 047904, 2004.

[Dixon *et al.* 2010] A. R. Dixon, Z. L. Yuan, J. F. Dynes, A. W. Sharpe et A. J. Shields. *Continuous operation of high bit rate quantum key distribution.* Appl. Phys. Lett., vol. 96, no. 16, page 161102, 2010.

[Dür *et al.* 2000] W. Dür, G. Vidal et J. I. Cirac. *Three qubits can be entangled in two inequivalent ways.* Phys. Rev. A, vol. 62, no. 6, page 062314, 2000.

[Dušek *et al.* 2006] M. Dušek, N. Lütkenhaus et M. Hendrych. *Quantum Cryptography.* Prog. opt., vol. 49, pages 381–454, 2006.

[Ekert *et al.* 1992] A. K. Ekert, J. G. Rarity, P. R. Tapster et G. Massimo Palma. *Practical quantum cryptography based on two-photon interferometry.* Phys. Rev. Lett., vol. 69, no. 9, page 1293, 1992.

[Ekert 1991] A. K. Ekert. *Quantum cryptography based on Bell's theorem.* Phys. Rev. Lett., vol. 67, no. 6, pages 661–663, 1991.

[Fasel *et al.* 2004] S. Fasel, N. Gisin, G. Ribordy et H. Zbinden. *Quantum key distribution over 30 km of standard fiber using energy-time entangled photon pairs : a comparison of two chromatic dispersion reduction methods.* Eur. Phys. J. D, vol. 30, no. 1, pages 143–148, 2004.

[Franson 1989] J. D. Franson. *Bell inequality for position and time.* Phys. Rev. Lett., vol. 62, no. 19, pages 2205–2208, 1989.

[Gaertner *et al.* 2007] S. Gaertner, C. Kurtsiefer, M. Bourennane et H. Weinfurter. *Experimental Demonstration of Four-Party Quantum Secret Sharing.* Phys. Rev. Lett., vol. 98, no. 2, page 020503, 2007.

[Gisin *et al.* 2002] N. Gisin, G. Ribordy, W. Tittel et H. Zbinden. *Quantum cryptography.* Rev. Mod. Phys., vol. 74, no. 1, pages 145–195, 2002.

[Givant & Halmos 2009] Steven R. Givant et Paul Richard Halmos. Introduction to boolean algebras. Springer New York (Undergraduate Texts in Mathematics), 2009.

[Greenberger 1990] D. M. Greenberger. *Bell's theorem without inequalities.* Am. J. Phys., vol. 58, no. 12, page 1131, 1990.

[Grover 1996] L. K. Grover. *A fast quantum mechanical algorithm for database search.* In Proceedings of the twenty-eighth annual ACM symposium on Theory of computing, STOC '96, pages 212–219, New York, NY, USA, 1996. ACM.

[Hillery *et al.* 1999] M. Hillery, V. Buzcaronek et A. Berthiaume. *Quantum secret sharing.* Phys. Rev. A, vol. 59, no. 3, page 1829, 1999.

[Huntington & Ralph 2004] E. H. Huntington et T. C. Ralph. *Components for optical qubits encoded in sideband modes.* Phys. Rev. A, vol. 69, no. 4, page 042318, 2004.

[Huntington *et al.* 2005] E. H. Huntington, G. N. Milford, C. Robilliard et T. C. Ralph. *Coherent analysis of quantum optical sideband modes.* Opt. Lett., vol. 30, no. 18, pages 2481–2483, 2005.

[IDQuantique 2011] IDQuantique. *www.idquantique.com*, 2011.

[Inamori *et al.* 2007] H. Inamori, N. Lütkenhaus et D. Mayers. *Unconditional security of practical quantum key distribution.* Eur. Phys. J. D, vol. 41, no. 3, pages 599–627, 2007.

[Jennewein *et al.* 2000] T. Jennewein, C. Simon, G. Weihs, H. Weinfurter et A. Zeilinger. *Quantum Cryptography with Entangled Photons.* Phys. Rev. Lett., vol. 84, no. 20, pages 4729–4732, 2000.

[Kassal *et al.* 2008] I. Kassal, S. P. Jordan, P. J. Love, M. Mohseni et A. Aspuru-Guzik. *Polynomial-time quantum algorithm for the simulation of chemical dynamics.* Proc. Natl. Acad. Sci. U.S.A., vol. 105, no. 48, pages 18681–18686, 2008.

[Kerckhoffs 1883] A. Kerckhoffs. *La cryptographie militaire.* Journal des sciences militaires, vol. 9, no. 1, pages 5–38, 1883.

[Kim 2003] Y.-H. Kim. *Single-photon two-qubit entangled states : Preparation and measurement.* Phys. Rev. A, vol. 67, no. 4, page 040301, 2003.

[Kleinjung et al. 2010] T. Kleinjung, J. W. Bos, A. K. Lenstra, D. A. Osvik, K. Aoki, S. Contini, J. Franke, E. Thomé, P. Jermini, M. Thiémard, P. Leyland, P. L. Montgomery, A. Timofeev et H. Stockinger. *A heterogeneous computing environment to solve the 768-bit RSA challenge.* Cluster Computing, vol. , pages 1–16, 2010.

[Le Bellac 2003] M Le Bellac. Physique quantique. EDP sciences, 2003.

[Le Bellac 2005] Michel Le Bellac. Introduction à l'information quantique. Belin, 2005.

[Lütkenhaus 2000] N. Lütkenhaus. *Security against individual attacks for realistic quantum key distribution.* Phys. Rev. A, vol. 61, no. 5, page 052304, 2000.

[Lvovsky et al. 2009] A. I. Lvovsky, B. C. Sanders et W. Tittel. *Optical quantum memory.* Nat. Photon., vol. 3, no. 12, pages 706–714, 2009.

[Mair et al. 2001] A. Mair, A. Vaziri, G. Weihs et A. Zeilinger. *Entanglement of the orbital angular momentum states of photons.* Nature, vol. 412, no. 6844, pages 313–316, 2001.

[Makhlin et al. 1999] Y. Makhlin, G. Scohn et A. Shnirman. *Josephson-junction qubits with controlled couplings.* Nature, vol. 398, no. 6725, pages 305–307, 1999.

[Marcikic et al. 2003] I. Marcikic, H. de Riedmatten, W. Tittel, H. Zbinden et N. Gisin. *Long-distance teleportation of qubits at telecommunication wavelengths.* Nature (London), vol. 421, pages 509–513, 2003.

[Mermin 2010] N. David Mermin. Calculs et algorithmes quantiques : Méthodes et exemples. EDP SCIENCES, 2010.

[Moore 1998] G. E. Moore. *Cramming more components onto integrated circuits.* Proceedings of the IEEE, vol. 86, pages 82–85, 1998.

[Muller et al. 1997] A. Muller, T. Herzog, B. Huttner, W. Tittel, H. Zbinden et N. Gisin. *"Plug and play" systems for quantum cryptography.* Appl. Phys. Lett., vol. 70, no. 7, pages 793–795, 1997.

[Naik et al. 2000] D. S. Naik, C. G. Peterson, A. G. White, A. J. Berglund et P. G. Kwiat. *Entangled State Quantum Cryptography : Eavesdropping on the Ekert Protocol.* Phys. Rev. Lett., vol. 84, no. 20, pages 4733–4736, 2000.

[Nielsen & Chuang 2000] Michael A Nielsen et Issac L Chuang. Quantum computation and quantum information. Cambridge Univ. Press, Cambridge, 2000.

[Olislager et al. 2010a] L. Olislager, J. Cussey, A. T. Nguyen, P. Emplit, S. Massar, J.-M. Merolla et K. Phan Huy. *Frequency-bin entangled photons.* Phys. Rev. A, vol. 82, no. 1, page 013804, 2010.

[Olislager et al. 2010b] Laurent Olislager, Johann Cussey, Anh Tuan Nguyen, Philippe Emplit, Serge Massar, Jean-Marc Merolla et Kien Phan Huy. Manipulating frequency entangled photons, volume 36. Springer Berlin Heidelberg, Berlin, Heidelberg, 2010.

[Olislager et al. 2011] L. Olislager, I. Mbodji, E. Woodhead, J. Cussey, L. Furfaro, P. Emplit, S. Massar, K. P. Huy et J.-M. Merolla. *Reliable and efficient control of two-photon interference in the frequency domain.* quant-ph/1107.5519, 2011.

[O'Sullivan-Hale et al. 2005] M. N. O'Sullivan-Hale, I. Ali Khan, R. W. Boyd et J. C. Howell. *Pixel Entanglement : Experimental Realization of Optically Entangled d=3 and d=6 Qudits.* Phys. Rev. Lett., vol. 94, no. 22, page 220501, 2005.

[Pan et al. 1998] J. W. Pan, D. Bouwmeester, H. Weinfurter et A. Zeilinger. *Experimental Entanglement Swapping : Entangling Photons That Never Interacted.* Phys. Rev. Lett., vol. 80, no. 18, page 3891, 1998.

[Peng et al. 2007] C. Z. Peng, J. Zhang, D. Yang, W. B. Gao, H. X. Ma, H. Yin, H. P. Zeng, T. Yang, X. B. Wang et J. W. Pan. *Experimental Long-Distance Decoy-State Quantum Key Distribution Based on Polarization Encoding.* Phys. Rev. Lett., vol. 98, no. 1, page 010505, 2007.

[Pironio *et al.* 2009] S. Pironio, A. Acín, N. Brunner, N. Gisin, S. Massar et V. Scarani. *Device-independent quantum key distribution secure against collective attacks*. New J. Phys., vol. 11, no. 4, page 045021, 2009.

[Politi *et al.* 2008] A. Politi, M. J. Cryan, J. G. Rarity, S. Yu et J. L. O'Brien. *Silica-on-Silicon Waveguide Quantum Circuits*. Science, vol. 320, no. 5876, pages 646–649, 2008.

[Politi *et al.* 2009] A. Politi, J. C. F. Matthews et J. L. O'Brien. *Shor's Quantum Factoring Algorithm on a Photonic Chip*. Science, vol. 325, no. 5945, page 1221, Septembre 2009.

[Ramelow *et al.* 2009] S. Ramelow, L. Ratschbacher, A. Fedrizzi, N. K. Langford et A. Zeilinger. *Discrete Tunable Color Entanglement*. Phys. Rev. A, vol. 103, no. 25, page 253601, 2009.

[Renner *et al.* 2005] R. Renner, N. Gisin et B. Kraus. *Information-theoretic security proof for quantum-key-distribution protocols*. Phys. Rev. A, vol. 72, no. 1, page 012332, 2005.

[Resch *et al.* 2001] K. J. Resch, S. H. Myrskog, J. S. Lundeen et A. M. Steinberg. *Comment on "Manipulating the frequency-entangled states by an acoustic-optical modulator"*. Phys. Rev. A, vol. 64, no. 5, page 056101, 2001.

[Rivest *et al.* 1978] R. L. Rivest, A. Shamir et L. Adleman. *A method for obtaining digital signatures and public-key cryptosystems*. Com. of the ACM, vol. 21, no. 2, pages 120–126, 1978.

[Rivest *et al.* 1983] R.L. Rivest, A. Shamir et L.M. Adleman. *Cryptographic communications system and method*, 1983. US Patent 4,405,829.

[Sangouard *et al.* 2011] N. Sangouard, C. Simon, H. de Riedmatten et N. Gisin. *Quantum repeaters based on atomic ensembles and linear optics*. Rev. Mod. Phys., vol. 83, pages 33–80, 2011.

[Scarani & Gisin 2001a] V. Scarani et N. Gisin. *Quantum Communication between N Partners and Bell's Inequalities*. Phys. Rev. Lett., vol. 87, no. 11, page 117901, 2001.

[Scarani & Gisin 2001b] V. Scarani et N. Gisin. *Quantum key distribution between N partners : Optimal eavesdropping and Bell's inequalities*. Phys. Rev. A, vol. 65, no. 1, page 012311, 2001.

[Scarani *et al.* 2005] V. Scarani, S. Iblisdir, N. Gisin et A. Acín. *Quantum cloning*. Rev. Mod. Phys., vol. 77, no. 4, page 1225, 2005.

[Scarani *et al.* 2009] V. Scarani, H. Bechmann-Pasquinucci, N. J. Cerf, M. Duscaronek, N.t Lütkenhaus et M. Peev. *The security of practical quantum key distribution*. Rev. Mod. Phys., vol. 81, no. 3, page 1301, 2009.

[Scarani *et al.* 2010] Valerio Scarani, Lynn Chua et Shi Yang Liu. *Six quantum pieces : A first course in quantum physics*. World Scientific Publishing Company, 2010.

[Schumacher 1995] B. Schumacher. *Quantum coding*. Phys. Rev. A, vol. 51, no. 4, page 2738, 1995.

[Sen(De) *et al.* 2003] A. Sen(De), U. Sen et M. Żdotukowski. *Unified criterion for security of secret sharing in terms of violation of Bell inequalities*. Phys. Rev. A, vol. 68, no. 3, page 032309, 2003.

[Shannon 1948] C. E. Shannon. *A Mathematical Theory of Communication*. Bell Syst. Tech. J., vol. 27, pages 379–423, 1948.

[Shannon 1949] C. E. Shannon. *Communication Theory of Secrecy Systems*. Bell Syst. Tech. J., vol. 28, no. 4, pages 656–715, 1949.

[Shi *et al.* 2000] B.-S. Shi, Y.-K. Jiang et G.-C. Guo. *Manipulating the frequency-entangled states by an acoustic-optical modulator*. Phys. Rev. A, vol. 61, no. 6, page 064102, 2000.

[Shor 1994] P Shor. *Polynomial-time algorithms for prime factorization and discrete logarithms on a quantum computer*. Proc. 35th IEEE Symp. on Foundations of Computer Science, vol. Santa Fe, ed S. Goldwasser, page 124, 1994.

[Simon *et al.* 2010] C. Simon, M. Afzelius, J. Appel, A. Boyer de la Giroday, S. J. Dewhurst, N. Gisin, C. Y. Hu, F. Jelezko, S. Kröll, J. H. Müller, J. Nunn, E. S. Polzik, J. G. Rarity, H. De Riedmatten, W. Rosenfeld, A. J. Shields, N. Sköld, R. M. Stevenson, R. Thew, I. A. Walmsley, M. C. Weber, H. Weinfurter, J. Wrachtrup et R. J. Young. *Quantum memories*. Eur. Phys. J. D, vol. 58, no. 1, pages 1–22, 2010.

[Singh 1999] Simon Singh. *Histoire des codes secrets : de l'Égypte des Pharaons à l'ordinateur quantique.* Éditeur : Jean-Claude Lattès, 1999.

[Stefanov *et al.* 2000] A. Stefanov, N. Gisin, O. Guinnard, L. Guinnard et H. Zbinden. *Optical quantum random number generator.* J. Mod. Optic., vol. 47, no. 4, page 595, 2000.

[Tanzilli *et al.* 2002] S. Tanzilli, W. Tittel, H. De Riedmatten, H. Zbinden, P. Baldi, M. De Micheli, D.B. Ostrowsky et N. Gisin. *PPLN waveguide for quantum communication.* Eur. Phys. J. D, vol. 18, no. 2, pages 155–160, 2002.

[Tanzilli 2002] Sébastien Tanzilli. *Optique intégrée pour les communications quantiques.* PhD thesis, Université de Nice - Sophia Antipolis, 2002.

[Thew *et al.* 2002] R. T. Thew, S. Tanzilli, W. Tittel, H. Zbinden et N. Gisin. *Experimental investigation of the robustness of partially entangled qubits over 11 km.* Phys. Rev. A, vol. 66, no. 6, page 062304, 2002.

[Tittel *et al.* 1999] W. Tittel, J. Brendel, N. Gisin et H. Zbinden. *Long-distance Bell-type tests using energy-time entangled photons.* Phys. Rev. A, vol. 59, no. 6, pages 4150–4163, 1999.

[Tittel *et al.* 2000] W. Tittel, J. Brendel, H. Zbinden et N. Gisin. *Quantum Cryptography Using Entangled Photons in Energy-Time Bell States.* Phys. Rev. Lett., vol. 84, no. 20, pages 4737–4740, 2000.

[Townsend 1994] P. D. Townsend. *Secure key distribution system based on quantum cryptography.* Electron. Lett., vol. 30, no. 10, pages 809–811, 1994.

[Vallone *et al.* 2007] G. Vallone, E. Pomarico, P. Mataloni, F. De Martini et V. Berardi. *Realization and Characterization of a Two-Photon Four-Qubit Linear Cluster State.* Phys. Rev. Lett., vol. 98, no. 18, page 180502, 2007.

[Vallone *et al.* 2009] G. Vallone, R. Ceccarelli, F. De Martini et P. Mataloni. *Hyperentanglement of two photons in three degrees of freedom.* Phys. Rev. A, vol. 79, no. 3, page 030301, Mars 2009.

[Vernam 1919] G.S. Vernam. *Secret signaling system*, 1919. US Patent 1,310,719.

[Walker & Walker 1990] N. G Walker et G. R. Walker. *Polarization control for coherent communications.* J. Lightwave Technol., vol. 8, no. 3, pages 438–458, 1990.

[Wiesner 1983] S. Wiesner. *Conjugate coding.* Sigact News, vol. 15, no. 1, pages 78–88, 1983.

[Wigner 1993] E. P. Wigner. *The Collected Works of Eugene Paul Wigner.* Springer, 1993.

[Wootters & Zurek 1982] W. K. Wootters et W. H. Zurek. *A single quantum cannot be cloned.* Nature, vol. 299, pages 802–803, 1982.

[Xavier *et al.* 2009] G. B. Xavier, N. Walenta, G. Vilela de Faria, G. P. Temporão, N. Gisin, H. Zbinden et J. P. von der Weid. *Experimental polarization encoded quantum key distribution over optical fibres with real-time continuous birefringence compensation.* New J. Phys., vol. 11, no. 4, page 045015, 2009.

[Zhang *et al.* 2008] T. Zhang, Z. Q. Yin, Z. F. Han et G. C. Guo. *A frequency-coded quantum key distribution scheme.* Opt. Comm., vol. 281, no. 18, pages 4800–4802, 2008.

Deuxième partie : Sources de paires de photons intriqués en polarisation et en time-bin

[Ahtee *et al.* 2009] V. Ahtee, M. Merimaa et K. Nyholm. *Fiber-Based Acetylene-Stabilized Laser.* IEEE Transactions on Instrumentation and Measurement, vol. 58, no. 4, pages 1211–1216, 2009.

[Aspect *et al.* 1981] A. Aspect, P. Grangier et G. Roger. *Experimental Tests of Realistic Local Theories via Bell's Theorem.* Phys. Rev. Lett., vol. 47, no. 7, pages 460–463, 1981.

[Aspect *et al.* 1982] A. Aspect, P. Grangier et G. Roger. *Experimental Realization of Einstein-Podolsky-Rosen-Bohm Gedankenexperiment : A New Violation of Bell's Inequalities.* Phys. Rev. Lett., vol. 49, no. 2, pages 91–94, 1982.

[Awaji *et al.* 1995] Y. Awaji, K. Nakagawa, M. de Labachelerie, M. Ohtsu et H. Sasada. *Optical frequency measurement of the $H_{12}C_{14}N$ Lamb-dip-stabilized 1.5-μm diode laser.* Opt. Lett., vol. 20, no. 19, pages 2024–2026, 1995.

[Baldi 1994] Pascal Baldi. *Génération de fluorescence paramétrique guidée sur le niobate et tantalate de lithium polarisés périodiquement. Étude préliminaire d'un oscillateur paramétrique optique intégré.* PhD thesis, Université de Nice - Sophia Antipolis, 1994.

[Bao *et al.* 2008] X.-H. Bao, Y. Qian, J. Yang, H. Zhang, Z.-B. Chen, T. Yang et J.-W. Pan. *Generation of Narrow-Band Polarization-Entangled Photon Pairs for Atomic Quantum Memories.* Phys. Rev. Lett., vol. 101, no. 19, page 190501, 2008.

[Bell 1964] J.S. Bell. *On the Einstein-Podolsky-Rosen Paradox.* Physics (Long Island City, N.Y.), vol. 1, pages 195–200, 1964.

[Bertinetto *et al.* 1993] F. Bertinetto, P. Gambini, R. Lano et M. Puleo. *Stabilization of the emission frequency of 1.54 μm DFB laser diodes to hydrogen iodide.* Photonics Technology Letters, IEEE, vol. 5, no. 4, pages 472–474, 1993.

[Bortz *et al.* 1995] M. L. Bortz, M. A. Arbore et M. M. Fejer. *Quasi-phase-matched optical parametric amplification and oscillation in periodically poled $LiNbO_3$ waveguides.* Opt. Lett., vol. 20, no. 1, pages 49–51, 1995.

[Brendel *et al.* 1999] J. Brendel, N. Gisin, W. Tittel et H. Zbinden. *Pulsed Energy-Time Entangled Twin-Photon Source for Quantum Communication.* Phys. Rev. Lett., vol. 82, no. 12, page 2594, 1999.

[Brouri *et al.* 2000] R. Brouri, A. Beveratos, J.-P. Poizat et P. Grangier. *Photon antibunching in the fluorescence of individual color centers in diamond.* Opt. Lett., vol. 25, no. 17, pages 1294–1296, 2000.

[Castaldini *et al.* 2009] D. Castaldini, P. Bassi, P. Aschieri, S. Tascu, M. De Micheli et P. Baldi. *High performance mode adapters based on segmented SPE :$LiNbO_3$ waveguides.* Opt. Express, vol. 17, no. 20, pages 17868–17873, 2009.

[Chanvillard *et al.* 2000] L. Chanvillard, P. Aschiéri, P. Baldi, D. B. Ostrowsky, M. de Micheli, L. Huang et D. J. Bamford. *Soft proton exchange on periodically poled $LiNbO_3$: A simple waveguide fabrication process for highly efficient nonlinear interactions.* Appl. Phys. Lett., vol. 76, no. 9, pages 1089–1091, 2000.

[Chanvillard 1999] L. Chanvillard. *Interactions paramétriques guidées de grandes efficacité : utilisation de l'échange protonique doux sur niobate de lithium polarisé périodiquement.* PhD thesis, Université de Nice - Sophia Antipolis, 1999.

[Clausen *et al.* 2011] C. Clausen, I. Usmani, F. Bussieres, N. Sangouard, M. Afzelius, H. de Riedmatten et N. Gisin. *Quantum storage of photonic entanglement in a crystal.* Nature, vol. 469, no. 7331, pages 508–511, 2011.

[Clauser *et al.* 1969] J. F. Clauser, M. A. Horne, A. Shimony et R. A. Holt. *Proposed Experiment to Test Local Hidden-Variable Theories.* Phys. Rev. Lett., vol. 23, no. 15, pages 880–884, 1969.

[Clemmen *et al.* 2010] S. Clemmen, A. Perret, S. K. Selvaraja, W. Bogaerts, D. van Thourhout, R. Baets, Ph. Emplit et S. Massar. *Generation of correlated photons in hydrogenated amorphous-silicon waveguides.* Opt. Lett., vol. 35, no. 20, pages 3483–3485, 2010.

[Cohen *et al.* 2009] O. Cohen, J. S. Lundeen, B. J. Smith, G. Puentes, P. J. Mosley et I. A. Walmsley. *Tailored Photon-Pair Generation in Optical Fibers.* Phys. Rev. Lett., vol. 102, no. 12, pages 123603–4, 2009.

[Dousse *et al.* 2010] A. Dousse, J. Suffczynski, A. Beveratos, O. Krebs, A. Lemaitre, I. Sagnes, J. Bloch, P. Voisin et P. Senellart. *Ultrabright source of entangled photon pairs.* Nature, vol. 466, no. 7303, pages 217–220, 2010.

[Dyer *et al.* 2008] S. D. Dyer, M. J. Stevens, B. Baek et S.Woo Nam. *High-efficiency, ultra low-noise all-fiber photon-pair source.* Opt. Express, vol. 16, no. 13, pages 9966–9977, 2008.

[Einstein *et al.* 1935] A. Einstein, B. Podolsky et N. Rosen. *Can Quantum-Mechanical Description of Physical Reality Be Considered Complete ?* Phys. Rev., vol. 47, pages 777–780, 1935.

[Fiorentino *et al.* 2007] M. Fiorentino, S. M. Spillane, R. G. Beausoleil, T. D. Roberts, P. Battle et M. W. Munro. *Spontaneous parametric down-conversion in periodically poled KTP waveguides and bulk crystals.* Opt. Express, vol. 15, no. 12, pages 7479–7488, 2007.

[Fouchet *et al.* 1987] S. Fouchet, A. Carenco, C. Daguet, R. Guglielmi et L. Riviere. *Wavelength dispersion of Ti induced refractive index change in $LiNbO_3$ as a function of diffusion parameters.* IEEE J. Light. Tech., vol. 5, no. 5, pages 700–708, 1987.

[Franson 1989] J. D. Franson. *Bell inequality for position and time.* Phys. Rev. Lett., vol. 62, no. 19, pages 2205–2208, 1989.

[Fujii *et al.* 2007] G. Fujii, N. Namekata, M. Motoya, S. Kurimura et S. Inoue. *Bright narrowband source of photon pairs at optical telecommunication wavelengths using a type-II periodically poled lithium niobate waveguide.* Opt. Express, vol. 15, no. 20, pages 12769–12776, 2007.

[Fulconis *et al.* 2007] J. Fulconis, O. Alibart, J. L. O'Brien, W. J. Wadsworth et J. G. Rarity. *Nonclassical Interference and Entanglement Generation Using a Photonic Crystal Fiber Pair Photon Source.* Phys. Rev. Lett., vol. 99, no. 12, page 120501, 2007.

[Gaebel *et al.* 2004] T. Gaebel, I. Popa, A. Gruber, M. Domhan, F. Jelezko et J. Wrachtrup. *Stable single-photon source in the near infrared.* New J. Phys., vol. 6, pages 98–98, 2004.

[Gilbert *et al.* 2001] S.L. Gilbert, W. C. Swann et T. Dennis. *Wavelength standards for optical communications.* SPIE, vol. 4269, pages 184–191, 2001.

[Halder *et al.* 2007] M. Halder, A. Beveratos, N. Gisin, V. Scarani, C. Simon et H. Zbinden. *Entangling independent photons by time measurement.* Nature Phys., vol. 3, no. 10, pages 692–695, 2007.

[Halder *et al.* 2008] M. Halder, A. Beveratos, R. T. Thew, C. Jorel, H. Zbinden et N. Gisin. *High coherence photon pair source for quantum communication.* New J. Phys., vol. 10, no. 2, page 023027, 2008.

[Harada *et al.* 2008] K.-I. Harada, H. Takesue, H. Fukuda, T. Tsuchizawa, T. Watanabe, K. Yamada, Y. Tokura et S.-I. Itabashi. *Generation of high-purity entangled photon pairs using silicon wirewaveguide.* Opt. Express, vol. 16, no. 25, pages 20368–20373, 2008.

[Hawthorn *et al.* 2001] C. J. Hawthorn, K. P. Weber et R. E. Scholten. *Littrow configuration tunable external cavity diode laser with fixed direction output beam.* Rev. Sci. Instrum., vol. 72, no. 12, page 4477, 2001.

[Hentschel *et al.* 2009] M. Hentschel, H. Hübel, A. Poppe et A. Zeilinger. *Three-color Sagnac source of polarization-entangled photon pairs.* Opt. Express, vol. 17, no. 25, pages 23153–23159, 2009.

[Hong *et al.* 1987] C. K. Hong, Z. Y. Ou et L. Mandel. *Measurement of subpicosecond time intervals between two photons by interference.* Phys. Rev. Lett., vol. 59, no. 18, pages 2044–2046, 1987.

[Jiang & Tomita 2007] Y.-K. Jiang et A. Tomita. *The generation of polarization-entangled photon pairs using periodically poled lithium niobate waveguides in a fibre loop.* J. Phys. B : At. Mol. Opt. Phys., vol. 40, no. 2, pages 437–443, 2007.

[Kawashima *et al.* 2009] J. Kawashima, M. Fujimura et T. Suhara. *Type-I Quasi-Phase-Matched Waveguide Device for Polarization-Entangled Twin Photon Generation.* IEEE Photon. Technol. Lett., vol. 21, no. 9, pages 566–568, 2009.

[Kim *et al.* 2000] Y.-H. Kim, S. P. Kulik et Y. Shih. *High-intensity pulsed source of space-time and polarization double-entangled photon pairs.* Phys. Rev. A, vol. 62, no. 1, page 011802, 2000.

[Kuklewicz *et al.* 2006] C. E. Kuklewicz, F. N. C. Wong et J. H. Shapiro. *Time-bin-modulated biphotons from cavity-enhanced down-conversion.* Phys. Rev. Lett., vol. 97, no. 22, page 223601, 2006. PMID : 17155802.

[Kurtsiefer *et al.* 2000] C. Kurtsiefer, S. Mayer, P. Zarda et H. Weinfurter. *Stable Solid-State Source of Single Photons.* Phys. Rev. Lett., vol. 85, no. 2, page 290, 2000.

[Kwiat *et al.* 1993] P. G. Kwiat, A. M. Steinberg et R. Y. Chiao. *High-visibility interference in a Bell-inequality experiment for energy and time.* Phys. Rev. A, vol. 47, no. 4, pages R2472–R2475, 1993.

[Kwiat *et al.* 1995] P. G. Kwiat, K. Mattle, H. Weinfurter, A. Zeilinger, A. V. Sergienko et Y. Shih. *New High-Intensity Source of Polarization-Entangled Photon Pairs.* Phys. Rev. Lett., vol. 75, no. 24, pages 4337–4341, 1995.

[Kwiat *et al.* 1999] P. G. Kwiat, E. Waks, A. G. White, I. Appelbaum et P. H. Eberhard. *Ultrabright source of polarization-entangled photons.* Phys. Rev. A, vol. 60, no. 2, pages R773–R776, 1999.

[Lee *et al.* 2006] K. F. Lee, J. Chen, C. Liang, X. Li, P. L. Voss et P. Kumar. *Generation of high-purity telecom-band entangled photon pairs in dispersion-shifted fiber.* Opt. Lett., vol. 31, no. 12, pages 1905–1907, 2006.

[Li *et al.* 2005] X. Li, P. L. Voss, J. E. Sharping et P. Kumar. *Optical-Fiber Source of Polarization-Entangled Photons in the 1550 nm Telecom Band.* Phys. Rev. Lett., vol. 94, no. 5, page 053601, 2005.

[Li *et al.* 2006] X. Li, C. Liang, K. F. Lee, J. Chen, P. L. Voss et P. Kumar. *Integrable optical-fiber source of polarization-entangled photon pairs in the telecom band.* Phys. Rev. A, vol. 73, no. 5, pages 052301–6, 2006.

[Lin & Agrawal 2006] Q. Lin et Govind P. Agrawal. *Silicon waveguides for creating quantum-correlated photon pairs.* Opt. Lett., vol. 31, no. 21, pages 3140–3142, 2006.

[Littman & Metcalf 1978] M. G. Littman et H. J. Metcalf. *Spectrally narrow pulsed dye laser without beam expander.* Appl. Opt., vol. 17, no. 14, pages 2224–2227, 1978.

[Lu & Ou 2000] Y. J. Lu et Z. Y. Ou. *Optical parametric oscillator far below threshold : Experiment versus theory.* Phys. Rev. A, vol. 62, no. 3, page 033804, 2000.

[Lvovsky *et al.* 2009] A. I. Lvovsky, B. C. Sanders et W. Tittel. *Optical quantum memory.* Nat. Photon., vol. 3, no. 12, pages 706–714, 2009.

[Marcikic *et al.* 2004] I. Marcikic, H. de Riedmatten, W. Tittel, H. Zbinden, M. Legré et N. Gisin. *Distribution of Time-Bin Entangled Qubits over 50 km of Optical Fiber.* Phys. Rev. Lett., vol. 93, no. 18, page 180502, Octobre 2004.

[Martin *et al.* 2009] A. Martin, V. Cristofori, P. Aboussouan, H. Herrmann, W. Sohler, D. B. Ostrowsky, O. Alibart et S. Tanzilli. *Integrated optical source of polarization entangled photons at 1310 nm.* Opt. Express, vol. 17, no. 2, pages 1033–1041, 2009.

[Martin *et al.* 2010] A. Martin, A. Issautier, H. Herrmann, W. Sohler, D. B. Ostrowsky, O. Alibart et S. Tanzilli. *A polarization entangled photon-pair source based on a type-II PPLN waveguide emitting at a telecom wavelength.* New J. Phys., vol. 12, no. 10, page 103005, 2010.

[Medic *et al.* 2010] M. Medic, J. B. Altepeter, M. A. Hall, M. Patel et P. Kumar. *Fiber-based telecommunication-band source of degenerate entangled photons.* Opt. Lett., vol. 35, no. 6, pages 802–804, 2010.

[Mohan *et al.* 2010] A. Mohan, M. Felici, P. Gallo, B. Dwir, A. Rudra, J. Faist et E. Kapon. *Polarization-entangled photons produced with high-symmetry site-controlled quantum dots.* Nat. Photon, vol. 4, no. 5, pages 302–306, 2010.

[Muller *et al.* 2009] A. Muller, W. Fang, J. Lawall et G. S. Solomon. *Creating Polarization-Entangled Photon Pairs from a Semiconductor Quantum Dot Using the Optical Stark Effect.* Phys. Rev. Lett., vol. 103, no. 21, pages 217402–4, 2009.

[Ou & Lu 1999] Z. Y. Ou et Y. J. Lu. *Cavity Enhanced Spontaneous Parametric Down-Conversion for the Prolongation of Correlation Time between Conjugate Photons.* Phys. Rev. Lett., vol. 83, no. 13, page 2556, 1999.

[Ou & Mandel 1988] Z. Y. Ou et L. Mandel. *Observation of Spatial Quantum Beating with Separated Photodetectors.* Phys. Rev. Lett., vol. 61, no. 1, pages 54–57, 1988.

[Piro *et al.* 2009] N. Piro, A. Haase, M. W. Mitchell et J. Eschner. *An entangled photon source for resonant single-photon-single-atom interaction.* J. Phys. B : At. Mol. Opt. Phys., vol. 42, page 114002, Juin 2009.

[Pomarico *et al.* 2009] E. Pomarico, B. Sanguinetti, N. Gisin, R. Thew, H. Zbinden, G. Schreiber,
A. Thomas et W. Sohler. *Waveguide-based OPO source of entangled photon pairs.* New J.
Phys., vol. 11, no. 11, page 113042, 2009.

[Pomarico *et al.* 2011] E. Pomarico, B. Sanguinetti, C.I. Osorio, H. Herrmann et R. Thew. *Engineering integrated pure narrow-band photon sources.* Arxiv preprint arXiv :1108.5542,
2011.

[Ramelow *et al.* 2011] S. Ramelow, A. Fedrizzi, A. Poppe, N.K. Langford et A. Zeilinger.
Polarization-entanglement conserving frequency conversion of photons. Arxiv preprint
arXiv :1106.1867, 2011.

[Saglamyurek *et al.* 2011] E. Saglamyurek, N. Sinclair, J. Jin, J. A. Slater, D. Oblak, F. Bussieres,
M. George, R. Ricken, W. Sohler et W. Tittel. *Broadband waveguide quantum memory for
entangled photons.* Nature, vol. 469, no. 7331, pages 512–515, 2011.

[Sanaka *et al.* 2001] K. Sanaka, K. Kawahara et T. Kuga. *New High-Efficiency Source of Photon
Pairs for Engineering Quantum Entanglement.* Phys. Rev. Lett., vol. 86, no. 24, page 5620,
2001.

[Scholz *et al.* 2009] M. Scholz, L. Koch, R. Ullmann et O. Benson. *Single-mode operation of a
high-brightness narrow-band single-photon source.* Appl. Phys. Lett., vol. 94, no. 20, page
201105, 2009.

[Sekatski *et al.* 2011] P. Sekatski, N. Sangouard, F. Bussieres, C. Clausen, N. Gisin et
H. Zbinden. *Detector imperfections in photon-pair source characterization.* Arxiv preprint
arXiv :1109.0194, 2011.

[Sharping *et al.* 2006] J. E. Sharping, K. F. Lee, M. A. Foster, A. C. Turner, B. S. Schmidt,
M. Lipson, A. L. Gaeta et P. Kumar. *Generation of correlated photons in nanoscale silicon
waveguides.* Opt. Express, vol. 14, no. 25, pages 12388–12393, 2006.

[Simon *et al.* 2010] C. Simon, M. Afzelius, J. Appel, A. Boyer de la Giroday, S. J. Dewhurst,
N. Gisin, C. Y. Hu, F. Jelezko, S. Kröll, J. H. Müller, J. Nunn, E. S. Polzik, J. G. Rarity,
H. De Riedmatten, A. J. Shields, N. Sköld, R. M. Stevenson, R. Thew, I. A.
Walmsley, M. C. Weber, H. Weinfurter, J. Wrachtrup et R. J. Young. *Quantum memories.*
Eur. Phys. J. D, vol. 58, no. 1, pages 1–22, 2010.

[Sohler 1989] W. Sohler. *Integrated optics in LiNbO3.* Thin Solid Films, vol. 175, pages 191–200,
1989.

[Suhara *et al.* 2007] T. Suhara, H. Okabe et M. Fujimura. *Generation of polarization-entangled
photons by Type-II quasi-phase-matched waveguide nonlinear-optic device.* IEEE Photon.
Technol. Lett., vol. 19, no. 14, pages 1093–1095, 2007.

[Suhara *et al.* 2009] T. Suhara, G. Nakaya, J. Kawashima et M. Fujimura. *Quasi-Phase Matched
Waveguide Devices for Generation of Postselection-Free Polarization-Entangled Twin Photons.* IEEE Photon. Technol. Lett., vol. PP, no. 99, page 1, 2009.

[Takesue & Inoue 2004] H. Takesue et K. Inoue. *Generation of polarization-entangled photon pairs
and violation of Bell's inequality using spontaneous four-wave mixing in a fiber loop.* Phys.
Rev. A, vol. 70, no. 3, page 031802, 2004.

[Takesue & Inoue 2005a] H. Takesue et K. Inoue. *1.5-μm band quantum-correlated photon pair
generation in dispersion-shifted fiber : suppression of noise photons by cooling fiber.* Opt.
Express, vol. 13, no. 20, pages 7832–7839, 2005.

[Takesue & Inoue 2005b] H. Takesue et K. Inoue. *Generation of 1.5-μm band time-bin entanglement using spontaneous fiber four-wave mixing and planar light-wave circuit interferometers.* Phys. Rev. A, vol. 72, no. 4, page 041804, Octobre 2005.

[Takesue *et al.* 2005] H. Takesue, K. Inoue, O. Tadanaga, Y. Nishida et M. Asobe. *Generation
of pulsed polarization-entangled photon pairs in a1.55-μm band with a periodically poled
lithium niobate waveguide and anorthogonal polarization delay circuit.* Opt. Lett., vol. 30,
no. 3, pages 293–295, 2005.

[Tanzilli *et al.* 2001] S. Tanzilli, H. de Riedmatten, W. Tittel, H. Zbinden, P. Baldi, M.P. De
Micheli, D.B. Ostrowsky et N. Gisin. *Highly efficient photon-pair source using a Periodically
Poled Lithium Niobate waveguide.* Electron. Lett., vol. 37, pages 26–28, 2001.

[Tanzilli *et al.* 2002] S. Tanzilli, W. Tittel, H. De Riedmatten, H. Zbinden, P. Baldi, M. De Micheli, D.B. Ostrowsky et N. Gisin. *PPLN waveguide for quantum communication*. Eur. Phys. J. D, vol. 18, no. 2, pages 155–160, 2002.

[Tanzilli *et al.* 2005] S. Tanzilli, W. Tittel, M. Halder, O. Alibart, P. Baldi, N. Gisin et H. Zbinden. *A photonic quantum information interface*. Nature, vol. 437, no. 7055, pages 116–120, 2005.

[Tanzilli 2002] Sébastien Tanzilli. *Optique intégrée pour les communications quantiques*. PhD thesis, Université de Nice - Sophia Antipolis, 2002.

[Thew *et al.* 2002] R. T. Thew, S. Tanzilli, W. Tittel, H. Zbinden et N. Gisin. *Experimental investigation of the robustness of partially entangled qubits over 11 km*. Phys. Rev. A, vol. 66, no. 6, page 062304, 2002.

[Thompson *et al.* 2006] J. K. Thompson, J. Simon, H. Loh et V. Vuletić. *A High-Brightness Source of Narrowband, Identical-Photon Pairs*. Science, vol. 313, no. 5783, pages 74 –77, 2006.

[Thyagarajan *et al.* 1994] K. Thyagarajan, C. W. Chien, R. V. Ramaswamy, H. S. Kim et H. C. Cheng. *Proton-exchanged periodically segmented waveguides in LiNbO₃*. Opt. Lett., vol. 19, no. 12, pages 880–882, 1994.

[Thyagarajan *et al.* 2009] K. Thyagarajan, J. Lugani, S. Ghosh, K. Sinha, A. Martin, D. B. Ostrowsky, O. Alibart et S. Tanzilli. *Generation of polarization-entangled photons using type-II doubly periodically poled lithium niobate waveguides*. Phys. Rev. A, vol. 80, no. 5, pages 052321–8, 2009.

[Tittel *et al.* 1998] W. Tittel, J. Brendel, B. Gisin, T. Herzog, H. Zbinden et N. Gisin. *Experimental demonstration of quantum correlations over more than 10 km*. Phys. Rev. A, vol. 57, no. 5, page 3229, Mai 1998.

[Wang *et al.* 2004] H. Wang, T. Horikiri et T. Kobayashi. *Polarization-entangled mode-locked photons from cavity-enhanced spontaneous parametric down-conversion*. Phys. Rev. A, vol. 70, no. 4, page 043804, 2004.

[Yoshizawa *et al.* 2003] A. Yoshizawa, R. Kaji et H. Tsuchida. *Generation of polarisation-entangled photon pairs at 1550 nm using two PPLN waveguides*. Electron. Lett., vol. 39, no. 7, page 621, 2003.

[Yuan *et al.* 2007] Z.-S. Yuan, Y.-A. Chen, S. Chen, B. Zhao, M. Koch, T. Strassel, Y. Zhao, G.-J. Zhu, J. Schmiedmayer et J.-W. Pan. *Synchronized Independent Narrow-Band Single Photons and Efficient Generation of Photonic Entanglement*. Phys. Rev. Lett., vol. 98, no. 18, page 180503, 2007.

[Zhong *et al.* 2009] T. Zhong, F. N. Wong, T. D. Roberts et P. Battle. *High performance photon-pair source based on a fiber-coupled periodically poled KTiOPO₄ waveguide*. Opt. Express, vol. 17, no. 14, pages 12019–12030, 2009.

[Zhong *et al.* 2010] T. Zhong, X. Hu, F. N. C. Wong, K. K. Berggren, T. D. Roberts et P. Battle. *High-quality fiber-optic polarization entanglement distribution at 1.3 nm telecom wavelength*. Opt. Lett., vol. 35, no. 9, pages 1392–1394, 2010.

Troisième partie : Relais quantique intégré

[Aboussouan Diegelmann 2008] Pierre Aboussouan Diegelmann. *Interférences à deux photons à 1550 nm pour les communications quantiques*. PhD thesis, Université de Nice - Sophia Antipolis, 2008.

[Aboussouan *et al.* 2010] P. Aboussouan, O. Alibart, D. B. Ostrowsky, P. Baldi et S. Tanzilli. *High-visibility two-photon interference at a telecom wavelength using picosecond-regime separated sources*. Phys. Rev. A, vol. 81, no. 2, page 021801, 2010.

[Agrawal 2006] G. P. Agrawal. *Nonlinear fiber optics*. Academic Press, 2006.

[Alibart *et al.* 2005] O. Alibart, D. B. Ostrowsky, P. Baldi et S. Tanzilli. *High-performance guided-wave asynchronous heralded single-photon source.* Opt. Lett., vol. 30, no. 12, pages 1539–1541, 2005.

[Alibart 2004] Olivier Alibart. *Source de photons uniques annoncés à 1550 nm en optique guidée pour les communications quantiques.* PhD thesis, Université de Nice - Sophia Antipolis, 2004.

[Aspect *et al.* 1981] A. Aspect, P. Grangier et G. Roger. *Experimental Tests of Realistic Local Theories via Bell's Theorem.* Phys. Rev. Lett., vol. 47, no. 7, pages 460–463, 1981.

[Aumont 2003] P. Aumont. *Réalisation par échange protonique doux de guides continus et segmentés sur niobate lithium.* PhD thesis, Université de Nice - Sophia Antipolis, 2003.

[Bennett *et al.* 1993] C. H. Bennett, G. Brassard, C. Crépeau, R. Jozsa, A. Peres et W. K. Wootters. *Teleporting an unknown quantum state via dual classical and Einstein-Podolsky-Rosen channels.* Phys. Rev. Lett., vol. 70, no. 13, pages 1895–1899, 1993.

[Bertocchi 2006] G. Bertocchi. *Cicuit optique sur LiNbO3 pour un relais quantique intégré.* PhD thesis, Université de Nice - Sophia Antipolis, 2006.

[Bouwmeester *et al.* 1997] D. Bouwmeester, J. W. Pan, K. Mattle, M. Eibl, H. Weinfurter et A. Zeilinger. *Experimental quantum teleportation.* Nature, vol. 390, no. 6660, pages 575–579, 1997.

[Braunstein & Mann 1995] S. L. Braunstein et A. Mann. *Measurement of the Bell operator and quantum teleportation.* Phys. Rev. A, vol. 51, no. 3, pages R1727–R1730, 1995.

[Brown & Twiss 1956] R. Hanbury Brown et R. Q. Twiss. *Correlation between Photons in two Coherent Beams of Light.* Nature, vol. 177, no. 4497, pages 27–29, 1956.

[Bures *et al.* 1983] J. Bures, S. Lacroix et J. Lapierre. *Analyse d'un coupleur bidirectionnel à fibres optiques monomodes fusionnées.* Appl. Opt., vol. 22, no. 12, pages 1918–1922, 1983.

[Collins *et al.* 2005] D. Collins, N. Gisin et H. de Riedmatten. *Quantum relays for long distance quantum cryptography.* J. Mod. Opt., vol. 52, pages 735–753, 2005.

[de Riedmatten *et al.* 2003] H. de Riedmatten, I. Marcikic, W. Tittel, H. Zbinden et N. Gisin. *Quantum interference with photon pairs created in spatially separated sources.* Phys. Rev. A, vol. 67, no. 2, page 022301, 2003.

[de Riedmatten *et al.* 2004a] H. de Riedmatten, I. Marcikic, W. Tittel, H. Zbinden, D. Collins et N. Gisin. *Long Distance Quantum Teleportation in a Quantum Relay Configuration.* Phys. Rev. Lett., vol. 92, no. 4, page 047904, 2004.

[de Riedmatten *et al.* 2004b] H. de Riedmatten, V. Scarani, I. Marcikic, A. Acín, W. Tittel, H. Zbinden et N. Gisin. *Two independent photon pairs versus four-photon entangled states in parametric down conversion.* J. Mod. Opt., vol. 51, pages 1637–1649, 2004.

[de Riedmatten *et al.* 2005] H. de Riedmatten, I. Marcikic, J. A. W. van Houwelingen, W. Tittel, H. Zbinden et N. Gisin. *Long-distance entanglement swapping with photons from separated sources.* Phys. Rev. A, vol. 71, no. 5, page 050302, 2005.

[Fasel *et al.* 2004] S. Fasel, O. Alibart, S. Tanzilli, P. Baldi, A. Beveratos, N. Gisin et H. Zbinden. *High-quality asynchronous heralded single-photon source at telecom wavelength.* New Journal of Physics, vol. 6, page 163, Novembre 2004.

[Fulconis *et al.* 2007] J. Fulconis, O. Alibart, W. J. Wadsworth et J. G. Rarity. *Quantum interference with photon pairs using two micro-structured fibres.* New J. Phys., vol. 9, no. 276, page 276, 2007.

[Grice *et al.* 2001] W. P. Grice, A. B. U'Ren et I. A. Walmsley. *Eliminating frequency and space-time correlations in multiphoton states.* Phys. Rev. A, vol. 64, no. 6, page 063815, 2001.

[Halder *et al.* 2007] M. Halder, A. Beveratos, N. Gisin, V. Scarani, C. Simon et H. Zbinden. *Entangling independent photons by time measurement.* Nature Phys., vol. 3, no. 10, pages 692–695, 2007.

[Hong *et al.* 1987] C. K. Hong, Z. Y. Ou et L. Mandel. *Measurement of subpicosecond time intervals between two photons by interference.* Phys. Rev. Lett., vol. 59, no. 18, pages 2044–2046, 1987.

[IDQuantique 2011] IDQuantique. *www.idquantique.com*, 2011.

[Jacobs *et al.* 2002] B. C. Jacobs, T. B. Pittman et J. D. Franson. *Quantum relays and noise suppression using linear optics*. Phys. Rev. A, vol. 66, no. 5, page 052307, Novembre 2002.

[Kaltenbaek *et al.* 2006] R. Kaltenbaek, B. Blauensteiner, M. Zukowski, M. Aspelmeyer et A. Zeilinger. *Experimental Interference of Independent Photons*. Phys. Rev. Lett., vol. 96, no. 24, pages 240502–4, 2006.

[Kaltenbaek *et al.* 2009] R. Kaltenbaek, R. Prevedel, M. Aspelmeyer et A. Zeilinger. *High-fidelity entanglement swapping with fully independent sources*. Phys. Rev. A, vol. 79, no. 4, page 040302, 2009.

[Kogelnik & Schmidt 1976] H. Kogelnik et R. Schmidt. *Switched directional couplers with alternating* $\Delta\beta$. IEEE J. Quant. Elec., vol. 12, no. 7, pages 396–401, 1976.

[Landry *et al.* 2007] O. Landry, J. A. W. van Houwelingen, A. Beveratos, H. Zbinden et N. Gisin. *Quantum teleportation over the Swisscom telecommunication network*. J. Opt. Soc. Am. B, vol. 24, no. 2, pages 398–403, 2007.

[Landry *et al.* 2010] O. Landry, J. van Houwelingen, P. Aboussouan, A. Beveratos, S. Tanzilli, H. Zbinden et N. Gisin. *Simple synchronization of independent picosecond photon sources for quantum communication experiments*. Arxiv preprint arXiv :1001.3389, 2010.

[Mandel & Wolf 1995] Leonard Mandel et Emil Wolf. Optical coherence and quantum optics. Cambridge University Press, 1995.

[Marcikic *et al.* 2003] I. Marcikic, H. de Riedmatten, W. Tittel, H. Zbinden et N. Gisin. *Long-distance teleportation of qubits at telecommunication wavelengths*. Nature (London), vol. 421, pages 509–513, 2003.

[Martin *et al.* 2009] A. Martin, V. Cristofori, P. Aboussouan, H. Herrmann, W. Sohler, D. B. Ostrowsky, O. Alibart et S. Tanzilli. *Integrated optical source of polarization entangled photons at 1310 nm*. Opt. Express, vol. 17, no. 2, pages 1033–1041, 2009.

[Martin *et al.* 2011] A. Martin, O. Alibart, MP De Micheli, DB Ostrowsky et S. Tanzilli. *Quantum relay chip based on telecom integrated optics technology*. Arxiv preprint arXiv :1110.0660, 2011.

[Miller 1969] S. E. Miller. *Integrated optics - An introduction (Laser beam circuitry miniaturization facilitating laser circuit assembly isolation from thermal, mechanical and ambient changes)*. Bell Syst. Techn. J., vol. 48, pages 2059–2069, 1969.

[Mosley *et al.* 2008] P. J. Mosley, J. S. Lundeen, B. J. Smith, P. Wasylczyk, A. B. U'Ren, C. Silberhorn et I. A. Walmsley. *Heralded Generation of Ultrafast Single Photons in Pure Quantum States*. Phys. Rev. Lett., vol. 100, no. 13, page 133601, 2008.

[Pan *et al.* 1998] J. W. Pan, D. Bouwmeester, H. Weinfurter et A. Zeilinger. *Experimental Entanglement Swapping : Entangling Photons That Never Interacted*. Phys. Rev. Lett., vol. 80, no. 18, page 3891, 1998.

[Papuchon *et al.* 1975] M. Papuchon, Y. Combemale, X. Mathieu, D. B Ostrowsky, L. Reiber, A. M Roy, B. Sejourne et M. Werner. *Electrically switched optical directional coupler : Cobra*. Appl. Phys. Lett., vol. 27, no. 5, pages 289–291, Septembre 1975.

[Rarity *et al.* 2005] J. G. Rarity, P. R. Tapster et R. Loudon. *Non-classical interference between independent sources*. J. Opt. B, vol. 7, no. 7, pages S171–S175, 2005.

[Takesue & Miquel 2009] H. Takesue et B. Miquel. *Entanglement swapping using telecom-band photons generated in fibers*. Opt. Express, vol. 17, no. 13, pages 10748–10756, 2009.

[Takesue 2007] H. Takesue. *1.5âĂĆµm band Hong-Ou-Mandel experiment using photon pairs generated in two independent dispersion shifted fibers*. Appl. Phys. Lett., vol. 90, no. 20, page 204101, 2007.

[Tanzilli 2002] Sébastien Tanzilli. *Optique intégrée pour les communications quantiques*. PhD thesis, Université de Nice - Sophia Antipolis, 2002.

[Wooten *et al.* 2000] E. L. Wooten, K. M. Kissa, A. Yi-Yan, E. J. Murphy, D. A. Lafaw, P. F. Hallemeier, D. Maack, D. V. Attanasio, D. J. Fritz, G. J. McBrien et D. E. Bossi. *A review of lithium niobate modulators for fiber-optic communications systems*. IEEE J. Sel. Top. Qant., vol. 6, no. 1, pages 69–82, 2000.

[Yang *et al.* 2006] T. Yang, Q. Zhang, T.-Y. Chen, S. Lu, J. Yin, J.-W. Pan, Z.-Y. Wei, J.-R. Tian et J. Zhang. *Experimental Synchronization of Independent Entangled Photon Sources*. Phys. Rev. Lett., vol. 96, no. 11, pages 110501–4, 2006.

[Zhong *et al.* 2009] T. Zhong, F. N. Wong, T. D. Roberts et P. Battle. *High performance photon-pair source based on a fiber-coupled periodically poled KTiOPO₄ waveguide*. Opt. Express, vol. 17, no. 14, pages 12019–12030, 2009.

Quatrième partie : Annexe

[Aboud 2000] I. Aboud. *Polarisation périodique et échange protonique dans le niobate de lithium*. PhD thesis, Université de Nice - Sophia Antipolis, 2000.

[Altepeter *et al.* 2005] J. B. Altepeter, E. R. Jeffrey, P. G. Kwiat, S. Tanzilli, N. Gisin et A. Acín. *Experimental Methods for Detecting Entanglement*. Phys. Rev. Lett., vol. 95, no. 3, page 033601, 2005.

[Armstrong *et al.* 1962] J. A. Armstrong, N. Bloembergen, J. Ducuing et P. S. Pershan. *Interactions between Light Waves in a Nonlinear Dielectric*. Phys. Rev., vol. 127, no. 6, page 1918, 1962.

[Aspect *et al.* 1982] A. Aspect, P. Grangier et G. Roger. *Experimental Realization of Einstein-Podolsky-Rosen-Bohm Gedankenexperiment : A New Violation of Bell's Inequalities*. Phys. Rev. Lett., vol. 49, no. 2, pages 91–94, 1982.

[Baldi 1994] Pascal Baldi. *Génération de fluorescence paramétrique guidée sur le niobate et tantalate de lithium polarisés périodiquement. Étude préliminaire d'un oscilateur paramétrique optique intégré*. PhD thesis, Université de Nice - Sophia Antipolis, 1994.

[Bell 1964] J.S. Bell. *On the Einstein-Podolsky-Rosen Paradox*. Physics (Long Island City, N.Y.), vol. 1, pages 195–200, 1964.

[Bertocchi 2006] G. Bertocchi. *Cicuit optique sur LiNbO₃ pour un relais quantique intégré*. PhD thesis, Université de Nice - Sophia Antipolis, 2006.

[Blœmbergen & Pershan 1962] N. Blœmbergen et P. S. Pershan. *Light Waves at the Boundary of Nonlinear Media*. Phys. Rev., vol. 128, no. 2, page 606, 1962.

[Chanvillard 1999] L. Chanvillard. *Interactions paramétriques guidées de grandes efficacité : utilisation de l'échange protonique doux sur niobate de lithium polarisé périodiquement*. PhD thesis, Université de Nice - Sophia Antipolis, 1999.

[Clauser *et al.* 1969] J. F. Clauser, M. A. Horne, A. Shimony et R. A. Holt. *Proposed Experiment to Test Local Hidden-Variable Theories*. Phys. Rev. Lett., vol. 23, no. 15, pages 880–884, 1969.

[Crystal Technology 2011] Crystal Technology. *www.crystaltechnology.com/products/LN-wafers/Optical/index.php*, 2011.

[Engel *et al.* 2004] A. Engel, A. A. Semenov, H. W. Hübers, K. Il'in et M. Siegel. *Superconducting single-photon detector for the visible and infrared spectral range*. J. Mod. Optic., vol. 51, pages 1459–1466, 2004.

[Fouchet *et al.* 1987] S. Fouchet, A. Carenco, C. Daguet, R. Guglielmi et L. Riviere. *Wavelength dispersion of Ti induced refractive index change in LiNbO₃ as a function of diffusion parameters*. IEEE J. Light. Tech., vol. 5, no. 5, pages 700–708, 1987.

[Freedman & Clauser 1972] S. J. Freedman et J. F. Clauser. *Experimental Test of Local Hidden-Variable Theories*. Phys. Rev. Lett., vol. 28, no. 14, page 938, 1972.

[Fujii *et al.* 2007] G. Fujii, N. Namekata, M. Motoya, S. Kurimura et S. Inoue. *Bright narrowband source of photon pairs at optical telecommunication wavelengths using a type-II periodically poled lithium niobate waveguide*. Opt. Express, vol. 15, no. 20, pages 12769–12776, 2007.

[Gallo 2001] K. Gallo. *Guides enterrés polarisé périodiquement et étude théorique d'un amplifi-cateur paramétrique contrapropagatif.* PhD thesis, Université de Nice - Sophia Antipolis, 2001.

[Ghosh 1998] Gorachand Ghosh. Handbook of optical constants of solids : Handbook of thermo-optic coefficients of optical material with applications. Elsevier Science & Technology Books, 1998.

[Gol'tsman *et al.* 2001] G. N. Gol'tsman, O. Okunev, G. Chulkova, A. Lipatov, A. Semenov, K. Smirnov, B. Voronov, A. Dzardanov, C. Williams et Roman Sobolewski. *Picosecond superconducting single-photon optical detector.* Appl. Phys. Lett., vol. 79, no. 6, pages 705–707, 2001.

[Hadfield 2009] R. H. Hadfield. *Single-photon detectors for optical quantum information applica-tions.* Nat. Photon., vol. 3, no. 12, pages 696–705, 2009.

[Hurwitz & Jones 1941] JR. H. Hurwitz et R.C. Jones. *A New Calculus for the Treatment of Optical Systems.* J. Opt. Soc. Am., vol. 31, no. 7, pages 493–495, 1941.

[James *et al.* 2001] D. F. V. James, P. G. Kwiat, W. J. Munro et A. G. White. *Measurement of qubits.* Phys. Rev. A, vol. 64, no. 5, page 052312, 2001.

[Jones 1941a] R.C. Jones. *A New Calculus for the Treatment of Optical Systems.* J. Opt. Soc. Am., vol. 31, no. 7, pages 488–493, 1941.

[Jones 1941b] R.C. Jones. *A New Calculus for the Treatment of Optical Systems.* J. Opt. Soc. Am., vol. 31, no. 7, pages 500–503, 1941.

[Jundt 1997] D. H. Jundt. *Temperature-dependent Sellmeier equation for the index of refraction, ne, in congruent lithium niobate.* Opt. Lett., vol. 22, no. 20, pages 1553–1555, 1997.

[Kaminow & Turner 1966] I. P. Kaminow et E. H. Turner. *Electrooptic Light Modulators.* Appl. Opt., vol. 5, no. 10, pages 1612–1628, 1966.

[Labruyère *et al.* 2008] A. Labruyère, A. Martin, P. Leproux, V. Couderc, A. Tonello et N. Traynor. *Controlling intermodal four-wave mixing from the design of microstructured optical fibers.* Opt. Express, vol. 16, no. 26, pages 21997–22002, 2008.

[Leviton & Frey 2008] D. B. Leviton et B. J. Frey. *Temperature-dependent absolute refractive index measurements of synthetic fused silica.* Arxiv : 0805.0091, 2008.

[Littman & Metcalf 1978] M. G. Littman et H. J. Metcalf. *Spectrally narrow pulsed dye laser without beam expander.* Appl. Opt., vol. 17, no. 14, pages 2224–2227, 1978.

[Mandel & Wolf 1995] Leonard Mandel et Emil Wolf. Optical coherence and quantum optics. Cambridge University Press, 1995.

[Manley & Burke 1972] N.S. Manley et J.J. Burke. Optical waveguides. Academic Press, New-York, 1972.

[Marcuse 1974] D. Marcuse. Theory of dielectric optical waveguides. Academic Press, New-York, 1974.

[Neri *et al.* 2010] L. Neri, S. Tudisco, F. Musumeci, A. Scordino, G. Fallica, M. Mazzillo et M. Zim-bone. *Note : Dead time causes and correction method for single photon avalanche diode devices.* Rev. Sci. Instrum., vol. 81, no. 8, page 086102, 2010.

[Owens *et al.* 1994] P. C. M. Owens, J. G. Rarity, P. R. Tapster, D. Knight et P. D. Townsend. *Photon counting with passively quenched germanium avalanche.* Appl. Opt., vol. 33, no. 30, pages 6895–6901, 1994.

[Rosencher & Vinter 2002] Par Emmanuel Rosencher et Borge Vinter. Optoélectronique. Dunod, 2002. Chapitre 6.

[Sharping *et al.* 2001] J. E. Sharping, M. Fiorentino, A. Coker, P. Kumar et R. S. Windeler. *Four-wave mixing in microstructure fiber.* Opt. Lett., vol. 26, no. 14, pages 1048–1050, 2001.

[Shen 1984] Y. H. Shen. Principles of nonlinear optics. Wiley, New-York, 1984.

[Sohler 1989] W. Sohler. *Integrated optics in LiNbO$_3$.* Thin Solid Films, vol. 175, pages 191–200, 1989.

[Tournier *et al.* 2009] M. Tournier, O. Alibart, F. Doutre, S. Tascu, M.P. De Micheli, D.B. Ostrowsky, K. Thyagarajan et S. Tanzilli. *Up-conversion detectors at 1550 nm for quantum communication : review and recent advances.* EAS Pub. S., vol. 37, pages 311—339, 2009.

[Vassalo 1980] C. Vassalo. Électro-magnétisme classique dans la matière. Dunod, Paris, 1980.

[Verevkin *et al.* 2004] A. Verevkin, A. Pearlman, W. Slstrokysz, J. Zhang, M. Currie, A. Korneev, G. Chulkova, O. Okunev, P. Kouminov, K. Smirnov, B. Voronov, G. N. Gol'tsman et Roman Sobolewski. *Ultrafast superconducting single-photon detectors for near-infrared-wavelength quantum communications.* J. Mod. Optic., vol. 51, pages 1447–1458, 2004.

[Wieman & Hänsch 1976] C. Wieman et T. W. Hänsch. *Doppler-Free Laser Polarization Spectroscopy.* Phys. Rev. Lett., vol. 36, no. 20, page 1170, 1976.

[Yariv 1989] A. Yariv. Quantum electronics. Wiley, New-York, 1989.

[Zhang *et al.* 2009] J. Zhang, R. Thew, J.-D. Gautier, N. Gisin et H. Zbinden. *Comprehensive Characterization of InGaAs-InP Avalanche Photodiodes at 1550 nm With an Active Quenching ASIC.* IEEE J. Quant. Electron., vol. 45, no. 7, pages 792–799, 2009.

www.ingramcontent.com/pod-product-compliance
Lightning Source LLC
Chambersburg PA
CBHW021031210326
41598CB00016B/979